生活垃圾

分类与管理

宇 鹏　陈庆福　黄楚云　等 编著

Classification
and
Management
of
Life Rubbish

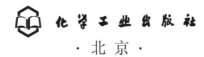

化学工业出版社

· 北京 ·

内 容 简 介

本书基于当前我国生活垃圾处理技术与管理理念发生转变的背景,以如何有效开展生活垃圾分类为主线,主要介绍了开展垃圾分类的原因和意义,总结并分析了发达国家垃圾分类的做法、模式、经验和启示,阐述了国内几个典型先进城市和地区垃圾分类的现状,分析总结了存在的问题、经验和启示,对广西垃圾分类的现状、经验和问题进行了全面、系统的总结和分析,就广西如何高效推行垃圾分类,提出九个方面的对策,旨在引起社会各界对垃圾分类的重视,为科学地开展生活垃圾分类和管理提供参考。

本书具有鲜明的时代性、实用性等特点,可供从事生活垃圾分类及管理的工程技术人员、科研人员和管理人员参考,也可供高等学校环境科学与工程、生态工程及相关专业师生参考。

图书在版编目 (CIP) 数据

生活垃圾分类与管理 / 宇鹏等编著. —北京:
化学工业出版社,2021.4(2021.11重印)
ISBN 978-7-122-38538-3

Ⅰ.①生… Ⅱ.①宇… Ⅲ.①生活废物 –
垃圾处理 Ⅳ.① X799.305

中国版本图书馆 CIP 数据核字 (2021) 第 028149 号

责任编辑:刘兴春 刘兰妹 装帧设计:史利平
责任校对:李雨晴

出版发行:化学工业出版社(北京市东城区青年湖南街13号 邮政编码100011)
印 装:天津盛通数码科技有限公司
787mm×1092mm 1/16 印张15 字数291千字 2021年11月北京第1版第2次印刷

购书咨询:010-64518888 售后服务:010-64518899
网 址:http://www.cip.com.cn
凡购买本书,如有缺损质量问题,本社销售中心负责调换。

定 价:78.00 元

编写人员

《生活垃圾分类与管理》
编著人员名单

编著者：宇　鹏　　陈庆福　　黄楚云　　邹　斌　　陈东华　　卢加伟

　　　　温晓春　　顾运琼　　黄飞婷　　杨小霞　　王根伟

前言

随着我国经济的持续快速发展、民众生活水平的提高和城镇化水平的提升，我国的生活垃圾产量越来越大、成分也越来越复杂。2018年，我国城市生活垃圾清运量达到2.28亿吨，成为全球生活垃圾产生量最多的国家，约占全球生活垃圾产量的15.8%。如此巨大的生活垃圾量已经导致我国多个城市边缘出现了"垃圾环带"，这些垃圾的收运和处理不仅耗费大量的人力、物力，还会产生渗滤液、二噁英等二次污染物。

中国特色社会主义进入新时代，我国社会主要矛盾转化为人民日益增长的美好生活需要和不平衡不充分的发展之间的矛盾，人民群众对优美生态环境需要已经成为这一矛盾的重要方面，广大人民群众热切期盼加快提高生态环境质量。2012年，党的十八大从新的历史起点出发，做出"大力推进生态文明建设"的战略决策。2017年，党的十九大提出"加快生态文明体制改革，建设美丽中国""加强固体废弃物和垃圾处置"。2019年4月，住房和城乡建设部等部门发布《关于在全国地级及以上城市全面开展生活垃圾分类工作的通知》要求：到2025年，全国地级及以上城市基本建成生活垃圾分类处理系统。2020年4月修订并公布的《中华人民共和国固体废物污染环境防治法》明确：国家推行生活垃圾分类制度。这就为生活垃圾分类管理提供了法治保障，将进一步加快垃圾分类进程。2020年8月，国家发改委等部门发布《城镇生活垃圾分类和处理设施补短板强弱项实施方案》，以推动形成与经济社会发展相适应的生活垃圾分类和处理体系。

本书结合开展生活垃圾分类的背景和意义，着重对国外发达国家和地区、国内先进地区和城市垃圾分类的经验进行总结与分析，并按照国家垃圾分类的政策和要求，针对广西壮族自治区（以下简称广西）垃圾分类、收运、处理的现状，提出了促进广西垃圾分类发展对策。书中内容新颖全面、深入浅出，运用大量详实的数据，结合图、表等，既解释了为什么要开展垃圾分类等理论问题，又阐述了如何科学地开展垃圾分类等实际问题，力求理论联系实际，可供从事生活垃圾分类及管理的工程技术人员、科研人员和管理人员参考，也可供高等学校环境科学与工程、生态工程及相关专业师生参考。本书旨在抛砖引玉，引起社会各界对垃圾分类的重视，为科学地开展生活垃圾分类和管理提供参考。

全书共分 5 章。第 1 章为绪论；第 2 章为发达国家的垃圾分类；第 3 章为国内先进城市和地区的垃圾分类；第 4 章为广西垃圾分类的现状；第 5 章为推行垃圾分类的对策。

本书由宇鹏确立观点、组织材料、分项统稿，由宇鹏、陈庆福、黄楚云等编著，具体分工如下：第 1 章、第 2 章、第 5 章由宇鹏编著；第 3 章由陈庆福、黄楚云、邹斌、卢加伟编著；第 4 章由陈东华、温晓春、顾运琼、黄飞婷、杨小霞、王根伟编著。在本书的编著和校对过程中，还得到钟俏君等的帮助，在此表示衷心的感谢！

本书内容涉及的研究工作得到了 2020 年度广西高等教育本科教学改革工程项目［以学为中心的"六步进阶"课程思政教学模式研究（编号：2020JGB262）］、2021 年度广西高校中青年教师科研基础能力提升项目［微好氧－微电解耦合厌氧消化处理厨余垃圾和污泥的机理及调控研究（编号：2021KY1532）］、广西自然科学基金［餐厨垃圾单相厌氧消化中 VFAs 和氨氮耦合抑制机理及预警研究（编号：2016GXNSFAA380087）］、南宁师范大学地理学一流学科建设经费的资助，在此一并表示感谢！本书的部分内容参考了国内外学者、工程师的研究成果或实际运行经验，在此向有关作者表示衷心的感谢。

限于编著者水平及编著时间，在诸多问题的研究和认识上还欠深刻和全面，书中难免存在疏漏和不妥之处，恳请读者批评指正。

编著者

2020 年 10 月

目录

第 3 章　国内先进城市和地区的垃圾分类 ————————— 97

第 **1** 章

绪 论

1.1 生活垃圾的定义、产生源与成分

根据 2020 年 4 月修订的《中华人民共和国固体废物污染环境防治法》，生活垃圾是指在日常生活中或者为日常生活提供服务的活动中产生的固体废物以及法律、行政法规规定视为生活垃圾的固体废物。

按区域性质和产生生活垃圾的特性，生活垃圾产生源可划分为居民区、办公区、商业区、文教区、宾馆酒楼、公共清扫区、农贸市场、其他产生源等[1]。

生活垃圾的成分较为复杂，受地理环境、生活习惯、生活水平、季节变化、能源结构、人口规模、人群的年龄结构等因素影响。表 1-1 列出几个典型发达国家的城市生活垃圾的部分物理组成。

表 1-1　典型发达国家城市生活垃圾的部分物理组成[2]　　　　单位：%

国家	厨余类	纸类	橡塑类	纺织类	木竹类	玻璃类	金属类	灰土类	庭院垃圾
美国	12.7	31.0	15.0	5.0	6.6	4.9	8.4	1.5	13.2
荷兰	—	37.6	—	2.6	—	8.0	—	—	—
英国	16.6	20.3	6.2	1.6	17.8	9.0	7.1	3.9	15.5
日本	19.1	36.0	18.3	9.5	4.5	0.3	—	6.1	—
新加坡	20.2	26.2	25.0	3.2	3.2	2.0	2.4	0.4	5.2

表 1-2 列出美国多年生活垃圾的部分物理成分。美国生活垃圾的部分物理成分中厨余类含量稳定在 12% 左右、木竹含量稳定在 5.6% 左右、灰土含量稳定 1.5% 左右，纸类含量呈下降趋势，而替代纸作为包装物的塑料略有上升；玻璃类、金属类、庭院垃圾含量不断下降；橡胶类、纺织类含量呈上升趋势。

表 1-2　美国多年生活垃圾的部分物理成分　　　　单位：%

垃圾组成	年份									
	1960	1970	1980	1990	2000	2004	2005	2006	2007	2008
厨余类	13.8	10.6	8.6	10.1	11.2	11.8	12.1	12.2	12.5	12.7
纸类	34.0	36.6	36.4	35.4	36.7	34.6	33.9	33.6	32.7	31.0
塑料类	0.4	2.4	4.5	8.3	10.7	11.8	11.7	11.7	12.1	12.0
橡胶类	2.1	2.5	2.8	2.8	2.8	2.9	2.9	2.9	2.9	3.0
纺织类	2.0	1.7	1.7	2.8	3.9	4.4	4.5	4.7	4.7	5.0
木竹类	3.4	3.1	4.6	6.0	5.5	5.6	5.6	5.5	5.6	6.6
灰土类	1.5	1.5	1.5	1.4	1.5	1.5	1.5	1.5	1.5	1.5
玻璃类	7.6	10.5	10.0	6.4	5.3	5.2	5.3	5.3	5.3	4.9
金属类	12.3	11.4	10.2	8.1	7.9	8.0	8.0	8.1	8.2	8.4
庭院垃圾	22.7	19.2	18.1	17.1	12.8	12.7	12.8	12.7	12.8	13.2
合计	99.8	99.5	98.4	98.4	98.3	98.5	98.3	98.2	98.3	98.3

表 1-3 为我国不同城市生活垃圾部分物理组成。由该表可知，大城市生活垃圾中的灰土等无机物含量比中小城市少，有机物和可回收物，尤其是可燃物（如纸类、塑料、橡胶等）比中小城市多，其中可回收物占的比例高达 30%。

表 1-3　我国不同城市生活垃圾部分物理组成　　　　单位：%

城市	厨余类	纸类	橡塑类	织物类	木竹类	玻璃类	金属类	灰土类	砖瓦、陶瓷类
香港	38.30	24.30	18.90	3.30	0.45	4.30	2.40	0.45	0.00
北京	63.79	9.75	11.76	1.69	1.26	1.70	0.33	9.10	0.42
上海	61.11	9.46	19.95	2.80	1.48	2.98	0.28	0.40	1.18
青岛	67.75	7.20	9.39	2.66	—	2.96	0.35	6.47	0.84
武汉	52.41	9.17	17.06	3.38	2.47	2.34	1.50	9.29	2.37
重庆	56.20	10.10	16.00	6.10	4.20	3.40	1.10	—	—
杭州	64.48	6.71	10.12	1.22	0.05	2.02	0.31	—	—
广州	52.42	8.95	16.77	8.43	1.98	1.33	0.23	6.39	3.43
深圳	45.98	18.44	15.90	3.28	2.89	0.72	1.95	—	—
罗田县城	17.17	5.35	7.12	2.06	0.73	3.97	0.15	52.90	6.15
远安县城	12.90	2.30	2.44	1.68	2.80	1.70	1.22	60.13	4.85

表 1-4 为上海市 1995～2005 年生活垃圾部分物理成分。由该表可知，厨余类、玻璃类、金属类、灰土类含量不断下降，木竹类含量稳定在 1.5% 左右，纸类、橡塑类、织物类略有上升。

表 1-4　上海市 1995~2005 年生活垃圾部分物理成分　　　　单位：%

年份	厨余类	纸类	橡塑类	织物类	木竹类	玻璃类	金属类	灰土类
1995	70.65	6.50	10.21	2.17	1.47	3.81	0.91	2.29
1996	70.30	6.68	10.84	2.26	1.96	4.06	0.68	2.23
1997	69.09	7.05	11.78	2.24	1.44	4.01	0.58	1.82
1998	67.33	8.77	12.48	1.90	1.27	4.15	0.73	1.37
1999	65.21	8.23	12.46	2.21	1.18	5.36	0.84	2.21
2000	67.51	8.02	13.03	2.87	1.43	4.15	0.85	1.26
2001	65.47	9.20	12.09	2.38	1.26	4.03	0.61	1.47
2002	68.17	9.11	13.26	2.91	1.26	3.33	0.86	—
2003	65.90	9.23	13.33	2.70	1.21	3.82	0.61	—
2004	61.82	9.07	18.68	2.73	1.66	2.89	0.33	1.36
2005	61.11	9.46	18.95	2.80	1.48	2.98	0.28	1.58

表 1-5 列出了城市生活垃圾中不同干基组分所含化学元素典型质量分数。

表 1-5　城市生活垃圾中不同干基组分所含化学元素典型质量分数　　单位：%

序号	组分	干基量（质量分数）					
		碳	氢	氧	氮	硫	灰分
1	食物：脂肪	73.0	11.5	14.8	0.4	0.1	0.2
	混合食品废物	48.0	6.4	37.6	2.6	0.4	5.0
	水果废物	48.5	6.2	39.5	1.3	0.2	4.2
	肉类废物	59.6	9.4	24.7	1.2	0.2	4.9
2	纸制品：卡片纸板	43.0	5.0	44.8	0.3	0.2	5.0
	杂质	32.9	5.0	38.6	0.1	0.1	23.3
	白报纸	49.1	6.1	43.0	<0.1	0.2	23.3
	混合废纸	43.4	5.8	44.3	0.3	0.2	6.0
	浸蜡纸板箱	59.2	9.3	30.1	0.1	0.1	1.2
3	熟料：混合废塑料	60.0	7.2	22.8	—	—	10.0
	聚乙烯	85.2	14.2	—	<0.1	<0.1	0.4
	聚苯乙烯	87.1	8.4	4.0	0.2	—	0.3
	聚氨酯	63.3	6.3	17.6	6.0	<0.1	4.3
	聚乙烯氯化物	45.2	5.6	1.6	0.1	0.1	2.0
4	木材、树枝等：花园修剪垃圾	46.0	6.0	38.0	3.4	0.3	6.3
	木材	50.1	6.4	42.3	0.1	0.1	0.1
	坚硬木材	49.6	6.1	43.2	0.1	<0.1	0.9
	混合木材	49.6	6.0	42.7	0.2	<0.1	1.5
	混合木屑	49.5	5.8	45.5	0.1	<0.1	0.4
5	玻璃、金属等：玻璃和矿石	0.5	0.1	0.4	<0.1	—	98.9
	混合矿石	4.5	0.6	4.3	<0.1	—	90.5
6	皮革、橡胶、衣物等：混合废皮革	60.0	8.0	11.6	10.0	0.4	10.0
	混合废橡胶	69.7	8.7	—	—	1.6	20.0
	混合废衣物	48.0	6.4	40.0	2.2	0.2	3.2
	其他：办公室清扫垃圾	24.3	3.0	4.0	0.5	0.2	68.0
	油、涂料	66.9	9.6	5.2	2.0	—	16.9
	以垃圾生产的燃料（RDF）	44.7	6.2	38.4	0.7	<0.1	9.9

　　我国村镇生活垃圾主要成分为厨余垃圾与灰土类垃圾。其中，南方的厨余垃圾在生活垃圾中所占比例要高于北方，同时南方生活垃圾中含水量要高于北方。南方

的橡塑类垃圾含量也高于其他地区。北方的灰土类垃圾含量较高，西北部地区垃圾的金属含量要高于其他地区，华北地区的木竹、砖瓦陶瓷类废弃物的含量高于其他地区。造成这一现象的主要原因在于不同地区的物产、生活习惯与产业结构组成不同。例如，我国山东、安徽以及江苏等地区的园林产业比较发达，村镇居民比较喜欢木质的家具；江西、福建地区的陶瓷产业比较兴盛，会产生很多陶瓷类垃圾；中东部沿海地区村镇中的橡塑类垃圾占有很高比重；海南、西藏等边界地区中由于特殊的气候环境，村镇的生活垃圾也比较特殊[3]。

以河北省安新县东田庄、湖南省长沙县开慧乡和果园镇作为北方、南方的典型农村，其农村垃圾成分分别如表1-6、表1-7所列。东田庄的垃圾以厨余垃圾为主；村民习惯以秸秆为柴火，垃圾中炉灰含量较高；芦苇类秸秆占有较大比重。长沙县开慧乡和果园镇农村垃圾主要成分是可堆肥的草木灰和厨余垃圾[4]。

表1-6 河北省安新县东田庄农村生活垃圾物理成分

类别		比例 /%	合计 /%
有机物	畜禽粪便	1 ～ 2	40 ～ 60
	厨余、有机质	38 ～ 59	
无机物	炉渣、渣土	10 ～ 20	30 ～ 40
	石块、陶瓷	20 ～ 30	
废品	塑料、橡胶	2	8 ～ 10
	废纸	1	
	玻璃	4	
	泡沫塑料	1	
	布类	1	
	金属	1	
植物残体	芦苇	8 ～ 10	8 ～ 10

表1-7 湖南省长沙县农村生活垃圾物理成分 单位：%

地点	草木灰	厨余	砖瓦	纸类	塑料	纺织品	玻璃	金属
开慧乡	58.7	11.0	8.6	2.8	5.7	8.2	5.0	0
果园镇	28.5	19.0	13.4	7.8	8.6	7.0	11.5	4.5

1.2 生活垃圾的产生量

我国 2002 ～ 2018 年城市生活垃圾清运量如图 1-1 所列。2018 年，我国城市生活垃圾清运量达到 2.28 亿吨，比 2017 年增加了 0.13 亿吨。我国已经成为全球生活垃圾产生量最多的国家，约占全球总量的 15.8%（见图 1-2）。世界银行预测，2030

年中国城市生活垃圾产生量可能突破 3 亿吨。垃圾清运量仍然呈现快速增加的趋势，2011 ～ 2018 年，年均增长 5.58%。2014 年，我国人均垃圾产生量为 463kg/（人·年），超过日本的人均产生量 461kg/（人·年）；2018 年，我国人均生活垃圾产生量达到 525.2kg/（人·年）；2011 ～ 2018 年，人均产生量年均增长了 15.3%。2018 年，全国城市生活垃圾处理投入额为 298.5 亿元；2011 ～ 2018 年，生活垃圾处理投入额年均增长率为 7.12%。2002 ～ 2010 年，垃圾处理成本平均仅为 39 元/吨；2018 年，垃圾处理成本达到 130.9 元/吨，是 2002 年的 6 倍。

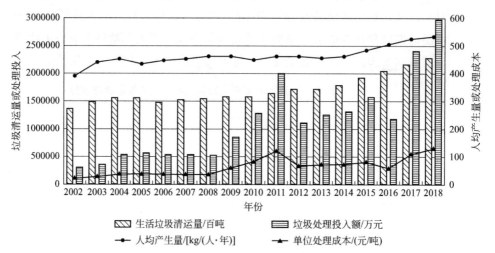

图 1-1　我国 2002 ～ 2018 年城市生活垃圾清运量、人均产生量、处理投入额、单位处理成本

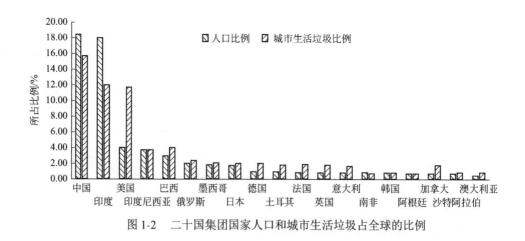

图 1-2　二十国集团国家人口和城市生活垃圾占全球的比例

我国村、镇两级居住社区人均生活垃圾产生量分别为 0.4 ～ 0.9 kg/（人·d）、0.5 ～ 1.0kg/（人·d）[5]。村镇生活垃圾年产量在 2014 年已超过 1 亿吨，且逐年激增。

1.3　生活垃圾的危害

1.3.1　对环境的污染

1.3.1.1　占用大量土地

　　生活垃圾的简易堆放或卫生填埋，都会占用大量的土地，破坏地貌和植被（见图 1-3）。目前，全国城市生活垃圾累计堆存量达 70 亿吨，占地 80 多万亩（1 亩 ≈ 666.7m²）。全国 688 座城市（除县城外）已有 2/3 的大中城市遭遇垃圾问题，且有 1/4 的城市已没有合适的场所堆放垃圾。生活垃圾填埋处置侵占城市周边大量宝贵的土地资源，如上海老港垃圾填埋场占地达 28.9 平方千米。填埋场内的垃圾自然降解周期长，如需要 100 ~ 150 年才能完全腐烂。

图 1-3　生活垃圾简易堆放占用土地

1.3.1.2　污染地表水、土壤、地下水

　　生活垃圾随天然降水、地表径流进入河流、湖泊、水库，或随风飘迁落入河流、湖泊、水库，污染地表水，使河床淤塞，水面减小，甚至导致水利工程设施的效益减少或废弃。图 1-4 为某河流受垃圾污染状况。

　　生活垃圾暂存、简易堆放、填埋等过程中会产生渗滤液，尤其在有雨水进入、淋洗生活垃圾时会产生大量渗滤液。渗滤液成分复杂、氨氮、重金属离子、病原微生物含量高。例如，江西某城镇生活垃圾填埋场渗滤液的 pH 值为 6 ~ 8，$NH_3\text{-}N$、SS 的质量浓度分别为 500 ~ 1800mg/L、500 ~ 2000mg/L，大肠杆菌数为 1.0×10^6 个 /L，COD 和 BOD_5 浓度分别为 3 ~ 8g/L、1 ~ 4g/L [6]。生活垃圾及其渗滤液中有害物质进入土壤后可能会在土壤中累积，会改变土壤的性质和结构，并对土壤中的微生物产生影响，有碍植物根系的发育和生长，还会在植物有机体内积蓄，通过食物链危及人体健康。

图 1-4　生活垃圾污染河流

垃圾渗滤液也会造成严重的地下水污染。垃圾渗滤液对地下水污染的过程如下：首先是渗滤液通过岩土层渗入；其次变质后的水与地下水混合；最后污染物沿含水层迁移。渗滤液对地下水的污染取决于：地质环境；含水层上部隔水层的厚度及渗透性；地下水水位；地层的自净能力；渗滤液的成分；渗滤水的水量及渗滤时间等。美国大约有 18500 个垃圾填埋场，几乎有一半对水体都产生污染。莱茵河地区因垃圾堆渗滤水污染地下水，造成有的自来水厂关闭。我国兰州东盆地雁滩水源地因垃圾渗滤液污染而废弃。垃圾渗滤液对地下水产生的污染往往延缓的时间很长，少则几年，多则几十年甚至几百年。一旦地下水被垃圾渗滤液所污染，则很难治理和修复[7]。垃圾填埋场产生的渗滤液一般占垃圾填埋量的 35% ～ 50%（质量比），部分地区受地域、降水等的影响，渗滤液的产量甚至可达到垃圾填埋量的 50% 以上。2017 年我国渗滤液产生量约 7679.4 万吨，如图 1-5 所示。

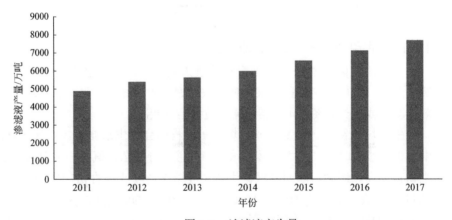

图 1-5　渗滤液产生量

1.3.1.3　污染大气环境

生活垃圾污染大气环境的途径主要有 3 个。

① 生活垃圾中的细粒、粉尘等可随风飞扬。

② 生活垃圾中的有机物被微生物分解，释放出有害气体。垃圾填埋场已成为温室气体产生的重要来源，如全球生活垃圾填埋场 CH_4 排放量约为 $4.0\times10^7t/a$，占全球 CH_4 总排放量的 8% 左右。1990～1997 年，美国填埋场排放的温室气体等同于其余温室气体来源的排放量总和，占总温室气体排放量的 40%～50%[8]。2016 年，北京市垃圾填埋场填埋气产生量达到 $2400m^3/h$ [9]。

③ 生活垃圾中某些物质的化学反应，会向大气释放污染物。如生活垃圾焚烧会释放氮氧化物（NO_x）、HCl、HF、二噁英等。

图 1-6 为随意堆放的生活垃圾燃烧污染大气环境。

图 1-6　生活垃圾燃烧污染大气环境

我国填埋处理垃圾的比例持续下降，从 2010 年的 78% 下降至 2018 年的 55%（见图 1-7）。而焚烧处理垃圾的比例持续上升，从 2010 年的 19% 上升至 2018 年的 43%。截至 2017 年年底，已投运焚烧处理垃圾产能为 35.2 万吨。2018 年，新投入运行的生活垃圾焚烧厂超过 70 座，在建项目 166 座，拟建项目 201 座。2018 年年底，内地建成并投入运行的生活垃圾焚烧发电厂约 400 座。2019 年，全国约 600 个大中小型生活垃圾焚烧发电厂项目拟在建。根据《"十三五"全国城镇生活垃圾无害化处理设施建设规划》：到 2020 年年底，具备条件的直辖市、计划单列市和省会城市（建成区）实现原生垃圾"零填埋"，建制镇实现生活垃圾无害化处理能力全覆盖。到 2020 年年底，设市城市生活垃圾焚烧处理能力占无害化处理总能力的 50% 以上，其中东部地区达到 60% 以上。2020 年，垃圾焚烧厂约 550 座，日处理总规模约 57.75 万吨，年规模约 1.90 亿吨；2025 年，垃圾焚烧厂将达约 740 座，日总规模将达约 75.50 万吨，年规模将达约 2.50 亿吨；2030 年，垃圾焚烧厂将达约 930 座，日处理总规模将达约 91.60 万吨，年规模将达约 3.00 亿吨；2035 年，垃圾焚烧厂将达约 1120 座，日处理总规模将达约 106.20 万吨，年规模将达约 3.50 亿吨；2040 年，垃圾焚烧厂将达约 1305 座，日处理总规模将达约 119.20 万吨，年规模将达约 3.95

亿吨；2045 年，垃圾焚烧厂将达约 1490 座，日处理总规模将达约 130.90 万吨，年规模将达约 4.40 亿吨。

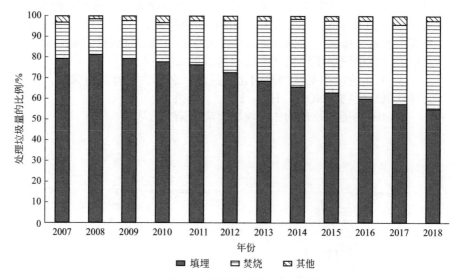

图 1-7　生活垃圾处理方式情况

目前，国内的垃圾焚烧发电厂主要分布在经济发达地区和一些大城市。从垃圾焚烧产能（见图 1-8）看，浙江、江苏、广东、山东、福建的垃圾焚烧处理量是国内最高的 5 个省份，其垃圾焚烧处理量约占全国的 47.7%，浙江、江苏、广东 3 省垃圾焚烧产能都超过 3 万吨 / 天，其中浙江省生活垃圾焚烧发电厂数量最多，垃圾焚烧处理产能最大，而这个 5 个省份全部位于东部沿海地区，具有较高的区域集中度。大量垃圾焚烧厂集中在东部沿海地区，存在二噁英污染的危险。

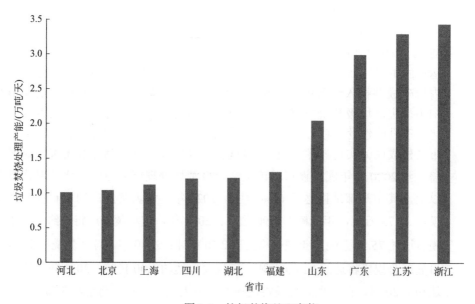

图 1-8　垃圾焚烧处理产能

　　卫生填埋、焚烧、堆肥 3 种生活垃圾处理方式的优缺点及适用范围见表 1-8。

表 1-8　3 种生活垃圾处理方式的对比

比较项目	卫生填埋	堆肥	焚烧
技术可靠性	可靠、属传统处理方法	较可靠，在我国各地均有实践经验	较可靠，技术成熟，成为近年国内垃圾处理的主要发展方向，有大量应用
工程规模 /（t/d）	一般很大	静态间歇式堆肥厂一般规模 100～200；动态连续式规模可达 300～500	单台焚烧炉规模 150～750
选址难易	困难，特别在市区极为困难。要考虑地形、地质条件，防止地表水、地下水污染，远离市区，运输距离远	较易，仅需避开居民密集区，气味影响半径小于 200m，运输距离适中	可靠近市区建设，运输距离较近，但是近年来，选址问题越来越敏感
占地面积 /（m²/t）	一般 700～1000	中等，一般为 110～150	较小，一般为 60～100
投资 /（万元 / 吨）	18～27（单层合成衬底，压实机进口）	25～36（制有机复混肥，国产化率60%）	50～70（余热发电上网，国产化率80%）
处理成本 /（元 / 吨）	35～55	50～80	90～160
操作安全性	较好	好	好
使用条件	无机物＞60% 含水量＜30% 密度＞0.5t/d	从无害化角度，垃圾中可生物降解有机物≥10%，从肥效出发应＞40%	垃圾低位热值＞3300kJ/kg 时，不需要添加辅助燃料
管理水平	一般	较高	很高
产品市场	沼气可作发电、取暖	堆肥产品单一且不稳定，市场应用有一定困难	热能利用发电，但需得到政府的支持
最终处置	本身是一种最终处置技术	非堆肥物需填埋处理，为初始量的 20%～25%	仅残渣需作填埋处理，为初始量的10%
地表水污染	完善的渗沥液处理设施，不易达标	可能性较小，污水应经处理后排入城市管网	炉渣填埋时与垃圾相仿，但飞灰较难处置
地下水污染	场底防渗、投资大	可能性较小	可能性较小
大气污染	有轻微污染，可用导气、覆盖、隔离带等措施控制	有轻微气味，应设除臭装置和隔离带	应加强对酸性气体、重金属和二噁英的控制和治理
土壤污染	限于填埋场区域	需控制堆肥重金属含量和 pH 值	灰渣不能随意堆放
环保措施	场底防渗、分层压实、填埋气导排，渗滤液处理	生产成本过高或堆肥质量不佳影响产品销售	二噁英、污水、噪声控制、残渣处置、恶臭防治
主要风险	沼气聚集后引起爆炸，场底渗漏或渗滤液的二次污染	生产前需进行垃圾成分分析，此工程完成无重大风险	焚烧不稳影响发电生产，烟气治理不利导致大气污染
国外发展状况	总的发展趋势是比重越来越小	堆肥市场销路的制约	发达国家和国土资源小的国家

1.3.1.4　影响地表景观

　　景区周边、城郊、农村简易堆放的生活垃圾，改变了当地的地表景观，破坏了优美的自然环境，垃圾遍地，随风飘扬，造成了视觉污染。图 1-9 为垃圾严重影响广西阳朔某风景区的景观。

图 1-9　垃圾影响景区景观

1.3.2　对人类的危害

生活垃圾若处置不当，其中的有害成分和化学物质可通过环境介质——大气、土壤、地表或地下水体等直接或间接传入人体，威胁人体健康，给人类造成潜在的、近期的和长期的危害。如垃圾填埋场渗滤液污染饮用水水源。生活垃圾损害人类健康的途径是多方面的，其具体途径取决于生活垃圾本身的物理、化学和生物性质，而且与生活垃圾处理、处置所在地的地质、水文条件有关。主要途径如下：

① 通过填埋或堆放渗漏到地下，污染土壤和地下水源；

② 通过雨水冲刷流入江河湖泊，造成地表水污染；

③ 通过堆放或焚烧会散发臭气二噁英等有害气体进入大气，造成大气污染；

④ 造成土壤污染，通过食物链的传递和富集进入食品，从而进入人体；

⑤ 处理设施会引发火灾、爆炸等安全事故。

1.4　生活垃圾分类

1.4.1　生活垃圾分类的定义及模式

《市容环境卫生术语标准》（CJJ/T 65—2004）把垃圾分类收集定义为"将垃圾中的各类物质按一定要求分类投弃和收集的行为。"我国行业标准《城市生活垃圾分类及其评价标准》（CJJ/T 102—2004）把垃圾分类定义为"按垃圾的不同成分、属性、回收利用价值以及对环境的影响，并根据不同处理方式的要求，分成属性不同的若干种类"。这两个定义的特点如下。

① 垃圾分类是垃圾产生之后的归类、收集、投递行为，不包括垃圾分类之后的分类处理过程，否则垃圾分类与垃圾分类处理就没有界限了。垃圾分类处理是另一个概念，包括重复利用、再生利用、能量利用（焚烧处理）、安全填埋等方面，这里的每个方面又都是一个十分复杂和庞大的处理技术体系。

② 垃圾分类的主体是公民。垃圾分类是公民在家庭私环境下自觉的、重复的、持续性的微行为。政府和机械设备无法替代主体。政府是推动者，机械设备是辅助手段。垃圾分类是一项社会性的工作[10]。

刘梅[11]将垃圾分类定义为：将性质相同或相近的垃圾分类装置，按照指定时间、种类，将该项垃圾放置于指定地点，由垃圾车予以收取，或投入适当回收系统。生活垃圾分类指按生活垃圾的性质、成分，将垃圾分为若干种类，并分别进行投放、暂存、收集、运输和处理。

根据分类人员、分类环节及分类工作属性的不同，生活垃圾分类可划分为社会化分类和专业化分类两种模式（见图 1-10）。社会化分类是指社会全体成员在垃圾产生的源头参与垃圾分类投放的行为和过程。社会化分类，需要政府及街道办事处、居委会、村委会等组织的协调与全社会公众的参与，是垃圾分类的基础性工作。专业化分类是指在垃圾分类后续环节，由掌握专业技能的作业人员借助人力或专业设施设备对社会化分类后的垃圾进行二次分拣（选）的分类行为和过程。专业化分类需要政府及主管部门领导的统筹和企业的具体施行，依赖于配套设施的建设运行和专业分类人员的合理操作[12]。根据分类方式的不同，专业化分类分为人工分拣、机械分选、压榨分质 3 种。人工分拣分类：人工分选识别能力强，可直接回收利用有价值的物品、清除明显有害的垃圾，在垃圾分选中起着不可替代的作用。机械分选分类：包括筛选、风选等多种方式，工艺及设备多为传统技术及机械设备升级改造。压榨分质分类：为了后续分类处置及资源化，利用压力把垃圾分为干、湿两种类型。其中，干垃圾以工业废物为主，含水率在 30% 左右；湿垃圾以生物质为主，含水率在 85% 左右。人工分拣及机械分选分类适用于经源头粗分类的干垃圾（包括低价值可回收物和剔除易腐垃圾的其他垃圾），不适用于混合垃圾或除去低价值可回收物的其他垃圾。压榨分质分类技术既适用于混合垃圾，也适用于厨余垃圾或初步分类的湿垃圾（易腐垃圾）。

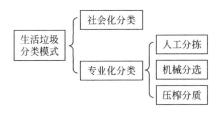

图 1-10　生活垃圾分类的模式

1.4.2　开展垃圾分类的原因

从 2000 年将北京、上海、广州、深圳、杭州、南京、厦门、桂林作为生活垃圾分类收集试点城市开始，到 2017 年标志我国垃圾强制分类正式开始的《生活垃圾分类制度实施方案》的发布，再到 2019 年在全国地级及以上城市全面开展生活垃圾分类，垃圾分类逐渐从局部示范向全国推广、从"倡导"发展为"强制"和"义务"。上海、深圳等城市的垃圾分类已全面开展，并取得一定成效。2020 年 4 月修订并公布的《中华人民共和国固体废物污染环境防治法》（简称《固废法》）明确了：国家推行生活垃圾分类制度。《固废法》是生活垃圾治理的基本法和专业法，此次修订为生活垃圾分类管理提供了法治保障，将会进一步加快垃圾分类进程。为什么要开展垃圾分类？有以下 5 个方面的原因。

1.4.2.1　减少垃圾量

随着经济的快速发展、生活水平的显著提高，我国生活垃圾的产生总量巨大，人均产生量还在快速增加。如此巨大的垃圾量，需要耗费巨大的人力、物力进行收集、处理。开展垃圾分类能减少垃圾量。分类减少垃圾产生量的 3 种途径见图 1-11。

① 按垃圾量、按垃圾类别的阶梯式收费制度，为减少费用，民众被动的减少包装盒等的使用，进而减少垃圾量。

② 耗费时间进行垃圾分类和投放，为减少每天用于垃圾分类的时间，民众被动地减少成分复杂物品的使用，进而减少垃圾量。

③ 垃圾分类的宣传教育，民众养成低碳生活的良好习惯，减少日常生活中的资源消耗，主动减少垃圾量。

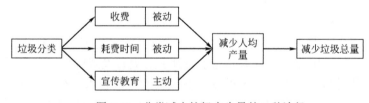

图 1-11　分类减少垃圾产生量的 3 种途径

1.4.2.2　减少资源消耗

分类能显著减少资源消耗的途径（见图 1-12）。

图 1-12　垃圾分类减少资源消耗的途径

① 如前文所述，民众主动或被动的减少资源使用量。

② 垃圾总量的减少，能减少垃圾收运、处理中的人力、物力投入，减少垃圾处理中对土地等资源的使用。例如，2017 年深圳市常住人口为 1252.83 万，环卫工人却多达 10 万人；而拥有 1350 万（2016 年）人口的日本东京市，因为开展了垃圾分类，道路清扫工人仅为 2000 名左右。

③ 分类后的垃圾便于开展回收利用。我国每年因生活垃圾造成的资源损失价值为 250 亿～ 300 亿元。将生活垃圾中的废纸、玻璃、金属、塑料等作为可回收物单独收集，便于它们的回收再利用，减少对木材、钢材等资源的消耗。

废纸等回收的效益见图 1-13。混合垃圾焚烧发电量约为 400 ～ 450kW·h/t，而分类后的垃圾焚烧发电量约为 600 ～ 800kW·h/t。混合垃圾焚烧后，产生 15% ～ 20% 的残渣，而分类后的垃圾焚烧仅产生约 1.5% ～ 2% 的残渣。

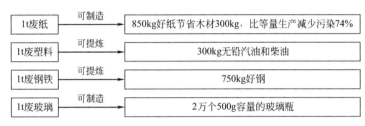

图 1-13　生活垃圾中可回收物的利用价值

1.4.2.3　减轻污染

将来垃圾焚烧厂的数量和焚烧的垃圾量都将快速增加，尤其是大量垃圾焚烧厂集中分布在东部地区，为避免发生类似日本 20 世纪 80 ～ 90 年代因大量焚烧垃圾导致二噁英污染环境和威胁人体健康的情况，必须对垃圾进行分类，以从源头控制二噁英的产生量。

分类减少生活垃圾污染的途径见图 1-14。

图 1-14　分类减少生活垃圾污染的途径

① 分类能减少垃圾量，进而减少渗滤液、填埋气等污染物的产生量。

② 垃圾量的减少，间接提高了每吨垃圾的处理费用，利于垃圾处理设施的完善和运行。

③ 分类能将垃圾中的复杂成分进行分离，避免处理过程中生成二噁英等污染物。

1.4.2.4 促进垃圾的全过程管理

生活垃圾全程管理战略由欧盟在 20 世纪 90 年代以后提出，其目的是垃圾减量和资源再利用。我国长期对垃圾采用混合投放、收运、处理的模式，这种模式只能在垃圾的收运、处理等末端环节进行较为完善的管理，侧重于垃圾的"无害化"，例如可回收物由"拾荒者"回收有价值部分，如纸张、塑料、大件家电等。

生活垃圾的全过程管理不仅包括对垃圾的产生、投放、收运、处理等环节的管理，还包括对产品设计、生产、消费等环节的管理。

分类在垃圾的全过程管理中能起到"承上启下"的作用（见图 1-15），向上能追述产品的设计和生产、消费等环节，从而在生产、消费等环节减少垃圾的产生；向下因为分类投放，便于分类收运和分类处理，利于专业化的回收利用。分类实现了对垃圾进行从设计、生产、消费的源头到末端处理的全过程管理。

图 1-15　垃圾分类减少污染的途径

① 将减少或避免垃圾产生置于优先目标，包括改进商品设计，改革包装材料，减少包装。

② 尽可能直接回收和资源再生利用，包括对可生物降解有机物进行堆肥和厌氧消化处理。

③ 尽可能对可燃物进行焚烧处理，并回收和再利用余热。

④ 最终对剩余垃圾进行填埋处理。

1.4.2.5 是社会发展和生态文明建设的必然要求

十九大报告提出，我国社会主要矛盾已经转化为人民日益增长的美好生活需要和不平衡不充分的发展之间的矛盾。

垃圾分类是一项关乎民生和社会可持续发展的社会问题，也是实施生态文明建设的重要组成部分、重要环节和关键领域，垃圾分类的进展折射了社会文明程度和管理水平。

2015 年 4 月，《中共中央、国务院关于加快推进生态文明建设的意见》（下简称《意见》）发布，《意见》要求"提高全社会资源产出率，构建覆盖全社会的资源循环利用体系。完善再生资源回收体系，实行垃圾分类回收，推进产业循环式组合，促进生产和生活系统的循环链接。"

2015 年 9 月，《中共中央、国务院关于生态文明体制改革总体方案》（下简称《方案》）发布，《方案》从制度体系构建角度出发，提出"要建立和实行资源产出率统计体系、生产者责任延伸制度、垃圾强制分类制度、资源再生产品和原料推广使用制度等制度，从而完善资源循环利用制度。"

习近平总书记在 2016 年 12 月 21 日召开的中央财经领导小组第十四次会议上指出，普遍推行垃圾分类制度，关系 13 亿多人生活环境改善，关系垃圾能不能减量化、资源化、无害化处理。要加快建立分类投放、分类收集、分类运输、分类处理的垃圾处理系统，形成以法治为基础、政府推动、全民参与、城乡统筹、因地制宜的垃圾分类制度，努力提高垃圾分类制度覆盖范围。

习近平总书记再次对垃圾分类工作做出重要指示。会议强调，实行垃圾分类，关系广大人民群众生活环境，关系节约使用资源，也是社会文明水平的一个重要体现。会议指出，推行垃圾分类，关键是要加强科学管理、形成长效机制、推动习惯养成。要加强引导、因地制宜、持续推进，把工作做细做实，持之以恒抓下去。要开展广泛的教育引导工作，让广大人民群众认识到实行垃圾分类的重要性和必要性，通过有效的督促引导，让更多人行动起来，培养垃圾分类的好习惯，全社会人人动手，一起来为改善生活环境做努力，一起来为绿色发展、可持续发展做贡献。

2019 年 10 月 31 日，中国共产党第十九届中央委员会第四次全体会议通过《中共中央关于坚持和完善中国特色社会主义制度、推进国家治理体系和治理能力现代化若干重大问题的决定》明确提出：普遍实行垃圾分类和资源化利用制度。

习近平总书记对垃圾分类工作做出重要指示强调：培养垃圾分类的好习惯，为改善生活环境做努力，为绿色发展可持续发展做贡献。

1.4.3 在 2018 年前后开始强制推行垃圾分类的原因

20 世纪 50 年代，美国经济学家西蒙·库兹涅茨发现：经济发展与收入差距之间存在特殊的对应关系，随着经济的增长，人均收入的差异先扩大再缩小，这种关系在以人均收入为横坐标、以收入差异为纵坐标的直角坐标系中，表现为一个"倒 U"形曲线，被称为库兹涅茨曲线。

20 世纪 90 年代，学者们在对世界上许多国家的一些地区污染物排放变化与人均收入之间的数据进行实证分析后发现：环境质量或污染物排放水平与经济发展之间同样存在这样一种曲线关系。即当一个国家经济发展水平较低的时候，环境污染的程度较轻，随着人均收入的增加，环境污染由低趋高，环境恶化程度随经济的增长而加剧。当经济发展达到一定水平后，也就是说，到达某个临界点或称"拐点"以后，随着人均收入的进一步增加，环境污染又由高趋低，其环境污染的程度逐渐减缓，环境质量逐渐得到改善，这种现象被称为环境库兹涅茨曲线，简称EKC。

环境库兹涅茨曲线理论（EKC 曲线理论）运用到城市生活垃圾排放的研究表明：城市生活垃圾排放量与收入水平间存在倒 U 关系[5]，拐点出现在人均 GDP 为 1 万美元 / 年左右时。在此收入水平时，如果不推行垃圾分类，人均垃圾产生量会随收入水平的提高而进一步增加，甚至超过 2kg/（人·d）；而如果推行垃圾分类，人均垃圾产生量会降低。表 1-9 是几个发达国家和地区推行垃圾分类时的人均 GDP。

表 1-9　几个发达国家和地区推行垃圾分类时的人均 GDP

国家或地区	年份	人均 GDP	垃圾分类
德国	1972	3796 美元	出台《废物避免产生和废物管理法》
美国	1976	8592 美元	出台《资源保护与回收法》
日本	1980	9465 美元	出台各种物质回收利用法
中国台湾地区	1998	12840 美元	提出"资源回收四合一计划"

从全国层面看，居民人均消费支出与生活垃圾产生量存在倒 N 形关系，人均 GDP 与生活垃圾产生量呈现显著正相关。居民人均消费支出和人均 GDP 显示消费能力，对生活垃圾产生量具有显著影响[13]。从 2006 年到 2017 年，我国居民消费水平持续增长，居民的消费内容和模式逐渐改变，生活垃圾产生量逐年增长，高收入群体产生更多的生活垃圾[14, 15]。从区域层面看，东部地区的居民人均消费支出与生活垃圾产生量呈现显著正相关，促进生活垃圾的产生，但是在中西部地区，居民人均消费支出与生活垃圾产生量呈现倒 U 形关系，大部分省份处在拐点左侧，人均 GDP 的正效应明显弱于东部地区。这表明东部地区经济快速发展提高了消费水平，居民拥有更高的消费能力，享受着高成本、高消耗、高成本、高浪费的生活方式。在中西部地区，中西部地区的经济基础薄弱，居民消费的增加产生更大的边际效用，显著提高居民的消费能力，产生更多的生活垃圾。

2018 年，我国人均 GDP 达 9771 美元，与美国等发达国家以及中国台湾地区大力推广垃圾分类时的人均 GDP 相当，也是人均垃圾产量倒 U 形的拐点处。因此，在 2018 年前后强制推行垃圾分类，是我国社会经济发展和生活水平进入新阶段，迫切需要减少人均垃圾产生量的必然要求。

1.4.4　垃圾分类的目标

生活垃圾的管理和处理是建设生态文明、全面建成小康社会和建设美丽中国的重要内容和组成部分，开展垃圾分类的目标不仅在于公民分类投放，更在于推动和促进绿色发展、循环发展、低碳发展。因此，垃圾分类的目标如下。

① 在全社会，从资源开采、生产到消费，形成节约资源、循环利用的风气和习惯。

② 实现垃圾的全过程管理，除了涵盖垃圾投放、收运、处理、资源化、处置环节外，还应延伸到生产（如包装）、购买（如塑料袋）、消费等源头环节。

③ 减量，城市生活垃圾人均产生量下降至 0.6kg/（人·d），乡镇生活垃圾人均产生量下降至 0.4kg/（人·d）、农村生活垃圾人均产生量下降至 0.2kg/（人·d）。

④ 提高每吨垃圾的收运、处理费用（500 ～ 600 元 / 吨），以遏制渗滤液、二噁英等二次污染。

⑤ 可回收物（尤其是低值可回收物）的循环利用比例显著提高（35% ～ 50%）。

⑥ "零填埋"，只有焚烧厂（焚烧量的 1%）的飞灰填埋。

⑦ 厨余垃圾 100% 进行资源化利用，禁止直接填埋或焚烧。

⑧ 其他垃圾 100% 焚烧处理，并进行热能利用。

⑨ 民众养成垃圾分类习惯（95% 以上的城市民众能参与并正确分类）。

1.4.5 垃圾分类的关键

垃圾分类不仅涉及每一个公民，还涉及管理、设施、宣传教育、法规等，是一项复杂的系统工程。因此，垃圾分类需要找准关键才能事半功倍。垃圾分类的关键在于 3 个方面（见图 1-16）。

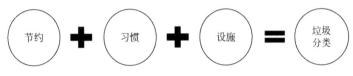

图 1-16　垃圾分类的关键

① 生产、消费环节的节约资源。"清其流者，必先清其源"，如果能通过法规的约束、政策及宣传教育的引导，在生产、消费环节避免过度包装等浪费资源的现象，必能减少垃圾的产生。例如，国家邮政局发布的《中国快递领域绿色包装发展现状及趋势报告（2018）》显示，2017 年快递全行业共使用 364 亿米快递胶带，可绕地球赤道约 910 圈，包装箱所需原纸多达 4600 万吨，约为 7800 万棵树。在特大城市中，快递包装垃圾增量已占到生活垃圾增量的 93%。而且快递包装所使用的塑料制品，多是不可降解的，甚至还有一定毒性。制定快递行业绿色包装强制性标准，规范源头包装、减量包装，推行快递包装绿色、统一、可循环，即减少快递对资源的消耗和成本，又能减少生活垃圾产生量[16]。再如，我国厨余垃圾约占城市生活垃圾 50%。《上海市生活垃圾管理条例》实施后，一周内一千余人外卖备注"少点汤"；有煲仔饭饭店收到留言"麻烦盖浇饭里饭给少一点，比正常少 1/3 左右，不然吃不掉剩的垃圾不好处理"。制止餐饮浪费行为，弘扬节约的良好美德，在全社会营造浪费可耻、节约为荣的氛围，既能在一定程度上保障粮食安全，又能减少厨余垃圾的产生量。

② 形成垃圾分类的好习惯。通过法规约束、宣传教育、指导督导等，形成"人人能分类，人人会分类，人人要分类"的风气，每个公民都养成垃圾分类的好习惯。《唐律疏议》记载：其穿垣出秽污者，杖六十；出水者，勿论。主司不禁，

与同罪。意思是如果有人在街上扔垃圾，被官府抓到的话，直接杖打六十大板，但倒水例外，如果官府人员纵容百姓乱扔垃圾也要一并处罚。古人尚能如此严厉地处罚乱扔垃圾者，我们更应该养成自觉进行垃圾分类的好习惯，引领低碳生活新时尚。

③ 多方筹集资金，专款专用，大力建设、完善适应垃圾分类需要的垃圾投放、收集、暂存、运输和处理设施，确保分类后的垃圾能充分得到资源化、无害化。尤其是避免分类投放后的"混合收集""混合运输"和"混合处理"。近日，国家发改委、住房和城乡建设部、生态环境部联合下发了《城镇生活垃圾分类和处理设施补短板强弱项实施方案》，明确提出：到 2023 年，具备条件的地级以上城市基本建成分类投放、分类收集、分类运输、分类处理的生活垃圾分类处理系统；全国生活垃圾焚烧处理能力大幅提升；县城生活垃圾处理系统进一步完善；建制镇生活垃圾收集转运体系逐步健全。

1.5　本书编写目的和主要内容

1.5.1　编写的主要目的

通过对国外发达国家、国内先进地区和城市垃圾分类经验的总结与分析，按照国家垃圾分类的政策和要求，针对广西垃圾分类、收运、处理的现状，提出能促进广西垃圾分类快速、科学发展的较为可行的对策，为科学地开展生活垃圾分类和管理提供参考。

1.5.2　主要内容

① 美国、德国、日本、英国、北欧等发达国家和地区垃圾分类经验的总结、分析与启示。

② 厦门、深圳、上海、广州、台湾等国内先进地区和城市垃圾分类经验的总结、分析与启示。

③ 从自治区和地级市两个层面，调查并分析广西垃圾分类（包括试点、宣教、设施、人员、机构、经费等）、收运和处理设施现状。

④ 针对现状，按照国家垃圾分类的政策和要求，提出能促进广西垃圾分类快速、科学发展的较为可行的对策。

1.5.3　技术路线

本书编写的技术路线如图1-17所示。

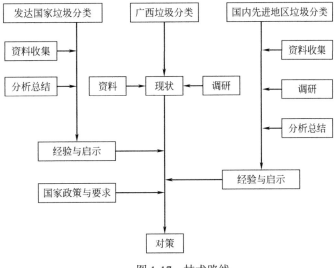

图 1-17　技术路线

参 考 文 献

[1]　T/HW 00001—2018.

[2]　宇鹏，赵树青，黄魁.固体废物处理与处置 [M].北京：北京大学出版社，2016：6-9.

[3]　杨俊峰.中国村镇生活垃圾特性及处理现状 [J].资源节约与环保，2019（4）：181-195.

[4]　席北斗，杨天学，李鸣晓，等.农村固体废物处理及资源化 [M].北京：化学工业出版社，2019：4-6.

[5]　李丹，陈冠益，马文超，等.中国村镇生活垃圾特性及处理现状 [J].中国环境科学，2018，38（11）：4187-
4197.

[6]　万金保，余晓玲，吴永明，等.UASB-氨吹脱-氧化沟-反渗透处理垃圾渗滤液 [J].水处理技术，2019，45（5）：
135-138.

[7]　杨秀敏，张桂梅.城市垃圾渗滤液对地下水的污染及防治对策 [J].山西水利科技，2005（2）：39-40.

[8]　黄积庆，郑有飞，吴晓云，等.城市垃圾填埋场温室气体及VOCs排放的研究进展 [J].环境工程，2015，33（8）：
70-73.

[9]　张洁，王春梅.基于LandGEM模型北京垃圾填埋场填埋气产生量估算 [J].环境科学与技术，2013，36（9）：
144-148.

[10]　吴宏杰.生活垃圾分类与垃圾焚烧关系研究 [J].城市管理与科技，2014（4）：36-38.

[11]　刘梅.发达国家垃圾分类经验及其对中国的启示 [J].西南民族大学学报（人文社会科学版），2011（10）：
98-101.

[12]　陈海滨，曹方琼，苗雨，等.源头与节点相结合的全过程垃圾分类减量模式探究 [J].环境卫生工程，2020，
28（1）：14-16.

[13]　许博，赵月，鞠美庭，等.中国城市生活垃圾产生量的区域差异：基于STIRPAT模型 [J].中国环境科学，
2019，39（11）：4901-4909.

［14］ Dennison G J，Dodd V A，Whelan B. A socio-economic based survey of household waste characteristics in the city of Dublin，Ireland. I. Waste composition［J］. Resources Conservation & Recycling，1996，17（17）：227-244.

［15］ 毛克贞，孙菁靖，宋长健 . 城镇居民消费增长加剧了生活污染吗？[J].华东经济管理，2018，32（4）：87-95.

［16］ 夏远望 . 垃圾分类源头减量是关键［N］.河南日报，2019-08-01（第006版）.

第 *2* 章

发达国家的垃圾分类

本章从法规、模式、宣传教育、效果等方面，分析总结美国、日本、德国、英国、瑞典、挪威、新加坡、韩国等发达国家垃圾分类的成功经验和做法。

在众多发达国家中，美国、日本、德国是垃圾分类最具代表性的 3 个国家。在垃圾分类模式上：美国的垃圾分类是"民众源头粗分 + 专业公司细分"模式；日本的垃圾分类是"精细"模式；德国的垃圾分类是注重循环利用模式。在地域上，美国、日本、德国分别代表着美洲、亚洲、欧洲垃圾分类的最先进水平。

2.1 美国的垃圾分类

2.1.1 垃圾产生量及处理现状

2.1.1.1 垃圾产生量

从图 2-1 可以看出，美国生活垃圾总量经历了 2 个时期：1960 ～ 1990 年，为垃圾产量的快速增长期，垃圾产量年增长率为 3% ～ 4%；1990 年以后，垃圾产量增加较为缓和，垃圾产量年增长率为 1%[1]。人均垃圾产生量经历了 3 个阶段：1960 ～ 1990 年，为人均垃圾产量快速增长期，人均垃圾产量年增长率为 2% ～ 3%；1990 ～ 2000 年，人均垃圾产量基本保持不变；2000 年以后，人均垃圾产量下降到 2.0kg/（d·人）。2014 年，美国的生活垃圾产生量为 2.58 亿吨，人均垃圾产生量为 2.0kg/d。美国的人口仅占全球 4%，却产生全球 12% 的生活垃圾，垃圾总量位于全球第二，而且人均产生量很高；中国和印度的人口占世界 36% 以上，产生的生活垃圾量只占全球的 27%。美国垃圾的回收率远低于其他发达国家，是唯一一个废物产生量超过其回收能力的发达国家。总体看来，美国近年来的城市垃圾产生总量趋缓，人均垃圾产生量自 2000 年后呈现下降趋势，但其人均产生量仍较高，是我国的 2 倍多。

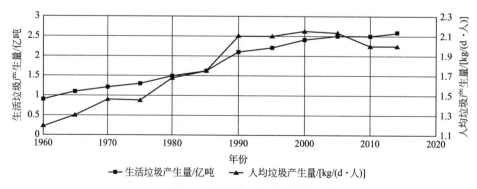

图 2-1 美国城市生活垃圾产生量

美国垃圾主要成分是纸类和庭院垃圾（见表 2-1）。

表 2-1　美国垃圾主要成分

成分	比例 /%
纸类	37
庭院垃圾	12
厨余垃圾	11
塑料	11
金属	8
橡胶、皮革和织物	7
木头	6
玻璃	5
其他	3
合计	100

2.1.1.2　垃圾处理

　　美国开展垃圾处理已有 100 多年的历史。1904 年，美国建成了世界上第 1 个城市生活垃圾填埋场；1885 年，建成了世界上最早的垃圾焚烧装置。经过 100 多年的发展，其垃圾收集、处理、回收利用设施较为完善。2008 ～ 2015 年，美国对污水和垃圾处理方面的公共投资每年都在 200 亿美元以上，2015 年为 248 亿美元。如图 2-2 所示，美国垃圾的回收利用与堆肥率从 1980 年的 10% 上升到 2014 年的 34%，焚烧能源利用率由 1980 年的不到 2% 上升到 2014 年的 12.8%，填埋量从 1980 年的 89% 下降到 2014 年的 53%[2]。美国家庭生活垃圾处理方式依次顺序是：再生利用、堆肥、焚烧能源化利用和填埋[3]，其中再生利用和堆肥的垃圾量占垃圾处理总量的 50%，焚烧和填埋的垃圾量分别占 40% 和 10%。2017 年，美国城市垃圾总量 26780 万吨中，再生利用达 6720 万吨，堆肥达 2700 万吨，焚烧能源化利用达 3400 万吨，垃圾填埋达 13960 万吨，这几种处理方式的占比如图 2-3 所示。

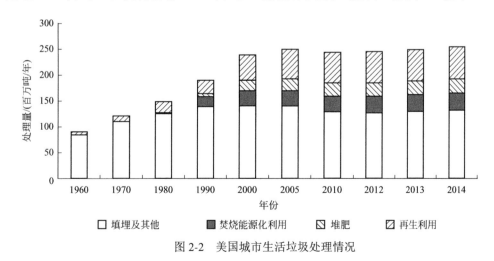

图 2-2　美国城市生活垃圾处理情况

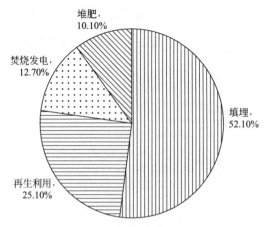

图 2-3　2017 年美国垃圾处置方式及其占比

2.1.2　垃圾分类的模式

美国的垃圾分类由政府主导，通过立法、经济手段、产业与技术支撑、精细化服务等措施，实现源头减量、有害垃圾安全处置的目标（见图 2-4）。

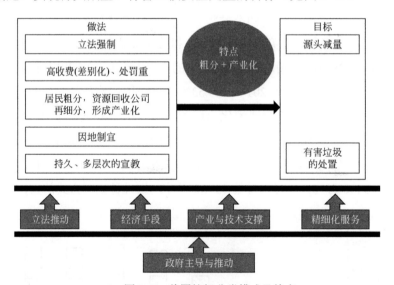

图 2-4　美国垃圾分类模式及特点

2.1.2.1　政府主导并与企业合作

政府推动立法、制定政策、宣传垃圾分类，建设分类设施，督察民众分类，并与企业合作，由企业落实垃圾的处理工作。例如，旧金山市是由城市环境局制定零废弃政策，并与城市垃圾服务提供商 Recology 合作开发项目和技术。环境局负责项目的推广、教育和政策的执行。Recology 则负责垃圾的分类收集、分类运输、分类整理及部分处置，比如堆肥厂和建筑垃圾回收厂。不能处置的垃圾则对接到下游，卖给各个垃圾处理厂商。

2.1.2.2　立法强制

美国的生活垃圾分类立法分为联邦立法和地方立法两个层面。联邦层面的立法多体现在一种价值取向的指导性，没有所谓操作性的全国法案。美国联邦政府把城市生活垃圾管理的权力下放给各州，自己则起着指导和监督作用。各州环境保护局和类似机构为颁布和实施法规的主体，且各州的城市生活垃圾管理法有较大差异[4]。在联邦立法的理论指导和价值引导下，地方立法具有操作与执行力。美国各州都有独立的司法权，但是各州立法必须在联邦法的框架下制定，不允许背离联邦法。各州制定的法规、条例、标准可以比联邦法规定的内容更严格。市、镇也可以制定与联邦法或州法有关联的法令或条例，但也必须在联邦法或州法的框架内。

（1）联邦的法规

1965 年，美国国会通过了《固体废弃物处置法》，美国是世界上最早以国家立法推动垃圾分类回收的国家。1976 年修订并将《固体废弃物处置法》更名为《资源保护及回收法》，该法成为美国城市生活垃圾管理的基础性法律，也是美国城市生活垃圾减量化管理的基本法[5]。其有以下两个主要特点。

① 循环经济思想在城市生活垃圾管理和处置中运用的萌芽和先驱，它强调了对城市固体废物的处理不是简单的处置，城市固体废物是一种资源，应该加以回收利用，实现物质的"摇篮到坟墓，再到摇篮"的闭合循环，充分体现了循环经济的思想。

② 建立了城市生活垃圾的管理体系，致力于污染预防，对城市生活垃圾的产生、循环利用、运输、贮存、处理等都规定了严格的标准，体现了城市生活垃圾全过程监控的管理，相对于原先的末端治理是一个重大的转变。

与《资源保护及回收法》配套，美国环保局制定了上百个关于生活垃圾的排放、收集、贮存、运输、处理、处置回收利用的规定、规划和指南等，形成了较为完善的生活垃圾管理法规体系。1980 年，颁布《油再利用法》[6]。1990 年又推出了《污染预防法》，它以面向 21 世纪的污染防治为目标，以源头控制、节能和再循环为重点，对大气、水、土壤、废物等实行全方位的管理，环境治理已与社会的可持续发展紧密联系起来。1990 年，美国还专门制定了《国家环境教育法》，设立了环境教育办公室，并由国家环保局牵头成立了环境教育顾问委员会，开展了各种环境教育和培训项目，另外还设立了环境教育奖和国家环境教育培训基金，以推动该法律的实施。这些法确定了资源回收的"4R"原则，即 Recovery（恢复）、Recycle（回收）、Reuse（再用）、Reduction（减量）；而且将处理废弃物提高到了事先预防、减少污染的高度。美国是一个信用制度比较完善的社会，任何违法行为都可能使信用受到影响。

（2）各州制定的法规

美国 50 个州在遵循联邦立法的前提下，各自制定了适合本州的地方立法。州政府具有管理和实施《资源保护与回收利用法》的条件后，可向联邦政府正式申请行使《资源保护与回收利用法》的权力。到目前为止，美国已有46个州获得了这项权力，并制定了自己的有关城市生活垃圾的法律和法规，明确了资源再循环目标，所定再循环目标一般为15%～30%。

1989年，旧金山市通过了《综合废弃物管理法令》，要求各行政区在2000年以前，实现50%废弃物通过削减和再循环的方式进行处理，未达到要求的区域管理人员被处以每天1万美元的行政罚款。2009年，旧金山市通过了《垃圾强制分类法》，规定居民必须严格遵守废弃物品分类，将可回收物、可堆肥物和填埋物进行分类，有毒有害物品禁止放入垃圾桶中，必须按照规定放入指定的回收渠道，否则将面临罚款；严禁私自翻捡垃圾箱内的可利用物，否则按盗窃罪论处，同时对于违规的各住户型采取不同等级的罚款。

1989年，加州立法机构通过一项法律，要求全州各市、县在10年之内把送往城市生活垃圾填埋场的垃圾量减少50%。具体期限要求是：在1995年，各地把城市生活垃圾量减少25%，至2000年时减少50%。也就是说各市、县要对50%的城市生活垃圾进行回收再利用，违者将面临每天1万美元罚款的严厉处罚。2003年9月，加利福尼亚州通过了《电子废料回收法》。对废旧电脑、电视以及其他音像设备的回收处理做了具体规定，费用也在消费者购买电器时就已经预收。2004年9月，出台了对回收废旧手机的法律，并于2006年7月1日实施。该法律规定，手机零售商要免费收回消费者的废旧手机，统一处理，零售商必须向"加州城市固体废物统一管理委员会"报告自己的回收计划。

纽约市的《垃圾分类回收法》（1989年）规定，所有纽约市民有义务将生活垃圾中的可回收垃圾分离出来，如果在居民垃圾中发现可回收物品，卫生部门可处以罚款。

伊利诺伊州从1990年起就禁止使用景观垃圾填埋场；2008年，该州《电子废弃物回收法》实施，要求电子制造商回收或再利用电子废弃物。

1998年，西雅图议会通过了"西雅图可持续发展道路上的固体废物计划"，该计划于2004年和2011年分别做了修订，2011年的修订于2013年获得美国华盛顿州生态部批准。修订后的西雅图生活垃圾回收率预计到2022年将达到70%。2005年西雅图市实施的《废物再循环法》中规定：居民生活垃圾中可回收物的数量超过10%将不予收集，并罚款50美元。

2.1.2.3 经济手段

（1）差别化的高收费

例如，旧金山采取了垃圾费区别收取的方法。普通垃圾费是按丢弃量计算的，一户人家每月扔的垃圾多，垃圾费就高，反之则低。一户家庭的垃圾，每个月收费约100多美元，一年1000多美元。如果居民按照垃圾分类丢弃垃圾，收取的垃圾费用会降低。进行垃圾减量和垃圾分类之后的垃圾处理费与直接丢弃相比可以有几倍的差距。一个大型旅馆，如果严格实施垃圾分类，一年可以节约垃圾处理费十余万美元。家具和大型电器，一般需要打电话给专门的家具处理公司上门取件，然后由他们拉到专门回收的地方或者废品处理工厂。这类服务是需要付钱的，起步价格为 99 美元一件。所以最好的办法就是更新换代的时候以旧换新补差价。小的金属垃圾或者小型电器，只能自己送去专门的回收公司，每件需要支付 10 ~ 50 美元。旧金山市每年收取的垃圾处理费除了处理旧金山市的各类垃圾，还用于相关的宣传引导等各项费用支出。

一些生活垃圾分类推动较好的城市，采用了按量按质区别收费制度，即不同性质的垃圾、不同产生量的情况下收费标准是不同的。以洛杉矶为例，居民根据垃圾产生量情况申请不同规格的桶，不同容量的桶收费标准不同。对于普通垃圾超出部分需要额外收费，可回收垃圾与庭院垃圾超出部分不收费，由此来鼓励居民实施垃圾源头分类。

为了方便居民和节省居民垃圾处理费用，美国各个城市都会有环保类的公司或者机构定期在不同的地方举行垃圾回收周末活动，该活动属于公益活动，垃圾基本都是免费回收，居民需要关注社区新闻和公告。

（2）处罚重

在美国乱扔垃圾是犯罪行为。各州都有禁止乱扔垃圾的法律，乱扔杂物属三级轻罪，可处以 300 ~ 1000 美元不等的罚款、社区服务（最长 1 年）或入狱，也可以上述 2 种或 3 种并罚。西雅图市《废物再循环法》（2005 年）中规定，居民生活垃圾中可回收物的数量超过 10%，将不予收集，并罚款 50 美元。

2.1.2.4 民众大类粗分、专业公司细分、产业化

如旧金山市，按照终端处理设施，垃圾大类粗分为可堆肥物、可回收物、填埋垃圾、有害垃圾，然后将可回收物集中起来再进行分类。在西雅图，民众只需将垃圾分为可堆肥类、可回收类以及其他类三大类，然后由收集公司收运后进行专业的细分，形成垃圾分类和处理产业。

美国大约有 27000 家企事业单位参与固体废物的管理和经营，其中有 55% 属于公共事业单位，其余 45% 是私营企业，提供了 367800 个就业岗位。全美固体废物产业工业净产值达到 433 亿美元。涉及固体废物产业的全部产值高达 960 亿美元，占美国 GDP 的 1%，年上缴税收 141 亿美元。

2.1.2.5 精细化服务

例如，圣弗朗西斯科（旧金山）市环境局通过便于查询的网站，提供清晰的垃圾分类类别及其图示。城市居民以及商户都可以很方便地打个电话就能够从城市垃圾服务提供商 Recology 那里得到制式的垃圾桶以及有着清晰的分类图示标识和宣传单。这个图示是直观的各类垃圾组成物的照片，非常易于辨识。

发给居民及商户的宣传单及贴在桶上的标识，时间长了常常可能会丢失或者损

坏。环境局的网站上可以随时查询各类垃圾分别有哪些主要构成、回收方式以及注意事项，比如有毒有害物品有哪些、应该怎么回收、可重复利用的物品应该的去向如何、在举行公众活动时应该如何引导垃圾分类等。这样居民和商户随时可以登录网站查询，找到正确的处理方式。这样清晰、方便的信息查询也是一个非常重要的服务与引导。

2.1.2.6 垃圾分类宣传教育

美国政府十分重视运用各种手段宣传城市生活垃圾的回收利用。美国环保局与全国物质循环利用联合会专门开设网点，宣传有关再生物质的知识，并从 1997 年开始将每年的 11 月 15 日定为"美国回收利用日"。旧金山环保部门专门在年轻人中推广垃圾减量分类的宣传教育活动；推出了环保型花园的家庭设计理念，创立了旧金山环保基金会以及旧金山有机食品社区；并且在旧金山社区、各大学内推广环保组织；还通过海报、报纸、网络以及公交移动等媒体等，长期开展城市垃圾治理的宣传推广活动。对于公众的宣传教育，一是注意基础性，将城市生活垃圾循环利用的理念纳入各级学校教育，以学生影响家长，以家庭影响社会；二是注意针对性，为适应不同阶层的人员，采取多种形式制作不同文字的宣传材料；三是注意趣味性，使宣传品寓教于乐、老少皆宜；四是注意持久性，宣传品的载体形式多样，利用电视、网站、广告衫、日历卡、公交车甚至城市生活垃圾箱等，使人们随处看得见也记得住。

公众对于城市生活垃圾处理和回收等有任何问题，都可拨打"311"热线得到答复。

2.1.2.7 因地制宜

美国各地对垃圾分类并未做出严格统一的要求，各地可以因地制宜地提出符合自身实际的分类目标、立法、措施等。

美国各州、各镇对生活垃圾具体分类不同。华盛顿州塔科马市垃圾分类的类别是厨余垃圾、可回收垃圾和庭院垃圾。弗吉尼亚州费尔法克斯城则分为再生利用和不可回收利用两类：可回收物主要包括酒瓶、饮料瓶、易拉罐等；不可回收物主要是指剩菜剩饭、菜根果皮等。

伊利诺伊州每年产生大约 1900 万吨的垃圾，其中 37% 被回收利用。洛杉矶垃圾回收率达到了 65%，西雅图为 50%，旧金山则达到 80% 以上。

纽约市每年排放 4400 万吨垃圾，每人每年产生 1 吨垃圾，只有 16% 被循环使用；其中食品垃圾占 1/3；上东区富人区循环垃圾占到 1/4，Bronx 的穷人区垃圾分流率只有 6%。

旧金山市现在垃圾减量率达到了 75% 左右，在美国乃至于全球都是一个实施垃圾分类及零废弃运动非常成功的先锋城市。

2.1.2.8 明确的目标

把源头减少垃圾量和有害垃圾的安全处置作为开展垃圾分类的主要目标。

（1）源头减量

20 世纪 90 年代，美国确立了生活垃圾优先分级管理战略，要求按源头减量、循环再生利用、焚烧能源利用与处理处置先后顺序进行管理，注重源头减量与循环再生利用，并将其写进联邦法规。如旧金山市是美国第一个禁止在食品服务中使用聚苯乙烯泡沫塑料的城市（2006 年），禁止药店和超市中免费提供塑料袋（2009 年）。图 2-5 为美国垃圾源头减量措施。

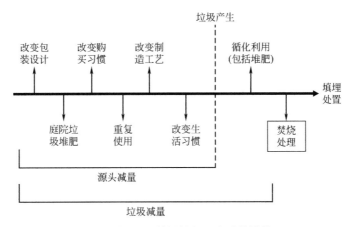

图 2-5　美国垃圾源头减量措施

（2）有害垃圾安全处置

1975 年，美国联邦政府颁布《有害废物运输法》。2002 年加利福尼亚州通过普通有害废弃物法，采取了分阶段实施的做法，在 4 年豁免期结束之前该州 58 个县中有 56 个已经具备了完善的有害垃圾分类收集和再循环体系。从 2006 年 2 月 9 日开始全面实施普通有害废弃物法。不准在垃圾填埋场填埋被称为普通有害废弃物的电池、荧光灯管以及含电子元件和水银的恒温器。法律要求，加利福尼亚州所有居民和单位不得将此类有害废弃物混入填埋类垃圾。

2.2　日本的垃圾分类

2.2.1　垃圾产生量及处理现状

2.2.1.1　垃圾产生量

随着日本经济在 20 世纪 60 ～ 70 年代的高速发展，其垃圾产生量激增，全社会垃圾产生量在 1960 年不足 900 万吨，至 1980 年已快速增长至接近 4500 万吨，

20 年间增长了 4 倍。日本垃圾清运量在 2000 年达到峰值，自 2000 年以来，日本垃圾总量大幅度下降，2011 年后下降趋势有所缓和。日本生活垃圾总排放量从 2000 年的 5483 万吨减少至 2017 年的 4289 万吨，下降了 21.8%；人均日排放量从 2000 年的 1185g 减少至 2017 年的 920g，下降了 22.4%[7,8]。如图 2-6 所示。

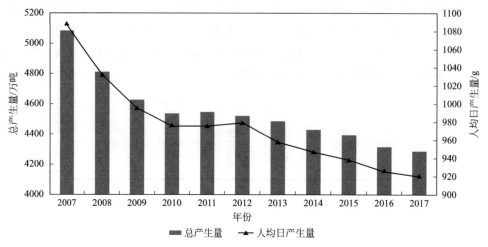

图 2-6 日本生活垃圾总产生量及人均日产生量变化趋势

2.2.1.2 垃圾处理

日本的垃圾处理方式大致经历 4 个阶段。

① 20 世纪 60 ~ 70 年代为第一阶段，以填埋方式为主，垃圾量剧增，处理能力跟不上产生量，引发了各区之间的"垃圾大战"。

② 20 世纪 80 年代为第二阶段，日本开始尝试进行简单的垃圾分类，用焚烧替代填埋，国民逐渐形成垃圾分类的习惯。

③ 20 世纪 90 年代为第三阶段，垃圾从源头资源化、减量化，垃圾分类方法进一步完善，回收利用率提高，垃圾焚烧占主导地位。

④ 进入 21 世纪为第四阶段，大力开展资源再利用。

2017 年，垃圾最终处理量约为 4085 万吨，比 2016 年减少 3%，其中通过焚烧、粉碎、分拣等方式进行中间处理的垃圾总量为 3849 万吨，回收处理量达 194 万吨，共占垃圾处理量的 99%。循环再利用成效显著，资源回收率从 2000 年的 14.3% 上升至 2017 年的 20.2%[9]。

日本是世界上焚烧厂最多的国家[10]，2017 年共有 1103 座垃圾焚烧设施，其中新建设施 43 座，合计处理能力为 1.8×10^5 t/d。随着环保要求的不断提高，日本垃圾焚烧厂的数量在不断减少（见图 2-7），一方面是因为其垃圾焚烧厂处理能力已经相对饱和；另一方面是随着垃圾资源化利用率的提高，需要焚烧的垃圾量有所下降。垃圾焚烧设施数量的减少并不意味着垃圾处理能力的降低。

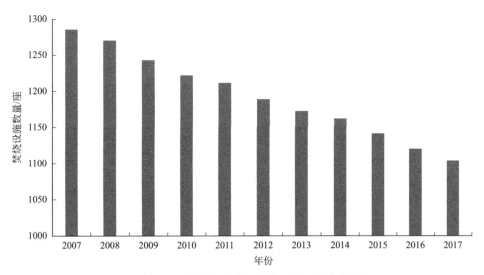

图 2-7　日本生活垃圾焚烧设施数量变化趋势

　　日本垃圾焚烧设施主要分为连续式和间歇式两种，而连续式又分为全连续式（每天 24h 连续作业）和半连续式（每天 16h 连续作业）。2007 ～ 2017 年日本各类焚烧设施数量及处理能力如图 2-8 所示。从图 2-8 中可以看出，数量减少的主要是半连续式焚烧设施，而全连续式的焚烧设施数量在不断增加。2017 年，全连续式焚烧设施占总体的 62%，处理能力占总处理能力的 91%，所以日本焚烧厂数量的变化其实是焚烧厂大型化、集中化的必然结果。从垃圾焚烧设施的处理能力来看，2017 年日处理能力在 100 ～ 300t/d 的最多，有 409 座，600t/d 以上的最少，仅有 53 座，30 t/d 以下的小型焚烧炉 205 座，如图 2-9 所示。

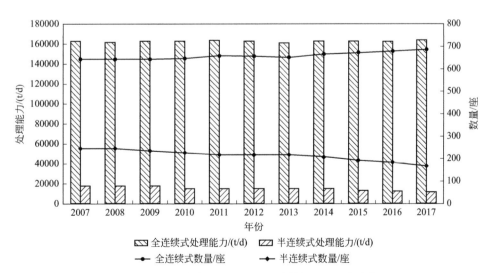

图 2-8　日本各类垃圾焚烧设施数量及处理能力概况

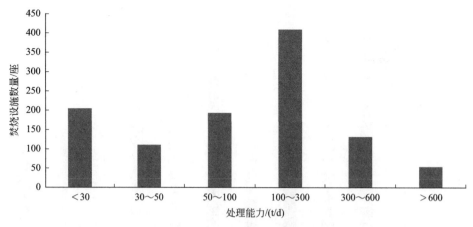

图 2-9　日本不同规模垃圾焚烧设施数量

　　垃圾的直接焚烧率从 2007 年的 77.5% 提升到 2017 年的 80.5%，直接填埋率从 2007 年的 2.5% 下降到 2017 年的 1%，如图 2-10 所示。2017 年，直接填埋处理的垃圾量为 4.2×10^5t。进入 2000 年以后，随着垃圾分类、垃圾回收、循环型社会建设等各项工作的有序开展以及产业结构调整、经济形势变化等因素，垃圾填埋率明显递减，回收率增加近 4 倍，垃圾填埋场的剩余使用年限也增加了 1 倍多[11, 12]，如图 2-11 所示。

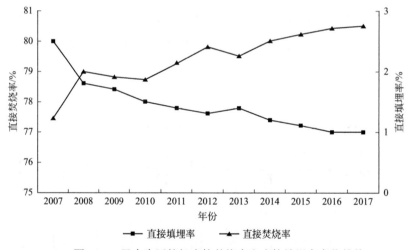

图 2-10　日本生活垃圾直接焚烧率和直接填埋率变化趋势

2.2.2　垃圾分类的模式

　　日本从 1980 年就开始实行垃圾分类回收，如今已成为世界上垃圾分类回收做得最好的国家。垃圾分类投放已经成为日本民众的一种自觉行为，即使没人监督也会严格执行。日本的垃圾分类是以政府为主导来推进的，政府通过完善的立法强制、精细地服务、完善的设施、持续的宣传等措施和国民良好的素质，实现控制二噁英、源头减量、资源回收等垃圾分类目标，如图 2-12 所示。

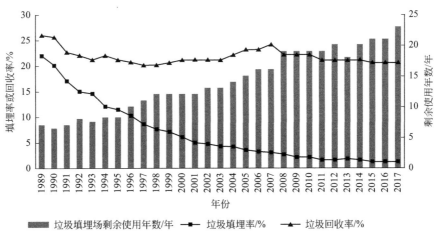

图 2-11　日本垃圾填埋场可续用时间及填埋率、回收率

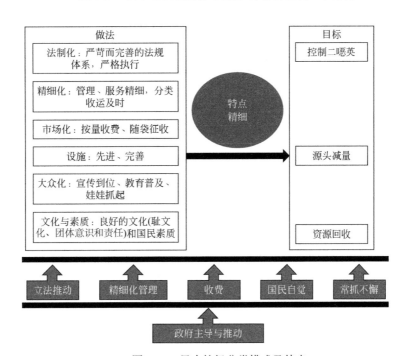

图 2-12　日本垃圾分类模式及特点

2.2.2.1　法制化

（1）严苛、完善的垃圾分类政策法规

1900 年日本开始实施《污物扫除法》，明确了政府对公共环境卫生的责任。

1954 年，日本制定了旨在"处理污物、清洁属地、解决公共卫生、改善生活环境"的《清扫法》。该法以市区为特别清扫区域，以市町村基层政府为清扫实施主体，"污物"处理费用主要由地方财政承担，清扫处理的"污物"包括粪便、垃圾、污泥以及燃烧灰渣等。至此，由市町村基层政府负责、以市区为特别清扫区域的垃圾处理体系在日本初步建立。

1963 年，日本政府出台了《生活环境设施整备紧急措施法》。

1970 年制定了《废弃物处理法》，并多次修改。《废弃物处理法》中规定：若乱扔垃圾可能会被判处 5 年以下有期徒刑，并处罚最高 1000 万日元的罚款（约人民币 61 万元）；如企业或社团法人乱丢垃圾，则罚金加重为 3 亿日元（约人民币 1850 万元）。

1991 年制定了《再生资源使用促进法》（即《再循环法》）、《废弃物处理及清扫法》等。

1995 年，制定了《关于促进容器包装分类收集及再商品化法律》即《容器包装再循环法》（1997 年实施）。《再循环法》和《容器包装再循环法》奠定了日本垃圾分类和循环利用的基础。

1998 年，制定了《特定家庭用电器再商品化法》即《家用电器再循环法》（2001 年 4 月实施）。明确了家电厂商进行资源回收再利用的义务。

1999 年由内阁会议通过并由环境厅在 2000 年出版的《环境白皮书》中明确指出"21 世纪是环境的世纪"，日本要面向 21 世纪建设"最适量生产、最适量消费、最小量废弃"的经济，在此基础上日本确立了"环境立国"的发展战略。在这种战略思想指导下，各种垃圾回收利用的技术开发得到了政府的大力支持，法律保障体系也不断得到完善。

2000 年制定了《推动建设资源再循环型社会基本法》（共包括《促进资源有效利用法》《固体废弃物管理和公共清洁法》《容器和包装再循环法》《家电再循环法》《建筑工程材料再资源化法》《促进绿色购买法》和《食品再生利用循环法》7 项法律）《建筑工程材料再循环法》《食品循环资源再生利用促进法》等，明确了国家、地方政府、企业和民众各参与主体所应承担的责任。对废弃物的处理提出了明确优先顺序的基本原则：抑制产生、再使用、再生利用、热回收、合理处置。

2002 年，通过了《环境研究和技术开发的推进方针》。

2003 年，制定并实施了《工业废弃物特别措施法》。

2005 年，实施了《汽车循环利用法》（2002 年制定）。

2013 年，实施了《小型家电再生利用法》。

从 20 世纪 90 年代至今，日本制定的关于垃圾处理的法律越发完善严密，并逐渐形成包括各类环境保护基础法、综合性法律以及具体的有针对性的产品法律等完善的法律体系。近年随着垃圾处理技术的进步，在"3R"原则（Reduce，减量；Reuse，重复利用；Recycle，再生循环利用）的基础上，日本提出了第 4 个"R"，即 Recovery（能源回收），进一步实现了垃圾的深度减量。

（2）严格执法

日本在垃圾分类法规的执行方面非常严格，同时辅助奖罚激励措施，互相监督和举报，整个国家健全的法律体系的规范下，各方主体遵法守法已经成为常态。

① 处罚措施严厉。例如，对《废弃物处理法》的执法操作是：如果垃圾分错类投放、乱扔垃圾，扔掉的垃圾就将会原路退回，并且送一本垃圾分类表；如果屡教不改的话可能会面临 5 年以下有期徒刑并罚款 1000 万日元。每类垃圾还规定有具体的投放时间，错过指定投放时间就只能将垃圾存在家里等待下个收集日。

② 基层监督到位。垃圾袋实名制和各市町村垃圾回收点严格的垃圾分类监督。日本很多地区都推行定制的实名制垃圾袋，垃圾袋的实名制促进了垃圾分类源头责任的明确。对于没有按照规定进行分类的垃圾袋，回收点管理员会在垃圾袋上贴上提示贴纸并拒绝回收。居民必须重新对垃圾进行分类，若还不改善就要接受相应处罚。在千叶市，假如有居民违反垃圾分类规定，管理员会依次采取上门指导、劝诫、罚款 3 步措施，以严格贯彻垃圾分类政策。

③ 舆论氛围强大。日本法律规定公民有举报乱丢垃圾者的义务。若出现乱扔垃圾现象，乱扔垃圾者必然成为"众矢之的"。民众强烈的垃圾分类共识也成了垃圾分类严格执行的舆论监督武器[13]。

2.2.2.2　精细化

（1）类别多、投放精细

日本没有全国统一的垃圾分类类别。日本一般将垃圾分为可燃垃圾、不可燃垃圾、塑料瓶类、可回收塑料、其他塑料、资源垃圾、有害垃圾、大型垃圾八大类。各大类垃圾又分为若干个具体子类，每一个子类又包含若干更小的类别，如2002 年，德岛县上胜町生活垃圾分为 34 类（见表 2-2）；2015 年，分为 13 种 45类，如金属 5 类、塑料 6 类和纸 9 类等。2016 年高达 51 种。图 2-13 为 2017 年日本统计口径内 1719 个市町村级行政单位的垃圾分类类别数量的分布，可以看出分成 11 ～ 15 类的区域最多占总量的 37%；其次是 6 ～ 10 类及 16 ～ 20 类；2 ～ 5 类及 26 类以上的区域较少[9]。

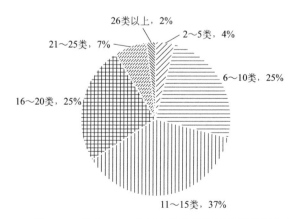

图 2-13　日本 1719 个行政单位的垃圾分类类别分布

表 2-2　德岛县上胜町生活垃圾分类：34 类

序号	类别	注释	序号	类别	注释
1	铝罐	须清空、洗净	18	瓦楞纸	展开、用纸绳捆扎
2	铁罐	须清空、洗净	19	报纸、宣传单	用白纸绳捆扎
3	喷雾罐	须清空、打孔，将瓶盖、喷头摘除	20	杂志、打印纸	用白纸绳捆扎
4	金属盖子	须清洗	21	一次性筷子	须清洗、晾干
5	透明瓶子	须清空、洗净	22	塑料瓶	取下瓶盖，瓶内须清空、洗净
6	茶色瓶子	须清空、洗净	23	塑料瓶盖	须清洗
7	其他颜色瓶子	—	24	打火机	须用尽清空
8	回收瓶子	—	25	被褥、毛毯等	须叠好
9	其他塑料类、陶器类、贝壳等	须清洗、干燥	26	纸尿垫、纸巾等	
10	干电池		27	食用油	须过滤
11	完好的荧光灯管		28	塑料包装容器类	须清洗
12	破碎的荧光灯管		29	需焚烧处理的物品（塑料包装容器之外的塑料类等）	—
13	镜子、体温计		30	废轮胎、废电池	有偿
14	灯泡		31	粗大垃圾	
15	聚苯乙烯泡沫类	须清洗、除去其他材质杂质	32	家电制品	有偿
16	旧衣服类	不要打湿、放入透明塑料袋	33	厨余垃圾	自行处理（堆肥）
17	软纸盒包装（软饮盒、牛奶盒等）	须洗净、展开后晾干	34	农用膜、农药瓶等	返还销售方

扔垃圾很精细、定时收运。例如一只袜子属于可燃物，如果是两只且"没被穿破，左右脚也搭配"，则"升级"为旧衣服。如牛奶盒要洗净并剪开，玻璃制品和锐利物品要包好，塑料瓶的商标、瓶盖、瓶体要分开。大致是可燃垃圾每周收 2 次、可回收垃圾和资源垃圾每周收 1 次、有害垃圾每月收 2 次。日本家庭的墙上通常贴有垃圾回收时间表，住户需要在垃圾清运当天的固定时刻前，把垃圾送到指定地点，错过时间就要等下周。另外，"扔"电视、冰箱等家电还必须和专业收购商联系，并支付一定费用。大件的垃圾每年最多只能扔 4 件，否则需要另外付钱。如果在外面产生了垃圾且没有遇到"合适的"垃圾箱，把垃圾带回家之后分类再扔掉。

（2）服务精细

政府为居民能够贯彻落实垃圾分类，在规则制定的细化与违规处罚的落实的基础上，做了较为细致的工作。在日本多数行政区，均结合本区域垃圾分类的要求编制了面向居民的对照表，发放给居民。对照表中将日常生活中所可能产生的垃圾与其所对应的垃圾类别，大到冰箱、洗衣机，小到纽扣、电池、牙刷，以列表形式一一标明；同时注明每种垃圾的回收时间、排放时的注意事项、本区域无法回收垃圾的处理路径等。如东京新宿区，其"对照表"涉及 639 类家庭产生的日常废弃物，一一标明了该废弃物对应本区域垃圾四大类的哪一类。通过统一的指南，为居民的垃圾分类提供了明确的依据。

除了垃圾桶上的提示与图案，下半部分透明的设计也可以从已有的垃圾判断并准确分类。报纸的投放口设计成扁平状，而瓶罐的投放口则是圆形。针对老年人、残疾人进行上门收集，确保 100% 收集率。日本的垃圾处理设施大部分员工都是公务人员，享有公务员待遇，不仅不会被认为从事低等的工作，还十分受尊重。

（3）日本垃圾分类类别精细的原因

20 世纪的 80 ～ 90 年代，日本大力发展垃圾焚烧，全国有 6000 座焚烧厂，数量是全球最多的。然而，日本国土面积小、焚烧厂密集，日本空气与土壤中的二噁英含量，也飙升到其他工业国家的 10 倍。1999 年"埼玉蔬菜事件"后，日本政府于同年 7 月出台"二噁英法"，2000 年 1 月实施。要大幅减少二噁英排放，就必须严格而精细的垃圾分类。正是垃圾分类的精细类别，使垃圾焚烧厂产生和排放的二噁英大幅度减少。2003 年，日本二噁英排放较 1997 年减少 95.1%。

2.2.2.3　市场化

日本的垃圾处理是计量收费，民众或企业事业单位产生的垃圾量越多，支付的垃圾处理费就越多，人们在消费环节购买产品时就会考虑相应的垃圾处理支出是否合理，对需要支付垃圾处理费较多的产品就会谨慎，同时因为人们对商品的消费习惯又反作用于企业的生产环节，从源头上控制垃圾的产出量。日本很早就运用了"丢垃圾者付费"原则，东京从 1900 年就开始实施《污物扫除法》，并在 1930 年限定垃圾排量较多的单位（如工厂、学校等）要付垃圾费。1935 年，东京市政府提议，一般家庭垃圾也应收费。而日本的垃圾收费制度从 1989 年北海道伊达市实行垃圾按袋收费之后，开始大规模实行，并在之后相当长的时间里采用"随袋征收"的收费制度，制度规定扔一袋垃圾交 60 日元。这一制度实行的当年，全市 1 年的生活垃圾量约为 1 万吨，比上年度减少 3000t，1990 年又减少了 2000t。

在日本，扔大件垃圾（大件垃圾主要是边长超过 30cm 的家具等）要提前向当地的大件垃圾处理中心申请，且需要付费。例如，处理一个单人沙发需要交 800 日元（100 日元约合人民币 6.4 元），而处理一个双人沙发则需要交 2000 日元。

另外，日本地方政府同意发放付费垃圾袋，只有政府印制的垃圾袋才能投入垃圾桶中，通过对垃圾袋收费，促使居民自发少产生生活垃圾。每种垃圾有特定的颜色分类，袋子有系列号，并且每个地区只能用本地区的垃圾袋。这种垃圾袋的厚度约为0.03mm，容量一般分为10L、20L、30L和40L等，按大小，每个袋子分别相当于人民币1.6～6元不等。这类垃圾袋大都采用透明或半透明的形式，很多地区还要求记名。

2.2.2.4 先进、完善的设施

2017年日本全国生活垃圾焚烧处理占比为80.5%，资源化处理（含垃圾堆肥、发酵、制RDF等）占比为18.7%，直接填埋处理比例为1%。生产废弃物固体燃料以及垃圾生物降解技术非常先进。日本是目前生活垃圾焚烧技术最先进的国家，焚烧厂的数量为1243座，位于世界第一位，远多于美国的351座、法国的188座和德国的154座。日本是环海国家，生活垃圾含水量很高，为达到完全燃烧状态，需要以先进的焚烧技术为基础。日本的焚烧处理技术，主要是在吸收国外先进技术的基础上，结合本国特征研发的。这些技术在日本成功推行后，向其他国家输出。

日本通过构建贯穿产品生产、运输、消费等环节，来形成连接政府、生产者、消费者、社会组织等多方主体协同的垃圾回收系统[14]。协同机制在这里是指政府顶层推动、市场利益推动和社会参与联动的"三位一体"的经济型、社会型治理模式。在这种良性的协同机制运转中，真正实现了社会成本的降低、各参与主体的良性激励和社会长远利益的实现。如图2-14所示，以容器包装为例，当家庭消费过商品后，首先承担将塑料瓶、塑料制容器包装、玻璃容器等垃圾进行分类的职责；然后由市町村等地方组织分类收集或者由居民家庭送到超市回收点归集；接下来由容器制造企业和利用容器包装的企业进行接收，履行再商品化的职责或者通过公益财团法人"日本容器包装资源循环利用协会"指定的企业负责接收；最后，通过委托具有专门资质的企业进行再次生产。

对包装容器这一小类生活垃圾的处理流程，可以看到这个协同机制存在如下特点。

① 清晰的分工组织。在处理全过程中，市町村地方政府发挥各自作用，使得整个机制互相协同，以实现循环型社会的构建。如图2-15所示，国家层面收集各类信息、健全法律、促进技术发展、公布废物信息，为都道府县市町村提供技术和财政支持，为其他治理主体充分全面地履行职责提供并实施基本、综合的政策建议[15]。

② 中央政府还承担着环境评价和监督，以及信息公布和收集反馈意见的职责。为了推广循环型经济，作为《循环型社会形成推进基本法》的一部分，日本政府从2001年开始还制定并实施《绿色采购法》，其目的在于提供更加环保的物品和服务，从而减轻环境负担，有助于建立一个环保可持续发展社会。在都道府县等地方政府工作中，对于一般废弃物处理责任承担者——市町村给予必要的技术援助和支持。

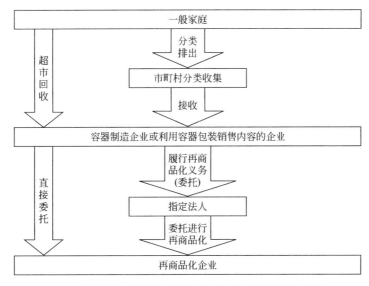

图 2-14　垃圾循环利用体系（以包装容器为例）

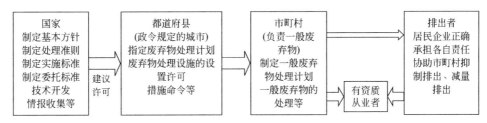

图 2-15　日本各级政府分工责任

③ 市町村除承担处理责任外，还负责制定辖区的一般废弃物处理计划，以及推动该区域内废弃物减量、促进居民配合及废弃物处理措施等一系列工作。作为废弃物排出者，无论是企业还是居民，均需正确做好垃圾分类、垃圾减量，力图实现废弃物的再利用，配合国家和地方、社会组织的实施。经过近 20 年的实践，消费者越来越多地要求企业提供环保产品和环保服务。为了在全球市场更具竞争力，企业也相应加强环保型管理，开发环保产品并推行绿色采购。

2.2.2.5　宣传教育

政府牵头社会各界积极响应的多样化的宣传教育体系，对垃圾分类进行长期的有针对性的宣传和教育。宣传教育群体全方位无死角覆盖，宣传教育内容、形式多样，包括对环保法律法规的宣传、正确垃圾分类方法的宣传，也包括对不文明垃圾分类行为的宣传。例如，日本的商品外包装上印有分类标识，甚至有包装盒处理的正确步骤等。

资源利用和生活垃圾分类，编入教材，是日本教育的基本课程内容，幼儿园就开设环保讲座，小学一年级开始就要接受垃圾分类教育。部分学校组织学生定期参观垃圾回收厂，并邀请专门的垃圾回收机构来校系统性地教导学生进行垃圾分类实践，强调保护环境的紧迫性和重要性。

召开住民说明会是日本垃圾分类宣传的主要手段。日本的各个市、町、村均设有废弃物指导员、回收员和分类推进员来推进垃圾的处理、回收和循环利用。为了更好地进行垃圾分类推广，地区的垃圾分类管理员会投入大量时间精力召开住民说明会，以便更好地和当地住民进行直接的交流沟通。这类住民说明会召开频率高，一些大城市在短短 6～12 个月时间里平均要召开 1800～3000 次垃圾分类专题住民说明会。面向群体范围广（见表 2-3），以 2008 年仙台市的住民说明会为例，说明会不仅面向老年人、家庭主妇，还深入到中小学生、外来人口等其他各个层面。在日本，地区垃圾分类管理员是贯彻执行好垃圾分类不可或缺的力量，因此除了召开住民说明会，政府还要召开面向地区垃圾管理员的说明会，对工作人员进行理论和实践的培训，以保证其在日常垃圾分类工作执行中能够更好地进行说明和贯彻[13]。

表 2-3　仙台市住民说明会、研修会

类别	主要参加者	参加人数	举行次数
普通人群	住民（以町内会为单位）	51268 人 1312 团体	843 次
垃圾分类制度重点普及人群	外来人口、大学生、留学生、外国人、不动产宅建协会、公寓管理组合等	22835 人 214 团体	57 次
需援助人群	高龄老人、残疾人等	11505 人 340 团体	138 次
下一代	市内中小学	80000 人 196 团体	196 次
垃圾分类执行团体、管理员	地区管理员、减量推进员、相关团体	34371 人 1555 团体	535 次
实施说明会	希望了解垃圾分类实施的团体等	8046 人	24 次

2.2.2.6　国民良好的素质

日本人的国民性有 3 个方面：首先，日本人有较强的危机意识，重视环境保护；其次，日本人勤勉务实，精细严谨；第三，日本人亲切有礼，在社会生活中注重来自他人的评价[16]。日本的"耻感文化"特别强调"不给别人惹麻烦"和守规则。如果垃圾不分类，不按规定的时间放在规定的地点，就会给他人增添很多麻烦，因而会受到周围人的谴责。在日本传统文化中，人们从属于作为共同体的集团，个人利益服从于集团利益。

日本的家庭承担起了垃圾分类的绿色责任。如图 2-16 所示，在投放前，住民按照垃圾分类手册明确要求，将废弃水瓶清洗后按不同部分分类，牛奶盒等纸盒需要洗净、晾干、压平、叠好，塑料托盘需要将食物残渣用水冲净，暂时不能投放的需在家中整齐打包。

2.2.2.7　垃圾分类的目标

日本垃圾分类的目标是紧紧围绕其国土面积小、岛国、人口密度大、资源短缺等实际设定，主要目标如下。

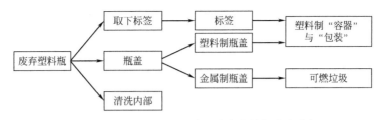

图 2-16 以塑料瓶为例家庭的垃圾分类责任

① 控制二噁英。日本国土面积小、焚烧厂数量多、密集，为了控制垃圾焚烧厂产生和排放二噁英的量和浓度，只有通过分类将垃圾中的废塑料等分离才能有效控制二噁英。

② 源头减量。垃圾分类能显著减少人均日排放量。日本开展分类后，人均日排放量从 2000 年的 1185g 减少至 2017 年的 920g，下降了 22.4%。人均垃圾产生量的减少，能减缓垃圾总量的增加，甚至减少总垃圾量，进而减少收运、处理的难度和投入。

③ 资源回收。日本国内资源短缺，从垃圾中回收资源既是解决资源短缺的一条途径，又能减少垃圾末端处理的难度和压力。日本开展垃圾分类以来，垃圾中资源回收率不断提高，2017 年回收量达 194 万吨，资源回收率为 20.2%。

2.2.3 垃圾分类中的问题

① 过于精细的分类，导致每个家庭每天花半小时左右的时间用于垃圾分类，需要较多类型的收运车辆和人员，垃圾的收运和处理成本过高，达到将近 3000 元 / 吨。

② 过于依赖焚烧，厨余垃圾等大量采用焚烧处理，而不是生化处理，导致垃圾整体的循环利用率低（20% 左右）。

③ 日本焚烧厂规模普遍很小，只有不到 30% 的焚烧厂可以发电，甚至还有 35% 的没有余热回收装置，导致浪费资源、能效低下。

④ 大量的垃圾焚烧，二噁英污染仍然显著。目前排放量相比德国的水平（年排放不足 0.5g）高出了几十倍，同时也占日本二噁英大气年排放总量的 20% 以上。垃圾焚烧仍然是日本二噁英污染的主要源。

2.3 德国的垃圾分类

2.3.1 垃圾产生量及处理现状

2.3.1.1 垃圾产生量

2000 ～ 2013 年，德国生活垃圾年产生量为 5.0×10^7 t 左右（见图 2-17），整

体变化不大，2002 年达到高峰值 $5.2772 \times 10^7 \text{t}$。2011 年德国生活垃圾产生总量为 $5.1102 \times 10^7 \text{t}$。2006 年之后人口数量下降，但垃圾总量反而上升。人均生活垃圾产生量约 633kg/（a·人），即 1.73kg/（d·人），其中剩余垃圾量为 0.48kg/（d·人），远高于欧盟 481kg/（a·人）的平均标准。生物垃圾产生量约占城市固体垃圾总产生量的 40%。

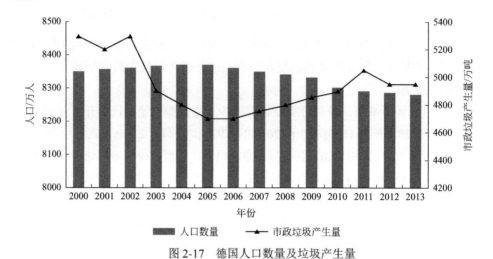

图 2-17　德国人口数量及垃圾产生量

2014 年，德国生活垃圾的不同类别和产生量如表 2-4 所列。2015 年，德国生物垃圾处理设施共收集 1550 万吨可生物降解垃圾 [17, 18]。

表 2-4　德国生活垃圾的不同类别和产生量 [19]

总类别	大分类	小分类		产生量 /10⁴t	比例 /%
生活垃圾	家庭生活垃圾	公共垃圾清理机构收集的家庭型商业垃圾		1417.9	27.8
		大件垃圾（废旧家具、家电）		247.5	4.8
		有机垃圾桶垃圾		413.4	19.4
		庭院、公园可生物降解垃圾		578.5	
		其他分类	玻璃	243.2	37.1
			废纸类	797.2	
			混合包装物	570.7	
			废家电	59.8	
		其他（合成物、金属、纺织物等）		227.1	
	其他生活垃圾	家庭型商业垃圾，单独收运		358.5	10.9
		街道清扫 / 公园垃圾（土、石）		91.8	
		餐厨垃圾（厨房、餐厅）		76.7	
		商场垃圾		7.3	
		灯管及其他含汞垃圾		0.8	
		其他分类收集的垃圾		19.8	

2.3.1.2　垃圾处理现状

20 世纪 70 年代末，德国有 5 万多个垃圾堆放场，垃圾滤液严重污染了周边的土壤和地下水，这对原本自然资源就匮乏的德国而言，无疑是"雪上加霜"。德国政府便开始着手制定一系列法律法规来规范人们对废弃物的处理，垃圾分类回收制度由此开始。

德国政府在生活垃圾处理方面将"避免垃圾""分类回收垃圾"和"环保处理垃圾"作为治理垃圾的三大支柱，其中"避免"优先于"回收"，"回收"又优先于"处理"。

德国目前采取的生活垃圾处理方式除了回收可循环利用的垃圾（包括堆肥）外，主要采取热处理（焚烧）、机械和生物处理、填埋等几种生活垃圾处理方式。德国共有 15586 座垃圾处理设施，其中包括 1049 个垃圾分选厂、167 个焚烧厂、705 个垃圾能源发电厂、58 个机械 - 生物处理厂（MBT 厂，其工艺见图 2-18）、2462 个生物处理厂，2172 个建筑垃圾处理厂[20]。

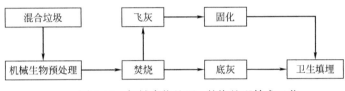

图 2-18　机械生物处理 - 焚烧处理技术工艺

采用机械生物处理 - 焚烧工艺进行城市生活垃圾处理，该工艺利用微生物作用分解垃圾中的有机质、降低垃圾含水率，利用机械设备分选垃圾中的高热值物质、金属、玻璃等加以利用，经机械生物预处理后再进行焚烧，大幅度提高了发电效率。该技术最终只对底灰和固化后的飞灰进行填埋，极大限度地减少了垃圾填埋场的占地面积，减少了污染物排放[21]。

2013 年的垃圾处理中，35.3% 为垃圾焚烧处理，46.8% 为材料的循环利用，17.7% 为堆肥及生物处理，只有 0.2% 为填埋处理（若不计垃圾中材料的循环利用、堆肥和生物处理，则焚烧占到 99%，填埋占 1%）。

垃圾焚烧方面，2000 ～ 2006 年比例出现较大幅的增长，从 2000 年的 21.56% 上升到 2006 年的 37.34%；2007 ～ 2013 年，处理比例稳定在 35% 左右，如图 2-19 所示。但随着市政垃圾产生量的增加，实际焚烧量也出现了增加。2013 年焚烧量相比 2000 年增长了 54%。

材料的循环利用方面，2000 ～ 2013 年比例也出现较大幅的增长，从 2000 年的 37.27% 上升到 2013 年的 46.82%。2013 年相比 2000 年材料循环利用量增长了 18%。

堆肥及生物处理方面，2000 ～ 2013 年比例则出现缓慢的增长，从 2000 年的 15.24% 上升到 2013 年的 17.70%。2013 年相比 2000 年堆肥及生物处理量增长了

10%。

填埋方面，2000～2013年比例则出现大幅下降，从2000年的25.93%下降到2013年的0.21%，目前几乎是"零填埋"。2013年填埋量相比2000年减少了99%。

由此可见，德国一直很重视垃圾中材料的循环回收利用和堆肥、生物处理，同时加大了垃圾焚烧的建设力度（处理量增长最多），并且削减了填埋这种垃圾处理方式，直至实现"零填埋"。德国联邦环境署表示，德国政府的目标是到2020年之前停止使用垃圾填埋场掩埋市政垃圾。

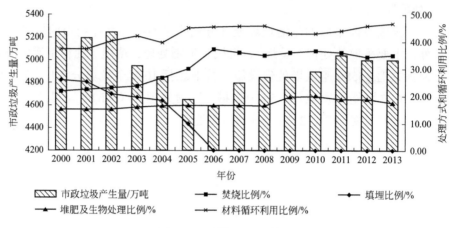

图2-19 德国生活垃圾处理情况

2.3.2 垃圾分类的模式

德国自1904年开始实施垃圾分类，是世界上最早实行垃圾分类的国家，也是实施最成功的国家之一[18]。德国政府主导并推动垃圾分类，通过建立3个层次的管理体系、完善的法规、经济手段、建设先进而完善的设施、宣传教育等，实现资源回收、发展垃圾经济、减量等垃圾分类的目标，如图2-20所示。德国垃圾分类的最大特点是：发展资源回收产业来发展垃圾经济。

2.3.2.1 完善的管理体系

从联邦到地方，德国在生活垃圾处理领域设立了3个层次的主管机构，分别是最高垃圾管理机构、高级垃圾管理机构与基层垃圾管理机构。其中，德国联邦政府、联邦环境保护部及其专业机构"联邦环境保护局"是最高垃圾管理机构，主要负责宏观层面的统一管理，如起草相应的联邦法律、配合欧盟开发长期战略方案等；德国联邦州政府、联邦州环境保护部及所辖地区的区政府机关（例如德国北威州下设四个区政府）属于高级垃圾管理构，负责所辖范围内具体的垃圾管理、监控及咨询工作；各个区政府所辖的城市是基层垃圾管理机构，直接代表市民的利益，负责日常生活垃圾的收集、运输管理及收费等。

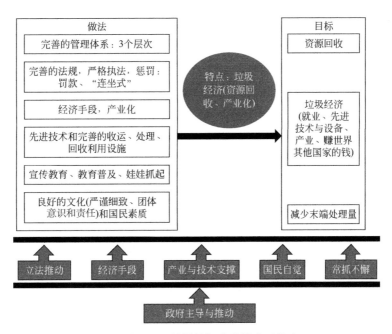

图 2-20 德国垃圾分类模式及特点

2.3.2.2 立法强制

（1）完善的法规

德国拥有目前世界上最完善、最健全的环境保护法律体系。截至目前，德国联邦政府和各州有关环保的法律、法规多达 8000 余部。德国同时还执行欧盟的 400 多部有关环境保护的法律法规[22]。

1972 年，联邦德国政府颁布了《废弃物处理法》，这是德国第一部关于垃圾处理的法律。该法侧重于垃圾的末端处理。1986 年，修改了《废弃物处理法》，改名为《废弃物避免及处理法》，引入了垃圾分类、减量和回收利用的理念。从该法的演变过程中可以发现，德国垃圾治理的理念逐步从末端治理向前端治理转变。

1975 年，欧盟颁布《废弃物框架法》（2008 年修订）要求欧盟成员国按照垃圾源头减量为首的"五层倒金字塔"原则和优先顺序，制定各自的政策法规。

1986 年，德国政府出台《垃圾避免产生和垃圾管理法》，提出应首先避免垃圾产生，然后是垃圾的直接利用和再生利用，同时提出了生产者责任制。

1991 年，德国政府颁布了《废弃物分类包装条例》，确定了生产者责任制，要求生产企业对其产品的包装进行回收和再利用。同时，该法也鼓励生产企业从产品的设计阶段就开始考虑怎样避免或减少废弃物的产生。

1992 年，欧盟颁布《包装与包装废物法》，并于 2004 年修订，以促进包装废物的回收和再利用。

1996 年，德国政府颁布了《循环经济法与废弃物处理法》，该法将循环经济理念引入生活垃圾管理制度，是一部关于垃圾处理的核心法律。该法提出了所有废弃物均有价值的理念，规定了"避免产生、循环利用、末端处理"的垃圾处理次序，确立了"生产者付费"和"污染者付费"等原则。

1999 年，欧盟颁布了《欧盟垃圾填埋法》，对填埋场的选址、填埋对象和建设运行提出了要求，制定了长远的垃圾减量化目标，以提高填埋场使用年限。此外，还有《垃圾焚烧法》(2000 年)、《报废汽车法》(2000 年)、《电子废弃物法》(2003 年)、《垃圾运输管理条例》(2006 年)、《电池与蓄电池法》(2006 年)、《关于在电气和电子设备中限制使用某些有害物质的指令》(2011 年)、《欧盟新环境行动计划》(2014 ～ 2020 年) 等，均有效促进了欧盟成员国的垃圾分类与回收利用水平。

2000 年，德国政府颁布了《可再生资源法》，该法规定从事资源再生的企业可获得政府财政支持，进一步促进了德国生活垃圾的回收利用。

2005 年，德国开始执行比欧盟《填埋法案》更为严格的法规《垃圾填埋条例》，规定未经处理的生活垃圾和工业垃圾不得进行填埋处置，废物在填埋前必须在处理厂中接受处理（总有机碳小于 5%），从而避免填埋后在微生物的作用下产生甲烷，此后，德国的垃圾填埋数量出现大幅度下降。

2012 年强制推行《德国垃圾管理法》，替代了原有《循环经济与垃圾管理法》，也是对欧盟 2008 年的《废弃物框架法》的一个本土化转换，成为德国废物回收和环境保护中最重要的一个法律，进一步收紧了资源、气候和环境保护相关的政策规定。

2016 年，德国出台一项新的电器回收法案，该法案规定电器零售商有义务提供电器回收服务。对于废弃的小型家电，居民只需交给附近的电器零售商，商家免费回收。而对于废弃的大型家电，居民则需交给面积超过 400m² 的大型电器商。商家采取"以新换旧"的方式回收，即购买一款新家电可免费回收一款同类型的旧家电。

（2）执法严格

德国执法十分严格。各市警察参与市政管理执法，还建立了城市警察队伍（相当于我国的城市管理执法队伍），专门负责城市执法工作，大到摆摊占道，小到不按规定丢弃垃圾，他们都能将其"绳之以法"。由于严格的执法震慑，德国市民有着较强的自律意识。

在德国公共场所乱丢废纸果皮或其他包装物的事情极少发生。如果附近没有垃圾箱，连擤鼻涕的手巾纸也会折好后小心地放进手提包或口袋里，到有垃圾箱的地方再扔掉。德国对于不文明行为的罚款也是明码标价的，例如乱扔旧冰箱罚 300 马克；乱扔废轮胎最高可罚 1000 马克；乱扔汽车蓄电池罚 500 马克；乱扔报废的汽车罚 1000 马克；乱扔旧单人沙发罚 300 马克；乱扔旧浴缸罚 300 马克；乱扔旧报纸罚 80 马克；乱扔各种瓶子罚 80 马克；乱扔布玩具罚 80 马克。

德国采取"连坐式"的惩罚措施。如果垃圾回收公司的人员发现某一处垃圾经常没有严格分类投放，会给附近小区的物业管理员以及全体居民发放警告信。如果警告后仍未改善，公司就会毫不犹豫地提高这片居民区的垃圾清理费。收到警告后，物业与居民自管会将组织会议，逐一排查，找到"罪魁祸首"，要求其立即改善。即便不敢承认，犯错的居民也会为了不缴纳更高的清理费，乖乖遵守分类规则。

2.3.2.3　经济手段

德国政府充分发挥经济杠杆的调节作用，通过市场机制与财政补贴相结合，通过押金制度的引入以及双轨制回收系统的建立，德国政府有效调动了居民和企业进行垃圾分类回收的积极性。

（1）计量收费制度

居民的垃圾处理费用是按垃圾类型和产生量来收缴的。对于纸张、玻璃、轻质包装物、有机垃圾这些有回收价值的垃圾，不必为其缴纳处理费。但对于其他处理成本高的垃圾，且没有回收价值，居民则要向垃圾处理公司缴纳垃圾处理费。通过这种按垃圾产生量收费的差异化制度，促使居民尽可能地将有价值的垃圾从其他垃圾里面分选出来，以减少每年花在垃圾处理上面的开支。另外，如果需要处理废弃的沙发、家具等大件物品，则需向垃圾处理公司支付费用。一般家庭每年垃圾处理费支出大约为 500 欧元。例如，莱比锡市的垃圾处理费主要由其他垃圾基础费、其他垃圾回收费和生物垃圾回收费 3 部分构成[23]，分别如表 2-5、表 2-6 所列。除了这种收费方式外，该市还有以下几种收费方式，其标准如表 2-7 所列。

表 2-5　莱比锡市其他垃圾基础费及回收费标准

垃圾桶容量 /L	基础费 /[欧元 /（月·桶）]	回收费 /[欧元 /（次·桶）]		
		普通回收	高频率定期回收	特殊回收
60	3.31	3.76	5.44	8.63
80	4.11	4.79	6.46	9.66
120	5.26	6.04	7.72	10.91
240	10.84	8.32	10.00	13.19
1100	50.09	33.05	36.41	41.10

表 2-6　莱比锡市生物垃圾回收费标准

垃圾桶容量 /L	普通回收 /[欧元 /（次·桶）]	特殊回收 /[欧元 /（次·桶）]
60	2.63	8.49
120	5.26	9.71
240	10.52	12.14

表 2-7 莱比锡市生活垃圾其他收费方式

类别		金额 / 欧元
其他垃圾指定垃圾袋（60L）		4
庭院垃圾指定垃圾袋（100L）		3
庭院垃圾处理券（100L 以内）		0.5
大件垃圾处理券		21
电器处理券		10
垃圾桶更换费	60L/80L/120L	84.39
	240L	87.29
	1100L	266.27

（2）"黄袋子体系"

1991 年 6 月，德国政府颁布实施《废弃物分类包装条例》，规定生产企业对各种材质包装物的最低回收率，完不成指标的企业需缴纳罚款。德国经济界依据《包装废弃物管理条例》成立了德国二元体系协会，推行"绿点"计划，建立二元回收体系（DSD）。德国近百家零售业、消费品和包装业的公司自发组织成立了一家非营利性质公司（绿点公司），以帮助成员企业回收处理废弃包装物（包装上印有绿色圆形箭头），如表 2-8 所列。因为该公司规定居民需要将有"绿点"的废弃包装物装进黄色垃圾袋，并放进黄色垃圾桶里，所以该回收体系又称为"黄袋子体系"，由 DSD 系统进行收集和分类，然后再送到再生处理厂进行循环利用[24]，能直接回收的则送返产品制造商（见图 2-21）。加入该体系的企业需缴纳一定费用，以取得"绿点"标志的使用权。绿点公司利用这些资金，帮助成员企业回收处理废弃包装物。未加入该体系的公司则需要自行回收处理包装废弃物。德国约 90% 以上的商品包装上都印有"绿点"标志。绿点公司将生产企业、经销商与专业化的回收企业紧密地联系起来，从而构成了专业化的公共回收体系。1997 年绿点公司收集了德国包装废弃物总量的 81.4% 以上，回收的包装废弃物总量为 560 万吨。在收集到的包装废弃物中，有 85% 都得到了循环再利用，垃圾处理的产业化大大提高了回收利用率。

表 2-8 德国"黄袋子体系"构成、特点及规则

主要行动者	主要构成	绿点公司、政府、上游企业、下游企业
	主要责任者	上游企业
	主要协调机构	绿点公司
	主要关系描述	上游企业委托绿点公司回收包装物，绿点公司将回收业务外包给下游企业，政府对绿点公司进行监督，居民需按要求对垃圾进行分类
	特点描述	专门的协调机构，各行动者参与度高
网络构建		基于源头减量的理念设计，政府立法设定上游企业的回收责任是基础
网络规则		以法律为基础，市场机制为主导，环境保护为最高原则

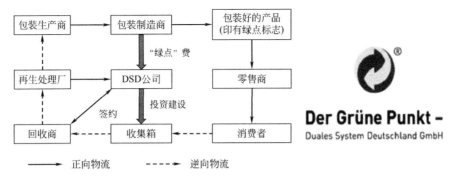

图 2-21　DSD 包装回收体系（黄袋子体系）及"绿点"标志

（3）押金制

德国政府要求饮料瓶、易拉罐的生产厂商将饮料瓶的押金纳入饮料的售价之中，同时在超市等公共场所设置饮料瓶回收机。消费者在喝完饮料后将瓶子扔进饮料瓶回收机，便可获得该瓶子的押金。一般一个饮料瓶的押金在 0.15 ～ 0.25 欧元之间。押金制的推出，进一步提高了德国生活垃圾的循环利用率。

（4）对再生资源行业进行补贴

德国垃圾处理企业获得收入主要有两种方式：一种是向居民收取垃圾处理费用；另一种是通过将分类后制成产品获得销售产品的收入。虽然这两种方式能给垃圾处理企业带来可观的收入，但由于设备更新、人才引进等原因，收入远抵不上支出。德国政府通过财政补贴的方式，使得垃圾处理行业变为盈利行业。建立起了完整的垃圾处理产业体系，整个行业从业人员超过 25 万，涵盖工程师、工人、公务员等不同职业，并已成为德国重要的经济和就业领域，每年的营业额高达 500 亿欧元（约 4039 亿元人民币），约占全国经济产出的 1.5%。

2.3.2.4　先进、完善的设施

先进的科学技术为德国的垃圾分类工作提供了保障，贯穿于从源头分类到末端处理的整个过程中。德国生活垃圾分类，通常为"三桶模式"或"五桶模式"。三桶指的是：黑色或灰色垃圾桶，黄色垃圾桶和棕色有机垃圾桶。黑色或灰色垃圾桶用于存放不能回收利用的剩余垃圾，对应中国垃圾分类的干垃圾；黄色垃圾桶用于存放包装废弃物，包括：铝箔包装废弃物、塑料包装废弃物（含轻质塑料及各种塑料包装物）、金属容器、复合包装材料；棕色垃圾桶用于存放有机垃圾等可以用来制作有机堆肥的垃圾，类似于中国垃圾分类中的湿垃圾或者厨余垃圾，同时也包括庭院垃圾。五桶是指在此基础上，增加了蓝色桶用于收集废纸；白色或绿色桶用于收集无色和有色玻璃 [25]。20 世纪 90 年代初，德国人就将条形码技术引入垃圾分类管理中，实现了城市综合性区域垃圾分类的精准溯源。

德国拥有世界上最完善的生活垃圾分类收集系统。莱比锡市垃圾分类回收方式

如表 2-9 所列。

表 2-9　莱比锡市垃圾分类回收方式

类别	回收方式及频率	备注
生物垃圾	由该市环卫局上门回收，每 2 周回收 1 次	茶色回收桶
其他垃圾	由该市环卫局上门回收，每 2 周回收 1 次	黑色回收桶
废旧纸张	由该 ALL 公司上门回收，每 2 周回收 1 次	蓝色回收桶
金属及塑料	由该 ALL 公司上门回收，每 2 周回收 1 次	黄色回收桶（袋）
玻璃瓶	由该 ALL 公司上门回收，每 2 周回收 1 次	市内设有约 460 处回收点
有害垃圾	居民自行送到有害垃圾回收车上或有害垃圾回收中心	—
大件垃圾	居民自行送到资源回收中心，或有偿委托环卫局回收	能继续使用的推荐通过 二手物品网站转让
废旧电器	居民自行送到资源回收中心，或有偿委托环卫局回收	—
废旧衣物	投放到橙色回收箱，或送到慈善团体商店， 或使用二手物品转让网站	市内设有约 200 处橙色回收箱

德国垃圾处理顺序为：源头削减—回收利用—焚烧回收能源—最终填埋处理[26]，即在源头上就对垃圾进行控制是重中之重（见图 2-22）。可回收物质约占生活垃圾产生总量的 20%～50%，主要包括轻质包装材料、塑料、废纸、橡胶、纸板、织物、玻璃、铝、铁、其他金属、复合材料等，在分类收集后，直接送入相关的工厂进行循环利用。可生物降解物质占生活垃圾产生总量的 20%～60%，主要包括食品垃圾、庭院垃圾、花园修剪垃圾等生物质垃圾，通过生物降解方式进行堆肥处理。残余物质是除上述垃圾种类之外的生活垃圾，也被称为剩余垃圾或混合垃圾，主要包括其他的垃圾混合物、砂土、尘土、灰渣等，通过热处理（焚烧）或机械生物处理方式进行处理，最后进行填埋。2005 年 6 月起，德国全境禁止垃圾直接填埋，规定只有经过无害化处理、可燃物小于 10% 的垃圾才能进行填埋处理。目前，德国建立了全世界最成功的垃圾分类回收体系，生活垃圾回收率 83%，生活垃圾被循环利用率 65%（包装行业可达 80%），通过焚烧回收能源 18%，成为全球垃圾分类水平最高的国家。

2.3.2.5　宣传教育

德国是最早提出环保教育的国家之一，85% 的德国人把环保问题视为仅次于就业的国内第二大问题。德国政府是通过几十年的宣传教育才使人们认识到环保的重要性。

德国从幼儿园就开始进行垃圾分类的教育。在小学低年级阶段，学校开始专项讲授垃圾分类知识，并且参观垃圾处理站、堆肥厂、污水处理，让小公民体会垃圾分类对环境的重要性，在学校和家庭中逐步养成了垃圾分类的良好习惯。德国的一些大学相继设立了垃圾处理的相关专业或必修课程，同时也提供针对垃圾处理专业人员的训练项目。在职业学校里垃圾分类是必修实践课程。每年还会有大量环保志愿者向公众宣传垃圾分类的知识。在德国从孩子到成人，都有大量的机会接触"环保"课程。

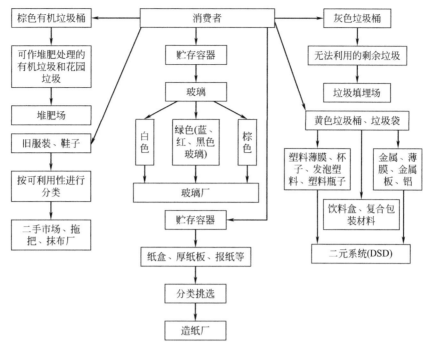

图 2-22　分类垃圾的去向及利用途径

　　德国有上千个环保组织，人员 200 多万，90% 以上的成员都是义务兼职人员，他们无偿进行宣传活动。

2.3.2.6　垃圾分类的目标

　　德国是世界上资源较为短缺的国家，推行垃圾分类的首要目标是资源回收和再生利用，以减轻国内资源短缺的压力。另外，德国将垃圾分类回收、处理及相关业务打造成一个产业，产生经济效益，形成"垃圾经济"。由于德国国土面积较小，通过垃圾分类减少末端垃圾处理量，以减轻处理垃圾对土地等资源的消耗以及减少人力、物力的投入。

2.4　英国的垃圾分类

2.4.1　垃圾产生量及处理现状

2.4.1.1　垃圾产生量

　　如图 2-23，英国生活垃圾产生量经历了先增加后减少的过程，1998 年产生的垃圾量最多，达到 9500 万吨。2013 年，英国人口达到 6396 万人，产生垃圾量为 3089 万吨，人均 482kg/ 年。

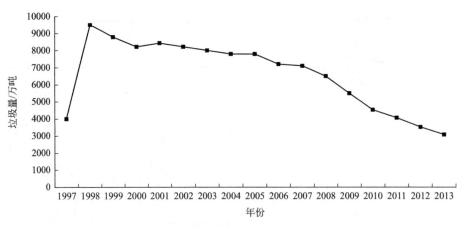

图 2-23　英国生活垃圾产生量

2.4.1.2　垃圾处理现状

如图 2-24 所示，英国 2013 年的垃圾处理中，35% 为填埋处理，以填土掩埋方式处理的家庭垃圾数量超过 1060 万吨，全国垃圾场掩埋填土面积已经达到 109 平方英里；英国垃圾填埋量由 2000 年时的 81% 下降到 2013 年的 35%，填埋总量下降了 62%；28% 为材料循环利用；垃圾焚烧比例从 2000 年的 7% 左右提高到 2013 年的 21%，焚烧总量增加了 1.65 倍；16% 为堆肥。尽管目前垃圾填埋还是英国垃圾无害化处理的主要方式，但随着时间的推移，焚烧、材料循环利用和堆肥生物处理等所占的比例越来越大。

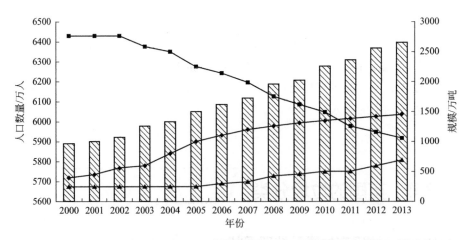

图 2-24　2000～2013 年英国人口数量和各种废物处理方式的规模

英国目前共有垃圾焚烧厂 30 多座，2000 年以后建成的有 10 座。英国的垃圾焚烧发展水平在欧洲属于中游，2000 年前发展缓慢的原因与境内填埋场较多和向荷兰、德国出口垃圾有一定关系（2013 年还达到 36 万吨）。2013 年 2 月英国环境、食品和农村事务部的一份文件称，截至 2012 年，英国年焚烧垃圾 651.4 万吨，焚烧厂年处理能力最小为 3700t，最大为 67.5 万吨，都严格遵守了欧盟制定的垃圾焚烧标准，在焚烧温度、气体排放和灰渣处理等方面全面达标。

根据英国政府制定的生活垃圾焚烧实施计划，将在全国陆续建设 100 个生活垃圾制能工厂（包括生活垃圾焚烧发电厂）。在这个计划的实施过程中，生活垃圾焚烧设施建设项目将成为英国政府最优惠的贷款项目。

2017 年 8 月初，英国的 Eunomia 研究咨询中心指出，到 2020 ～ 2021 年，英国剩余垃圾处理能力将处于过剩状态。到 2020 年，垃圾焚烧产能缺口将接近 270 万吨，到 2030 ～ 2031 年将多出 950 万吨。

英国杜绝垃圾焚烧联盟（UKWIN）正准备向议会发起一项叫停新建垃圾焚烧项目——不论是传统焚烧还是气化或热解等项目的早期动议。这项动议是这家有着一百多家成员组织的联盟发起的一项新的反焚烧运动即"把焚烧炉丢进垃圾桶"的一部分。动议指出，循环型社会将给英国带来巨大的经济环境、社会环境和环境效益，而焚烧设施产能过剩将阻碍英国实现循环型社会；垃圾处理优先次序原则应该把关注点从焚烧转向垃圾减量、再利用、回收和堆肥上；大多数剩余垃圾都是可回收的，如果地方政府坚持长期采用焚烧的方式来处理这些垃圾，那么焚烧厂每年都需要一定量的垃圾，这将对垃圾回收方面的投资产生潜在的不利影响。

2.4.2　垃圾分类的模式

英国的生活垃圾分类工作相对于德国、日本则起步较晚，大约在 1995 年前后。英国的垃圾分类并非出于自愿和内在的驱动，而是为了遵守欧盟的法规。英国垃圾分类效仿瑞典、德国等国，如实行饮料瓶回收押金制。英国的垃圾回收率多年来一直不高，家庭垃圾回收率在 44% 左右。英国政府通过立法、建立相对完整的垃圾回收处理体系及配套措施等，逐渐改变了英国在欧洲垃圾回收相对落后的局面。英国垃圾分类的最大特点是：目标上，被动满足欧盟要求；模式上，效仿北欧国家。如图 2-25 所示。

2.4.2.1　多层次的管理体系

英国环境、食品与农村事务部负责废物处理监管工作，包括制定废物管理的政策、监管废物处理设施、监测和执法、许可和监控废物运输（包括进口）等。

英国废弃物管理共分 3 个部门。

① 废弃物规管当局。

② 废弃物收集当局。

③ 废弃物处置当局。

每个管理部门，在废弃物管理体系中都扮演者不同的角色。

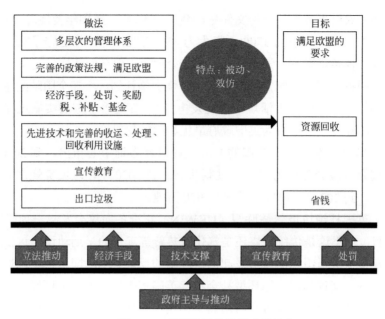

图 2-25　英国垃圾分类模式及特点

1996 年 4 月，英国正式成立了废弃物规管当局，分别为英格兰和威尔士地区的环境局和苏格兰地区的苏格兰环境保护局。废物规管当局的共同责任包括以下几个方面：a. 运作废物管理许可证制度，发放废弃物运输许可证；b. 对特殊废物的管理，有权要求污染者移除非法存放的废弃物；c. 监察土地的污染和影响公众健康的风险；d. 维护公共登记册。

通常废物收集当局的管理区为英格兰、伦敦和威尔士的县或县级行政区。主要的职能是：a. 安排收集居民生活垃圾和有需要的商业、工业废弃物；b. 提供公共垃圾箱或其他放置废弃物的容器；c. 将废弃物收集后交给废弃物处置当局进行处理；d. 针对居民和商业废弃物的再循环进行调研、准备方案并作出安排。

废物处置当局的主要职能是：a. 成立废弃物处理公司；b. 建设转运站；c. 提供市政废弃物处理、处置设施；d. 对收运来的废弃物进行处理和循环再利用。废弃物处置当局有权以资源再循环的目的，购买和出售废弃物。废物收运当局即使以资源循环再造为目的自行留下废弃物而未直接运往废弃物处置场，也必须经过废物处置当局的同意。

地方政府负责家庭和企业的废物收集、废物处理、执法、处理非法倾倒、鼓励回收等。

2.4.2.2　政策法规

英国生活垃圾管理政策法律法规的发展经历了 3 个阶段：a. 对垃圾的安全控制；b. 垃圾的减量化、循环利用；c. 源头分类。如表 2-10 所列。

表 2-10　英国生活垃圾管理政策法律法规

阶段	年份	法律法规
安全控制	1974	《固体废弃物污染法》《污染控制法》
	1989	《污染控制法（修正案）》
减量化、循环利用	1990	《环境保护法》《共同的遗产》
	1991	《可控废弃物管理规定》
	1994	《废弃物许可证管理规定》《废物管理条例》
	1995	《环境法》《固体废弃物填埋税》《废物重新利用》
	1996	《财税法和填埋税条例》《废物重新利用》《特别废物管理规定》
	1997	《生产者责任义务（包装废弃物）规章》
	1998	《废物减量法》《包装（基本要求）条例》
	1999	《欧盟垃圾填埋场指令》《污染防治法》《废弃物处置途径》
源头分类	2000	《固体废物战略 2000》
	2003	《家庭生活垃圾再循环法》《废弃物和配方交易法》《报废汽车条例》
	2006	欧盟电池指令
	2008	欧盟废弃物框架指令
	2010	《环境许可条例》
	2012	《废弃物条例》
	2013	《英格兰废物预防计划》

1990 年前，英国没有统一的国家生活垃圾管理政策。

1990 ~ 2000 年间，制定了 4 个关键的政策性文件，标志着废弃物管理框架的形成。这 4 个文件分别为：1990 年《共同的遗产》；1995 年《废弃物重新利用》；1999 年《废弃物处置途径》；2000 年《废弃物战略（英格兰和威尔士）》，简称 WS2000。WS2000 是一个针对欧盟废弃物框架指令的国家计划，并制定了 3 个废弃物减少目标。

① 减少工业和商业废弃物的填埋量，到 2005 年，总量减少到 1998 年的 85%。

② 到 2005 年，市政垃圾回收量达到 40%（2010 年，45%；2015 年，67%），包括回收利用、堆肥和能量回收。

③ 到 2005 年，至少 25% 居民垃圾被回收或者堆肥处理（2010 年，30%；2015 年，33%）。从 WS2000 开始，英国废弃物管理取得了重大进展。废弃物的回收和堆肥几乎是 1996 ~ 1997 年度的 4 倍，2005 ~ 2006 年达到 27%。包装废弃物的回收利用从 1998 年的 27% 增长到 56%。废弃物填埋总量也在逐步减少，从 2000 年到 2005 年间减少了 9%。

2.4.2.3 经济手段

（1）奖励与处罚并举

在政府意识到垃圾分类的重要性之后，通过鼓励和惩罚政策的并举，促进了公民相关意识的养成：一方面，很多地区政府每年都会评选垃圾循环先进住户，被评选上的家庭可以获得 5000 英镑奖金；另一方面，通过街头监控，对乱扔垃圾者进行惩罚，居民在规定时间以前将家中垃圾倾倒在屋外的垃圾箱中，将面临 100 英磅左右的罚款；乱丢垃圾将当场罚款 50 英镑，罚款最高可达 2500 欧元；同时鼓励人们举报乱扔垃圾的行为。在英国，垃圾桶一定要保持清洁，如果家里垃圾桶太脏了，社区部门会贴上警告的标签，扔垃圾时要将垃圾桶盖扣合，绝对不容许垃圾漫过盖子，垃圾放错地方会受到处罚，严重的还可能遭到起诉。

（2）垃圾分类和回收企业的扶持

英国政府对废物再循环和再生利用在政策上积极扶持，采取课税制度，在产品的制造阶段即对所含的有害物质课以税金，作为其处理费用。

对城市居民实行垃圾收费制，居民缴纳垃圾税，以享受政府提供的市政公共服务。英国从 1996 年开始实施《固体废弃物填埋税》，利用经济杠杆引导经济目标，将商业上所负担的税收逐步转移到后继污染者和资源使用者身上，通过实行这项税收，减少了废弃物的产生量，降低了废弃物的填埋量，促进了废物的回收再利用和资源化。针对定额增收的垃圾税，主要是每个家庭不管家庭人口数目是多少或者未分类的垃圾数量是多少，都是按照家庭为单位，每个月都固定缴纳 5 英镑的垃圾税，这种垃圾税的征收仅限于生活垃圾。在 2004 年，英国又对这项政策进行大力改革，以前的垃圾税是定额征收的，而改革后的内容主要是要求在 2005 年开始，改为每户家庭将未分类的垃圾按重量征收费用，这就体现了更多的公平性。英国对垃圾分一般垃圾、低税率垃圾和免税垃圾 3 类。英国垃圾填埋税税率变化如图 2-26 所示。实行垃圾（填埋）税以来，其税率逐年提高，垃圾总量逐年减少。

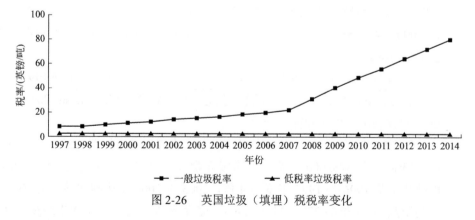

图 2-26　英国垃圾（填埋）税税率变化

政府通过实行补贴和设立基金会等方式来鼓励废物的再生利用和资源化。

2.4.2.4　先进的回收、处理设施

居民可向当地政府申请不同类型的垃圾箱、垃圾袋。垃圾箱有不同规格的标准化设计，与垃圾清运车配套使用。

英国的住宅多为 2 层左右的房屋，垃圾车均能开至住宅门口，居民可以很方便地将垃圾投放至房屋外的垃圾桶，清运公司也能准确地知道谁家垃圾未按规定投放，方便退回或处罚。

英国的生活垃圾回收点由社区回收点和区域垃圾回收中心两级网络构成。其中，城镇遍布小型的社区迷你回收点，对可回收垃圾如金属锡罐、塑料制品、纸制品、玻璃制品、衣服、鞋、小型电子产品等进行分类收集。社区迷你回收点的回收箱经过了专门设计，严格密封，能防雨、防蚊虫，其中衣服、鞋回收箱只能投放，不能取出。不同区域一般都有一个垃圾回收中心，进行可回收垃圾的分类收集，垃圾回收中心回收 42 种垃圾，大型电器如彩电、冰箱，以及沙发、家具等是不能随意丢弃的垃圾。

2.4.2.5　宣传教育

英国小学每周开设 2 ～ 3 次"科学"课，包括对垃圾分类等进行细致生动的讲解和实际操作。

定期督查：在英国各地，每周都还会有一名当地社会知名人士或政府部门官员带领着分类回收工作人员，逐门逐户地敲开居民家门，了解居民开展垃圾分类的实际情况。

2.4.2.6　出口垃圾

英国有相当一部分垃圾靠付费出口给其他国家处理。例如，英国每月有超过 1000 吨的垃圾从英国北部运送到北欧，包括挪威，这些垃圾若在英国国内填埋则需要交的税比运到北欧的运费还要高。英国每年出口大约 300 万吨垃圾到欧洲其他国家进行能源化处理。

2018 年以前，英国严重依赖中国"处理"英国的废料。三年前，英国向中国内地和中国香港出口了 50 万吨塑料废弃物，占英国"出口"塑料废弃物总量的近 2/3。但随着 2018 年中国开始全面禁止进口"洋垃圾"，英国将垃圾出口到马来西亚等东南亚国家。实际上，英国向东南亚出口垃圾在几年前就已经开始。2017 年马来西亚接收英国废弃塑料总量为 28.8 万吨，2018 年后已增加到了 45 万吨以上（见图 2-27）。

废旧塑料经过分解、清洗，可以分离加工成为各类塑料树脂，并最终可以重新做成新塑料产品，其中的经济利益是东南亚各国最看重的。但垃圾量增加得太快，废弃塑料在港口积压严重，越南、马来西亚、泰国均出台临时禁令，限制垃圾进口。

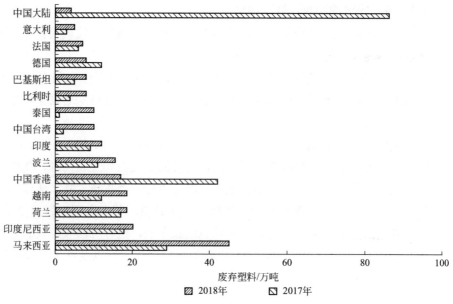

图 2-27　2017 ～ 2018 各地区进口英国废塑料数量对比

2.5　瑞典的垃圾分类

2.5.1　垃圾产生及处理现状

2015 年，瑞典全国共产生生活垃圾 442 万吨，人均约 460kg/ 年。北欧是全球垃圾处理技术最高的地区，其中又以瑞典的垃圾处理体系最完善。表 2-11 表明焚烧作为能源、再生利用和生物处理是瑞典最主要的 3 种垃圾处理方式 [27]。

表 2-11　瑞典垃圾处理方式比例

处理方式	处理量 /t	份额 /%
再生利用	1577600	35.6
焚烧作为能源	2137000	48.3
生物处理	591858	13.3
有害垃圾	46380	1.0
填埋	72832	1.6
合计	4425670	100.0

垃圾循环利用已经发展成为瑞典的一个产业，除处理其本国垃圾之外，每年瑞典进口 80 万吨垃圾，焚烧发电或供热，用于冬季供暖。瑞典政府制定了到 2020 年前实现覆盖所有垃圾管理层面"零垃圾"的愿景。这一切得益于瑞典完善的制度保障和领先世界的垃圾管理系统。

2.5.2　垃圾分类的模式

瑞典政府通过设置明确的垃圾目标、立法推动、建立有效的制度、加大垃圾分类及处理技术研发、建设和完善设施、持久的宣传教育等，逐步实现减量化、资源回收、能源化、零填埋等垃圾分类目标（见图 2-28）。瑞典垃圾分类的最显著特点是：技术先进、高度资源化。

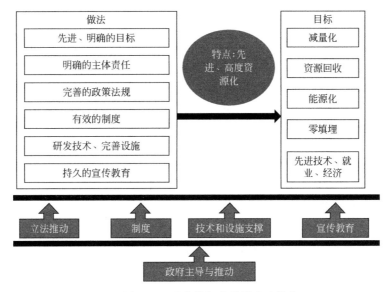

图 2-28　瑞典垃圾分类模式及特点

2.5.2.1　先进、明确的目标

瑞典生活垃圾处理的原则是以资源化、减量化为终极目标，实现最大限度地循环使用，并以能源化为导向，最小限度地进行填埋处理。作为欧盟的成员国，瑞典的垃圾处理遵循《欧盟垃圾框架指令》，并按照优先级分成 5 种层级：

① 减少垃圾的产生；

② 回收再利用；

③ 生物技术处理；

④ 焚烧处理；

⑤ 填埋处理。

2.5.2.2　明确的主体责任

政府、生产商和公民是瑞典垃圾回收处理的三大主体。

（1）政府的主体责任

市政府承担垃圾管理的主体责任，负责城市生活垃圾的回收处理。瑞典于2017年生效的《关于废物预防和管理的城市废物指引》进一步明确了市政府在城市垃圾管理的责任。根据瑞典法律规定，所有公共行政机构都有责任处理废物问题，特别是城市规划管理局、城市发展管理局，交通管理办公室和市区管理局。瑞典各市政府有义务制定本市的废物管理计划，并承担收集和处理生活垃圾的责任，也可以颁布本市的垃圾废物和卫生条例及财政措施。

（2）生产商的责任

生产商负责回收、处理自己生产的产品。1994年，瑞典政府创立"生产者责任"制度。该制度对生产者和消费者的行为都进行了相关规定，即生产者应在其产品包装上详细注明产品被消费后的回收方式，消费者则有义务按照此说明对废弃产品进行分类，并送到指定的回收处。生产者负责回收物的范围不断扩大，从最初的产品包装、轮胎和废纸，到汽车和电器产品，再到办公用纸、农业塑料和废旧电池等。

在生产商层面，许多强制回收的产品在生产前就需要向环境保护部门预缴一笔押金，只有在产品经检验达到了回收比例后押金才能退还。例如，瑞典商家在生产销售电子产品前必须有完善的回收处理流程和设备，并在产品的说明上详细标注如何在使用后将此产品回收——生产者负责，这也正是欧盟针对电子产品回收制订的环保指令《关于报废电子电气设备的指令》的核心内容。

瑞典政府还规定，生态标准只授权市场上不超过30%的产品。每一个环保标志都对产品的原材料采集过程、生产过程、发放（包括包装）过程、使用过程，一直到最终废弃等各个阶段对环境的影响有严格规定，由独立的第三方机构对申请进行评估。环保标志的设定标准给各生产厂家确立了良性竞争的体系，也在无形中逐渐提高了消费者的环保意识。

对于那些没有能力组建回收再利用体系的企业，瑞典成立了专门机构，如生产者责任制登记公司，使他们可以加入这些机构并交纳会费，让机构代为履行生产者责任制的义务。这些专门机构是非营利性的组织，宗旨是为瑞典企业界和环保事业服务。这样一来，瑞典的生产者责任制度迅速普及，这一制度以其经济激励的手段使得企业从根本上实现了垃圾减量化。

（3）公民的责任

公民承担垃圾分类和垃圾付费责任。消费者有义务按照说明对产品消费后产生的垃圾进行分类并送往指定回收处。瑞典《国家环境保护法典》第29章第七节规定，瑞典居民因为故意或者过失在公众场所乱扔垃圾将可能面临罚款并处以不超过1年的监禁。瑞典居民也需缴纳垃圾处理费用，包括固定费用及附加费用。截至2017年，瑞典已经有30个城市引入基于重量的垃圾收费机制。2017年瑞典单户家庭的平均年垃圾收费额为2128瑞典克朗（每天约为5.83瑞典克朗）。

2.5.2.3 完善的政策法规

1994年，瑞典政府出台《废弃物收集与处置法》。该法详细规定了瑞典生活垃圾的分类、收运与处理，是瑞典生活垃圾分类的开端。

1999年，瑞典政府出台《国家环境保护法典》，成为监管生活垃圾的主要法律。该法规定了生活垃圾管理的总原则、生活垃圾的基本概念以及政府在管理生活垃圾方面的职责。此外，瑞典各地区和城市都基于本国法律，结合当地实际制订自己在生活垃圾管理方面的实施细则。税收政策也是环保政策的重要组成部分。目前，瑞典的环保税有 70 多种，家庭要为生活垃圾的税收买单。

2000 年，瑞典环保局开始对生活垃圾征收填埋税。

2002 年，瑞典环保局出台禁止将可燃烧生活垃圾填埋的禁令。

2005 年，瑞典环保局出台禁止将有机生活垃圾（例如厨余垃圾）填埋。

2011 年，瑞典国家检察院宣布，警察有权对在公共场所乱扔垃圾者直接处以罚款。

2012 年，瑞典环保局推出了《从生活垃圾到资源——瑞典 2012～2017 年生活垃圾处理规划》，提出进一步减少生活垃圾总量，提高对生活垃圾的利用率，明确政府、企业和居民在生活垃圾分类管理中的职责。其中，对企业主要靠税收和行政强制手段进行规范化管理；对居民主要依靠环保宣传教育和罚款等行政手段进行约束。

2012 年，瑞典环保局推出《2014～2017 年生活垃圾减量化计划》，目标是生活垃圾资源化、无害化、减量化和再循环利用，涉及的生活垃圾类型主要有食品垃圾（有机垃圾）、有害垃圾、电子垃圾和其他生活垃圾等。

瑞典实施的政策法规显著减少了垃圾填埋量（见图 2-29）。

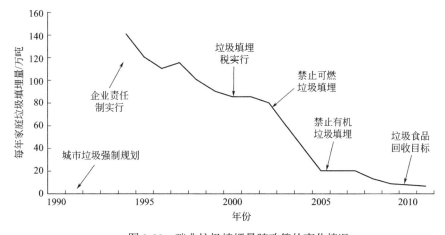

图 2-29　瑞典垃圾填埋量随政策的变化情况

2.5.2.4　有效的制度

在完备的法律基础上，瑞典已形成一系列有效的垃圾管理制度，包括城市垃圾强制规划、"生产者责任制"、生活垃圾征收填埋税、严格的垃圾填埋制度（包括禁止未分类的可燃垃圾和有机垃圾填埋）、食品垃圾生化处理目标。

瑞典的超市在垃圾回收系统中也扮演着重要的角色。在瑞典，有些人专门拾拣饮料瓶，然后在超市兑换零钱；逛超市的人们会习惯性地带着空饮料瓶和易拉罐，因为这些包装物退还时可以返还押金。购买饮料时，除了饮料价格外，还必须按照包装上标签标识的押金额支付押金。饮用完后，只需将饮料瓶投入超市门口的专用回收机器，按下按钮就会有收条打出，最后凭此收条可在超市购物或兑换现金。这就是"押金回收制度"和超市里的回收文化。

2.5.2.5 研发技术、完善设施

2011 年，瑞典政府提出支持企业环保科技研发战略，包括以下 3 大主要任务。

① 促进瑞典环境保护科技出口并促进瑞典国内经济增长。

② 推动环保科技企业的研发和创新。

③ 为环保科技的市场化应用创造条件。

这项战略的财政支出总额是 4 亿克朗，2011 ～ 2014 年，瑞典每年投入 1 亿克朗。目前瑞典在环保产业的就业人数达到 4 万，创造了 1200 亿克朗的产值。环保技术已经成为瑞典科研机构和企业的优势领域。世界第一套真空自动垃圾收集系统就是由瑞典工程师发明。

瑞典垃圾分类是一个整体工程，居民、小区、垃圾屋、中转站、垃圾场等各个环节都有配套的系统工程（见图 2-30），将垃圾分类运输、分类处理。瑞典政府系统设计了生活垃圾分类收集桶（袋）、社区生活垃圾分类收集站、区域生活垃圾分类回收站和分离转运生活垃圾车，确保居民住户、收集站、回收站、转运车的分类体系和标识基本保持一致。

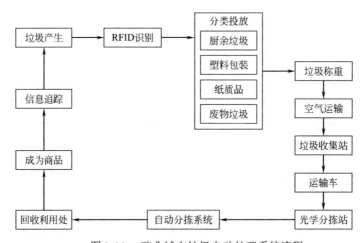

图 2-30　瑞典城市垃圾自动处理系统流程

1）家庭分类　瑞典小区的物业将不同颜色的垃圾分类袋分发给居民。居民将垃圾分装进不同颜色的垃圾袋，如绿色是厨余垃圾、橙色是塑料包装、黄色是纸质品、白色是废物垃圾。

2）分类投放并称重　居民将垃圾袋装满以后，将其送至附近的垃圾投放口。RFID 标签（近似于二维码的识别标签）可以识别用户身份，同时解锁投放口。随后居民可以扫码，按照颜色对垃圾袋进行扫描分类；扫描完成后，垃圾袋通过投放口丢弃；居民按下"OK"键，投放口关闭，对垃圾袋进行称重。

3）自动化运输　在垃圾收集后的运输流程上，瑞典采用先进技术以减少运输过程中产生的二次污染。瑞典的城市垃圾自动处理系统为全球城市的垃圾管理树立了表率。控制系统的电脑会根据程序设定的时间，指挥抽风机发动后，管道中"刮"起 18～25m/s 的大风，管道中的垃圾可以 70km/h 的速度运送至中央收集站。垃圾在进入中央收集站的密闭垃圾集装箱前需经过旋屏分离器，根据空气动力学原理，在旋转中垃圾落入集装箱（纸张的归纸张，瓶子归瓶子，然后回收；其他生活垃圾或是提取天然气，或是燃烧发电），废气则上升，顺着管道经过装有活性炭和除尘装置的废气处理器，垃圾在除尘除臭后被排出室外。

瑞典的清扫公司由 3 家民间团体联合组成，该公司给每户居民 4 种纤维袋，分别盛放可以再利用的废纸、废金属、废玻璃瓶和废纤维。清扫公司利用特制的废弃物回收车每月登门收集 1 次，对其他垃圾则是每周收 1 次。此外在公寓、旅馆等公共住宅区，还设有专门的收集装置，用以回收各类废弃物。

瑞典环保部门 2008 年数据显示，瑞典通过垃圾焚烧可为 81 万户家庭供暖，占全瑞典供暖能量的 20%，此外剩余部分能量为 25 万户中等大小的家庭提供日常电能。

2012 年，瑞典产生的生活垃圾中，被填埋的非可再生垃圾只占 1%，36% 可得到循环利用，14% 再生成化肥，另外 49% 被焚烧发电供热。

2.5.2.6　持久的宣传教育

瑞典在培养国民垃圾分类意识上足足花了一代人的时间。政府对国民垃圾分类意识的培养从儿童时期就开始了，教育孩子们如何进行垃圾分类，再由孩子们回家后告诉大人。瑞典人自豪地称："在瑞典，垃圾分类是一种传统。"几乎每个瑞典人都知道"垃圾就是能源，4 吨垃圾等于 1 吨石油"。

对于那些偷懒不愿意去分类的人，瑞典政府重新设计垃圾容器来提高乱扔垃圾的难度。例如，把扔瓶罐的容器口设计成小孔状的，把扔硬纸盒和纸板箱的容器口设计成信封状的。

在瑞典，大多数家庭有很多垃圾桶用于存放不同种类的垃圾：电池、生物可分解物、木质材料要分类；有色玻璃和其他玻璃要分类；铝和其他金属要分类；新闻纸和硬纸盒也要分类，这两种纸以外的纸则属另外一类。此外，瑞典人对这些垃圾进行如此细致的分类之前还要进行清洗，因为有奶渍的牛奶盒不能回收，带有标签的金属罐也不能回收。在他们看来，这样做是有益于环境保护的。

2.6　挪威的垃圾分类

挪威的垃圾焚烧供暖供电产业发展迅速。例如，挪威首都奥斯陆 1/2 的供暖来自垃圾焚烧。奥斯陆之前已从英国和爱尔兰等国进口大量垃圾（如 2013 年 10

月～ 2014 年 4 月间，挪威从英国进口 4.5 万吨生活垃圾，英国付费），但仍远远不够，又将目光瞄准美国。

挪威通过持久的宣传教育、有效的经济手段和先进而完善的设施，培养了国民良好的垃圾分类习惯，实现了垃圾的高度资源化，甚至需要从英国等国家进口垃圾来维持国内焚烧设施的运行。

2.6.1　持久的宣传教育

挪威民自觉将垃圾分类，是经过几代人的宣传教育、培养而养成的习惯。因为挪威环保教育是从娃娃抓起的，例如在小学的教科书中就有关于环保和避免环境污染的文章，课文中表述了垃圾分类回收的方法和必要性。挪威的学生集体出游野外就餐后，草地上一片纸片都不剩，这就是从小教育的结果。挪威国民已经养成良好的垃圾分类习惯与环境意识，垃圾回收成了挪威国民生活的重要部分。

2.6.2　有效的经济手段

可以回收的饮料瓶、易拉罐等，如果不想丢弃，是可以换钱的。

挪威的超市里设有自动回收瓶子和易拉罐的机器，去超市购物时顺便就将这些可以回收的瓶瓶罐罐带去了。回收机器通向超市的仓库，市民将瓶子、易拉罐投入机器的同时机器会自动分拣，将不符合要求的瓶子或易拉罐退回；同时，机器上的屏幕会显示相应的金额。回收完毕后按下"确认"按钮，这时机器会打印出回收金额的单据；凭借这张单据，市民可以在购物结账时直接抵用相应金额的现金，也可以凭借单据到银行兑换成当地货币。整个过程无人监管，都是计算机自动操作。根据瓶子或易拉罐的材质和重量，市民每回收一个瓶子或者易拉罐可以得到 1 ～ 2.5 挪威克朗（约合人民币 0.8 ～ 2 元），当地人不称这是"卖破烂的钱"，而是名正言顺退还给消费者的"押瓶费"。市民回收的废弃瓶子会由超市统一运送至回收站，再由回收站对垃圾进行处理和再利用。

2.6.3　先进而完善的设施

挪威居民家中的厨房至少有 4 个垃圾桶，分别装着不同颜色的垃圾袋，每个垃圾桶盛放不同类别的垃圾。这 4 种垃圾分别是食物、塑料、纸张以及其他垃圾。食物垃圾需要用绿色塑料袋收集，塑料垃圾用蓝色塑料袋，其他垃圾用白色塑料袋，体积较大的纸品垃圾通常不用塑料垃圾袋，而是直接投入垃圾箱。

市民可以在超市里免费获取市政机构提供的不同颜色的垃圾袋。

灯泡、灯管和电池等不属于这 4 种分类并且需要特殊处理的垃圾，市民可以在超市入口处找到专门回收废旧灯泡、灯管和电池的两个垃圾箱。

挪威已经在垃圾发电技术上达到世界领先水平，那些居民家中分类好的垃圾进入焚烧发电厂，电厂的设备能够利用电脑传感器，按照垃圾袋的不同颜色，将这些垃圾通过传送带分别送进不同的焚烧炉。像这样以不同颜色的垃圾袋区分不同的垃圾类别，可以大幅提高垃圾处理厂的分拣效率，也极大降低了垃圾处理的成本。这也是为什么强调垃圾一定要按要求用不同颜色的垃圾袋装的原因。

生活讲究的北欧人每年只产生 1.5 亿吨垃圾。这对于垃圾焚烧厂来说太少了，现有的焚烧厂可以在此基础上再处理 7 亿吨垃圾，每月有超过 1000 吨的垃圾从英国北部运送到北欧，包括挪威。这些垃圾在英国国内填埋需要交的税，比运到北欧的运费更贵。

垃圾回收和能量转换必须齐头并进。垃圾回收时要分离有机垃圾，比如餐厨垃圾，可以用它们生产沼气。现在，产生的沼气已经为奥斯陆市区的一些公交车提供动力。

拥有约 140 万人口的奥斯陆正为垃圾匮乏犯愁——没有垃圾，就意味着没有燃料，城市供暖甚至供电不足也就接踵而至。奥斯陆一半的供暖来自垃圾焚烧。虽然奥斯陆已从英国、爱尔兰等国进口不少垃圾，但仍远远不够，眼下只好将眼光瞄准美国。欧洲有个垃圾市场，它们是可以卖钱的商品，而且这个市场正变得越来越大。

2.7　瑞士的垃圾分类

有着"世界公园"美誉的瑞士，执行的是欧洲最为严苛的垃圾分类制度。根据瑞士联邦环保部门提供的垃圾分类指南，基本分类多达 23 类，联邦各州垃圾分类标准则更加细化，分类越来越详尽，例如苏黎世州政府颁发的垃圾分类手册就厚达 108 页。

瑞士的垃圾回收率非常高，70% 的废纸、95% 的废玻璃、71% 的塑料瓶和近 90% 的铝罐都得到了回收，废旧电池的回收率也达到了 70%，都处于欧洲领先地位。瑞士主要通过建立完善的管理体制、政策法规、收运和处理设施、持久的宣传教育、按垃圾类别收费等方式推进垃圾分类，形成多次分拣的垃圾分类模式。

2.7.1　完善的管理体制

瑞士的中央政府由 7 个部组成，其中一个是环境、交通、能源和通讯部，瑞士环境森林风景局隶属于该部。瑞士环境局下设废物管理司，司里设有 3 个处，分别是垃圾处理设施处、包装与消费品处、工业与手工业废物处。

分管垃圾处理部门的侧重点不同：联邦政府重要的职能是立法和规划，过去还主管项目的融资，目前这个职能已推向市场；州政府主要执行联邦政府的立法，同时还有项目的规划、建设和融资；具体的环卫作业由区级政府负责，作业的费用由国家承担转向按污染者付费的原则收取。

2.7.2 完善的政策法规

瑞士与城市垃圾处理有关的法律法规及政策主要包括联邦环保法、垃圾处理技术政策、饮料包装条例、电子产品回收及处置条例等。

1983 年 10 月 7 日颁布《联邦环保法》，1997 年 6 月 10 日修订。瑞士联邦环保法分为 6 个部分，其中第二部分"污染控制"中的第四章是有关固体废物的内容，该章共分 4 节：第 1 节为"垃圾的减量化和处理"、第 2 节为"垃圾管理和处理设施"、第 3 节为"垃圾处理的融资"、第 4 节为"垃圾处理设施污染后的补救"。

《垃圾处理技术政策》，该技术政策共分七章，分别是：技术政策制定的目的和各种垃圾的定义；垃圾减量和处理的一般规定；填埋场；垃圾暂时堆放点；焚烧厂；堆肥厂；修订后的有关要求。两个附件是：允许进入填埋场的垃圾种类；填埋场选址、建设和封场的有关要求。

2011 年，瑞士政府制订了新的"2050 年能源策略"，计划通过细挖节能潜力、改善能源效率以及发展可再生能源，减少化石能源消费。瑞士政府认为，建筑和工业领域节能潜力巨大，新的能源政策将着重限制家用电器、楼房、工业企业、服务业的耗电量，提出在 2020 年减少能源消耗 25% 的目标。

2001 年，瑞士政府颁布《填埋禁入法》，规定城市生活垃圾禁止直接进入填埋场，由末端转向源头处理，形成倒金字塔的管理模式，即必须经源头减量，分类收集、处理、利用后，最终的惰性物质才能填埋处理[28]。

2.7.3 完善的设施

瑞士的城市生活垃圾处理大部分是通过焚烧方式处理的，焚烧量约占 80%，还有约 15% 的残渣、废物进入填埋场。瑞士政府规定，自 2001 年起，城市生活垃圾禁止直接进入填埋场进行填埋，即"填埋禁入法"，城市生活垃圾必须经源头减量、分类收集、分类处理、资源充分利用以后，最终的惰性物质才能进行填埋处置。垃圾被分类收集后，最终运到了遍布瑞士全国的 29 个垃圾处理厂。目前瑞士全国有 28 个焚烧厂，焚烧处理成本约为 150 ～ 300 瑞郎 / 吨（填埋处理成本约为 120 瑞郎 / 吨）。2005 年以来，瑞士垃圾产量每年在增长，但送入焚烧厂的垃圾量在减少。瑞士的可回收利用垃圾量不断增加，废品再循环利用率很高，其城市垃圾总回收率已达 40% 以上。瑞士每年处理的垃圾总量约为 365 万吨，其中 10% 从意大利北部和德国西部城市进口，靠处理垃圾瑞士一年就能赚上百亿瑞郎。

以回收利用废塑料瓶为例，目前瑞士全国设有 1.5 万个回收中心，国民每年人均送往回收中心的塑料瓶 100 多个。全国废弃塑料瓶回收率已超过 80%，而欧洲其他国家的回收率只有 20% ～ 40%。瑞士之所以能有如此高的回收率，原因是政府规定相关企业只有在对自己的塑料瓶回收率达到 75% 以上才能继续生产或使用塑料瓶作为包装。旧电池回收和再利用技术复杂，耗资巨大，目前世界上仅有两家大型旧电池回收处理公司，其中就有一家落户瑞士。瑞士有法律规定，居民不得随意丢弃旧电池，更不能遗弃汽车蓄电瓶，电池也不能与其他垃圾混合处理，居民必须将废电池投入专门回收箱，由物业集中处理。目前瑞士的废旧电池回收率已达 65% 以上，政府期望达到 80% 以上。瑞士还有许多致力于再生资源回收利用的民间"回收协会"，并形成一个网络来加强各个回收组织之间的联系，传播有关再生资源分类、回收、处理加工等的最新信息。该协会以其独立性和专业性成为循环经济中的重要组织，起到密切联系官方机构、零售商和普通居民的作用。

2.7.4　宣传教育

环保教育是中小学教育的重要内容，大多数中小学都开设了"人与环境"课程。在职业教育领域，环境教育是公共课的组成部分。成人教育也设有学制一年的夜校环境课程。在日内瓦，每年年初环卫所都会向住户免费分发环保年历、宣传环保常识等；在苏黎世，大一点的垃圾处理厂都有向中小学派出"环保宣传员"的义务。

2.7.5　按垃圾类别收费和处罚

在瑞士，必须使用在超市购买的专门垃圾袋装垃圾，如果不用则垃圾不被收运。许多市民家庭大都有 5 个垃圾袋：1 个装剩菜、果皮等厨余垃圾，厨余垃圾收集后有专门的小区垃圾桶，回收后可以生产肥料；1 个装报纸和废纸；1 个装玻璃瓶子；1 个装塑料瓶子；剩下的 1 个用于装一般性生活垃圾。

不同种类垃圾的处理成本不同。其中最高的是混合垃圾，混合垃圾处理费用一般通过购买垃圾袋收取。其他的废物有的按户收取，有的从商品价格里收取。根据不同种类的垃圾的不同处理成本，而征收不同的处理费用，详细标准如表 2-12 所列。

表 2-12　瑞士生活垃圾分类收费标准

材料	费用 /[瑞士法郎 /（人·年）]	资金来源
混合垃圾	130	垃圾袋（地区）
纸张和纸板	18	按户（地区）
厨余垃圾	13	按户（地区）
玻璃	5	瓶子价格（联邦政府）
PET（聚酯类）	3	瓶子价格（私人）
铝罐	0.7	罐类价格（私人）
镀锡铁皮	0.5	罐类价格（私人）
织物	—	（自费私人）

瑞士还设有专门的"环保警察"。如日内瓦全市分为 7 个大的垃圾堆放站，如果垃圾处理站出现卫生问题，"环保警察"将出面进行罚款。此外，如果有人错误堆放了垃圾，每次需交罚款 200 瑞郎。

2.7.6　多次分拣的回收模式

瑞士生活垃圾处理模式的主要特征是多次分拣，实现对垃圾的有效回收利用。2001 年瑞士政府颁布的《填埋禁止法》，规定城市生活垃圾禁止直接进入填埋场进行填埋，城市生活垃圾治理形成"倒金字塔"的管理模式：源头减量—分类收集处理—资源充分利用—惰性物质填埋处置。垃圾产生后先分类，分类的垃圾收集后被送到分拣工厂，继而对垃圾进行更细致的二次分拣，最后被运送到制造产品的工厂。在瑞士，重复利用的目的不是生产和全新产品同样质量的产品，而在于充分发挥原材料的使用价值。随着垃圾分拣工作的逐步完善，回收产品的质量越来越接近全新产品，到 2000 年瑞士的纸张回收利用率已经达到了 64%，绝大多数的纸张都实现了循环再利用。在瑞士，随处可见分类回收垃圾的收集站。还有的废弃物是居民主动返回的，回收比例非常高，如钢板 79%、玻璃 95%、塑料饮料瓶 75%、铝罐90%、电池 65%。

瑞士垃圾处理模式成功的关键在于居民对于垃圾的主动减量和分类投放。这一模式对于居民的环境意识也有较高要求。瑞士的这种垃圾处理模式成本最低并且利用率最高，将垃圾的治理内化到公共体系中，是较为经济有效的处理模式。

2.8　比利时的垃圾分类

比利时共有人口约 1135 万，每年的垃圾总量达 500 多万吨。比利时的垃圾处理以焚烧为主，占 50% 左右；回收材料循环利用率达 35% 左右；沤肥达 20% 左右。由于欧盟颁布了较为严格的垃圾填埋法，比利时传统的垃圾填埋法逐渐被焚烧、循环回收等方式取代，现在的垃圾填埋率为 0。

比利时自 20 世纪 90 年代初便开始进行垃圾分类的推广。比利时通过收费等经济手段、宣传教育和建立完善的收运处理设施来推进垃圾分类。

2.8.1　经济手段

（1）随垃圾袋征收垃圾费

比利时人一般会从超市购买好几种不同颜色的垃圾袋来分装家庭垃圾，例如白色垃圾袋用来装厨余垃圾等无法回收的垃圾，黄色垃圾袋用来装旧报纸、纸质广告宣传品等，绿色垃圾袋则主要用来装花园里修剪下来的树枝、杂草等园林垃圾。

玻璃制品、纺织品、过期药品、旧电池等则要送到专门的回收垃圾箱，有色玻璃和无色玻璃也要区分开来。而对于淘汰的家具、家电等大件垃圾，环保部门会一年一次上门收取，如果错过了居民就需要自己送到指定垃圾回收点。

（2）生产者承担包装物的处理费

大量循环利用材料的出售每年为比利时政府带来约 1 亿欧元的收入。至于处理这些垃圾的费用，则来自两家垃圾处理公司下属的会员。比利时法律规定：凡是会产生包装物的企业都必须按工业垃圾或生活垃圾加盟上述两家公司，并按照营业额的多少支付相应的垃圾处理费，只有成为会员后其产品的包装上才可印上一个象征统一回收的绿点标志，否则这些垃圾将由生产企业自行负责回收。

（3）罚款

如果居民违反了垃圾分类规定就需要缴纳高额罚款。当回收人员发现有人没有按照规定进行垃圾分类，他们会在垃圾袋上贴一个拒收的标志作为警告，让居民重新对垃圾进行分类。如不改正当事人将面临 60～600 欧元不等的罚款，罚款金额将综合未分类垃圾的体积、是否是"惯犯"等多种因素得出。此外，如果居民在非回收时间提前堆放或非法倾倒垃圾，也会面临数额不等的罚款。每年比利时都有 1000 人左右因为不遵守垃圾分类的规定而受到处罚。

2.8.2　宣传教育

比利时政府大力推广节能知识，让环保理念从家庭垃圾分装开始深入人心。孩子从小就要学会辨认垃圾，学习不同垃圾的处理方法。有调查显示，大约有 95% 的比利时家庭会按照规定自觉进行垃圾分类，家庭垃圾回收率居世界前列（位居第三，仅次于瑞士和芬兰）。

垃圾分类是家庭必修课。在比利时，"回收垃圾，保护环境"已成为国民的共识，"从我做起，提高垃圾的再利用率"变成了人们的自觉行动。公众越来越清楚地认识到：离开了垃圾的科学分类，垃圾减量化、无害化和资源化的实现将无从谈起，分装垃圾是生活中不可或缺的大事之一。

在比利时，垃圾分类教育分层次、有针对性地开展，实现了多角度、全覆盖。以首都布鲁塞尔为例，环保教育主要针对普通民众、学校以及专业人士 3 个不同层次展开，并依据不同受众的需求特点进行个性化的方案设计，做到有的放矢。对于普通市民尤其是新搬到布鲁塞尔居住的人，可以通过预约邀请环境卫生局的团队上门宣讲、预约观看垃圾分类卡通宣传片、免费参观垃圾处理厂等方式加深对垃圾分类方法的认识。针对学校则根据年龄阶段，不断深化对垃圾分类的教育，幼儿园主要是以播放垃圾分类为主题的动画片的方式开展垃圾分类教育；小学主要是以实践的方式开展教育，例如每个学期都会安排老师利用专门时间手把手教学生们如何分类和处理等；而 14 岁以上的学生则会由布鲁塞尔大区环境卫生局组织到垃圾回收、分拣、填埋场进行实地参观学习，增强学生对垃圾分类的敏感性。对于专业人士的教育和培训也是环境卫生局每年的工作重点之一。自 1993 年起，布鲁塞尔大区环境卫生局成立"大区公共卫生学院"，负责对专业人士进行定期或不定期的培训。除此之外，比利时政府还考虑到了初到本国的外国居住者，在其办理居留手续时便会领到一本由市镇或街区印制的《日常垃圾处理手册》，上面详细记载了垃圾分类标准以及不同垃圾的投放时间及处理方式。政府部门在加强教育的同时，还提供了一些便利服务。例如，在比利时首都大区，环卫部门推出手机 App，以方便居民查询每周固定的垃圾回收时间、住处周边垃圾回收桶分布情况，还可以在固定的时间及时提醒用户垃圾回收的时间马上到了，请尽快把垃圾分类打包投放。

2.8.3　精细化的管理与服务

比利时政府制定了精准的垃圾分类标准和要求，垃圾分类共达 11 种之多，其分类标准细致程度在全世界处于领先地位。例如，对于厨余垃圾就分为可生物降解厨余垃圾和难以进行生物降解厨余垃圾两类；而对于玻璃瓶则分为无色玻璃瓶和有色玻璃瓶两类。每年年初，比利时布鲁塞尔、弗拉芒、瓦隆 3 个大区的环卫局会给本区居民免费发放关于垃圾处理的相关通知和宣传小册子，居民可以从中详细地了解自己所居住地区环卫局对垃圾分装的最新要求，以及投放垃圾的时间、地点等信息。

制定严格的收集投放规定。在比利时，除了要求精准分类外，政府部门对垃圾的收集、投放都制定了严格而细致的规定。在垃圾收集方面，为节省空间要将纸箱、纸盒子拆开压平，整齐叠放；包装容器里面不能留有容物残余，果汁、牛奶、啤酒没喝完的要先倒掉，并将容器进行清洗，牛奶盒等还需要将 4 个角展开、压平。对于一件垃圾，如果不同部位分属不同种类，则需要拆分处理。例如，啤酒瓶要将玻璃瓶身和金属瓶盖分开收集。另外为了清晰辨别、方便处理，不同类型的垃圾需要分装到不同颜色的垃圾袋里。例如，黄色袋子用来装纸制品，包括旧报纸、广告宣传品、废旧纸箱等；蓝色袋子用来收集牛奶盒、饮料瓶、易拉罐等塑料、树脂材质的垃圾；绿色的袋子用来盛放花园中割下来的草、修剪掉的树枝、清扫的落叶等园艺垃圾；橙色垃圾袋用来装可生物降解的厨余垃圾；白色垃圾袋用来装其他无法回收的垃圾。不同颜色的垃圾袋居民可在超市购买，每一种都在袋子标有相应的文字和图示来注明垃圾袋的用途。由于垃圾袋颜色不同，到了回收站里进行处理时也相对简单方便。

在垃圾投放方面，对于日常生活垃圾，住公寓住房的居民可以在任何时间将垃圾投放到垃圾收集处，由环卫工人定期前来清运；而住在独栋住宅的居民，则要根据居住地的要求在固定日期，提前将垃圾放置在自家门前的马路边，以便环卫工人清运垃圾。环保部门一般按周收取，每周收一次黄色袋子的纸制品垃圾、一次蓝色袋子的塑料垃圾、两次白色袋子的不可回收垃圾。而对于一些特殊垃圾，要求居民自行送到相应的回收场所。例如，厨房里煎炸食物用剩的食用油、温度计等有害物

品要送到"垃圾集装箱站"，按标识投掷到五颜六色的巨型垃圾箱里；废弃的玻璃
制品必须投放到各居民区专设的玻璃回收筒里，并按照提示把有色和无色的分别从
不同的回收口放进去；废旧家具和电器等大件可回收物品，只能在规定的时间运送
到所属居民区或所属大区规定的回收点，并规定每个家庭每年可以享受 3m³ 的免费
服务，超过 3m³ 部分要按照每立方米 27 欧元的价格收费，如果找公司处理则要按
照每立方米 45 欧元收取处置费用；对于废旧电池，居民必须送到销售电池的商店
（商场）、废旧电池拆解中心或者电池生产公司，也可以让学生送到学校里进行回
收；至于建筑垃圾，更要由居民联系相关机构，按照规定进行清运处理。

2.8.4　完善的回收体系

（1）分类标准精细化

比利时政府制定了精准的垃圾分类标准和要求，垃圾分类共达 11 种之多，其
分类标准细致程度在全世界处于领先地位。

不同种类的垃圾要装在不同颜色的垃圾袋里，再让回收工人和垃圾车一一收
走。例如，书报废纸等纸张装进黄色的垃圾袋，塑料和金属包装罐等小型可回收物
品放在蓝色的垃圾袋里，不能再回收利用的生活垃圾放进普通的白色垃圾袋；如果
发现装袋有误，回收工人可以拒绝运走。对木板和废旧电器等大件物品另有要求，
必须在规定的时间摆放在规定的地点。至于玻璃制品，则放到各居民区专设的玻璃
回收筒里。对废电池的处理也从不马虎，通常可以在较大的超市免费拿到存放废电
池的小纸盒，将它们攒到一定数量可以交回超市。普通垃圾袋所用的各色垃圾袋一
律由居民掏钱购买，凡不遵守规定的违规者一律被处以罚款。

在比利时，回收后的不同类型垃圾也都有各自的去处：白色垃圾袋所装的生活
垃圾会被送到专门的下一级处理厂；绿色垃圾袋则会存放在开放式垃圾场，等待微
生物处理后变成有机肥料重回大自然；黄色或蓝色垃圾袋所装的垃圾则需要进一步
分拣打包，并在制成环保产品后再出售给厂家使用。此外，比利时还鼓励废旧物品
回收再利用。根据垃圾分类法令，相关部门应开设"废旧物品再利用连锁店"，对
回收的衣物、家电、玩具等进行分类、清洗、消毒、修理，然后再低价出售。以衣
物为例，如果是还可以再穿的衣服，则会经过处理后送到二手商店进行销售，或送
到其他欠发达地区。如果不能再穿了，则会被送到专门的回收和再利用工厂制成其
他相关产品。

（2）鼓励废旧物品回收再利用

根据比利时垃圾分类法令规定，相关部门要开设"废旧物品再利用连锁店"，
对回收的衣物、家电、玩具等进行分类、清洗、消毒、修理，然后再低价出售，以
实现废旧物品的再利用。例如，根据标准可以再穿的衣服，会经过处理后送到二手
商店进行销售，或送到其他欠发达地区进行扶贫，以提高再次利用率；无法继续使
用的衣物，会被送到专门的回收和再利用工厂制成其他相关产品。而对于回收后的

不同类型的垃圾也会根据其特质进一步处理。例如，白色垃圾袋所装的生活垃圾会被送到专门的下一级处理厂；绿色垃圾则会存放在开放式垃圾场，等待微生物处理后变成有机肥料重回大自然；黄色或蓝色垃圾袋所装的垃圾经过进一步分拣打包，制成环保产品后再出售给厂家使用。

2.9 新加坡的垃圾分类

2.9.1 垃圾产生及处理现状

在新加坡，生活垃圾是指家庭、商场、食品中心和服务性商业场所等产生的固体废弃物。2011～2016年间，垃圾年产生量由690万吨增加到781万吨（见表2-13），以1.7m的高度计算，足够填满310个足球场[29]。

表2-13　新加坡垃圾产生量及回收率

年份	垃圾处理量 /t	垃圾回收量 /t	垃圾产生量 /t	回收率 /%
2011	2859500	4038800	6898300	59
2012	2933900	4335600	7269500	60
2013	3025600	4825900	7851500	61
2014	3043400	4471100	7514500	60
2015	3023800	4649700	7673500	61
2016	3045200	4769000	7814200	61

1990年新加坡环境部在全国境内开展了一场减少垃圾产出量的运动。经过几年努力使新加坡在人均每日垃圾产出量远远低于世界上其他一些工业化国家。现在新加坡每人每天产生垃圾量为1.1kg。

新加坡政府制定了3项垃圾处理的具体途径，即焚化、再循环、减少垃圾产量。新加坡目前的垃圾再循环利用率已经达到60%。为了减少垃圾的存储量，新加坡用焚化技术来减少垃圾体积。在焚化垃圾的过程中，90%被烧掉的垃圾转换成了电力，只剩下10%的固体垃圾需要填埋。新加坡3%的电力是由垃圾焚烧产生的，大约是新加坡主岛上所有路灯用电量的3倍。新加坡有4座垃圾焚烧厂（大士焚化厂、胜诺哥焚化厂、大士南焚化厂、吉宝西格斯大士垃圾焚化厂），总处理能力达8200t/d。新加坡原有4个填埋场，目前只有圣马高岸外填埋场，主要处理10%左右的原生垃圾和焚烧厂产生的灰烬，处理能力2100t/d左右。该填埋厂有专门检查机构核查所处置的垃圾是否能够焚烧。

2.9.2 垃圾分类的模式

新加坡通过建立完善的管理体系、完备的法规和严格执法、精细化的管理与服务、源头减量与回收利用并举、有效的经济手段、持久的宣传教育等措施推进垃圾分类，显著减少了垃圾量同时提高了回收利用率。

2.9.2.1 建立完善的管理体系

1972 年，新加坡成立了环境部，主要功能是控制、监测新加坡境内的空气污染与水污染；规划、开发、运作一切污水处理设备及项目；固体垃圾处理的设施及项目；向新加坡公民提供一切有关环境、公共卫生设施建设的资讯及服务。

1990 年，新加坡环境部在其下面专门设立了新加坡城市垃圾微量化管理署。1992 年这个署升级为新加坡垃圾微量化部（部级单位）。垃圾微量化部负责整个新加坡垃圾的回收与利用，它与其他国营与私营部门一起研究垃圾微量化的可行性项目。垃圾微量化部主要负责以下一些工作。

① 在企业、商业、事业单位及居民住宅区鼓励、推动垃圾微量化运动及垃圾回收项目。在全新加坡已经建立起 1300 多个垃圾回收中心。

② 指导企业、事业、商业单位及社区的环保教育计划。

③ 成立废旧物资交换中心，方便不同需要者。开辟可回收垃圾的需求市场。

④ 引进国外垃圾微量化管理的先进立法，鼓励公众参与及支持垃圾微量化计划。

2.9.2.2 完备的法规和严格执法

早在 20 世纪 60 年代初新加坡政府便先后制定了一系列环境保护条例和相关标准，最主要的是《环境公共健康法》（1968 年通过）和《环境保护和管理法》，其中直接涉及废弃物管理的主要有《环境公共健康（公共清洁）管理条例》《环境公共健康（有毒工业废弃物）管理条例》《环境公共健康（一般废弃物收集）管理条例》《环境公共健康（强制纠正工作）管理条例》等。其中《一般废弃物收集条例》对固体废弃物的收集发牌、转运和处置进行了详细的规定，条例第三条规定废弃物回收商必须拥有许可牌照；第十四和第十五条规定运送废弃物的车辆必须保证无废液的渗漏，车辆每天轮班过后必须进行清洁和保养，以保持良好的工作状态[30]。

2014 年，修订的《公共环境健康法案》强制性要求所有厂房的所有人、使用者或承租者，提供垃圾统计信息、废物削减计划、最新目标与进展。从 2018 年 8 月 1 日起，实行一般废弃物处理设施证照制度，凡用来接收、储存、加工、处理及回收垃圾的设施均必须有证照[31]。

新加坡政府法规的条文内容详尽，权责规定清晰，具有极强的可操作性。新加坡按照"有法必依、执法必严、严刑峻法"的原则管理社会，在各项环境立法中都有对违法者处以刑事制裁的有关规定。刑事制裁包括罚款、监禁、没收、垃圾虫劳改令及鞭刑。初次乱抛垃圾会被判处 300 新元（相当于 1500 元人民币）的罚款，并可能遭受垃圾虫劳改。有一次案底者可被罚款最高 2000 新加坡元，第 3 次或多次被控的死硬派垃圾虫，可被罚款最高 5000 新加坡元，约合 25000 人民币。《环境公共健康法》第二十条规定任何人在公共场所从汽车上抛掷或倾倒垃圾都构成犯罪，警察或行政长官有权没收所涉车辆。严厉的处罚对破坏环境者有着极强的震慑作用。

但是，新加坡国家环境局在 2018 年还是发出约 3.9 万张乱丢垃圾的罚单，创 9 年来新高。因此，新加坡政府高度重视此问题，于 2019 年采取人力和科技相结合的方式加强监管。在人力方面，国家环境局执法人员会到随意乱丢垃圾的热点地区巡逻执法；在科技应用方面，增设了高空电子眼，采用摄像机和视频分析等高科技手段，加强执法能力与效率。

2.9.2.3　源头减量与回收利用并举

（1）源头减量

新加坡综合固体垃圾管理系统主要从两方面着力：减少垃圾的产生和废物回收。新加坡国家环境局的网站显示，新加坡以"零垃圾国家"为目标，从源头上控制垃圾，并努力实现垃圾的重复利用和回收，给予垃圾第二次生命。从源头控制垃圾方面，最有名的就是一项由新加坡政府、工业企业和非政府组织联合发起签署的"自愿包装协议"，包装垃圾大约占到了新加坡生活垃圾重量的 1/3，协议的目的是通过重新设计包装和再循环，减少产品包装垃圾。根据协议，签署协议的公司，包括产品制造商、零售商、批发商等，要自发制定减少包装数量的标准。第一份协议于 2007 年签署，5 年有效期过后，多方机构又在 2012 年签署了第二份协议。截至 2017 年，受益于协议的签署，全国共减少了 39000t 包装垃圾，节约了 9300 万新加坡元（约合 3.7 亿元人民币）的支出。

（2）最大限度地进行垃圾循环处理

新加坡国家环境局不断推广社区和工业废物循环利用，在生活区域内置放分类垃圾桶，把可以回收再利用的废品进行分类。对那些明显可以分类的废旧品（如报纸、饮料罐等），每个居民楼下都设置有专门的分类垃圾桶，用户可以把这些东西按照类别投放到不同的桶内，然后由专业公司回收。在新加坡，是不允许私人到垃圾桶里翻捡垃圾的。各家的废弃物（如报纸、饮料罐等）可以自行卖到废品回收站，但是一旦扔到了垃圾桶里，就不再属于私人物品（废品也不行），只能由专业公司来回收处理。私人翻捡垃圾桶属于违法行为。

新加坡的垃圾分类是由垃圾专业收集公司和回收公司来完成的。2001 年，新加坡的垃圾收集开始全面私有化。现在全国共有近 400 家生活垃圾收集商和大型工业垃圾收集商。他们都需要领到政府发放的许可证才有经营资格。企业可以自由选择垃圾收集商。每天，垃圾收集商到商业区和居民区将垃圾收走，运到建在郊区或工业区的工厂，将垃圾分类。不能回收的垃圾，就运到垃圾焚烧厂焚化。从 1999 年开始，垃圾处理公司开始尽可能回收一切可回收的物品，例如玻璃、塑料、电器、易拉罐，甚至混凝土等，那些回收不了的垃圾将被焚烧处理。新加坡政府提出的垃圾回收目标，是希望到 2030 年实现 70% 的垃圾可回收。当然，最重要的是要减少垃圾的产生。新加坡有关部门还与制造商和零售商研讨如何减少制造产品所需要的材料和包装，以及设计更好的环保产品，从而在源头上抑制垃圾数量的增长。

2.9.2.4 有效的经济手段

新加坡自 1965 年建国以来就实行垃圾收费制度。所有的垃圾收运公司都委托新加坡能源有限公司向居民和商铺收取垃圾收运费，并将垃圾处理费纳入水、电费中一并缴纳，不交不供电，然后再支付给垃圾收集商。垃圾处理的收费标准按居民用户住宅面积的不同，对商家则按照每日垃圾量大小的不同，确定收费标准。垃圾收集商分类回收后，将不能再回收的垃圾运去垃圾焚化厂，然后以每吨 80 新加坡元左右的价格缴纳垃圾焚化处理费。这种运营模式，有效地保证了垃圾处理费的收缴，同时也保证了垃圾焚化厂的正常运营和投资回收。

新加坡非公共领域（主要是工业企业和大型的商业机构，如大型商场、购物中心等）的垃圾收运和处置一直处于接受市场专业服务并支付有关费用。

公共领域垃圾的收运和处置在 1996 年前主要是政府的公用事业局负责收费并处置。1996 年后，新加坡实行垃圾收运市场化改革，国家环境局将下属的专业队伍改组为企业。根据规定，企业没有资格直接对垃圾产生者收费，而是由政府负责收费再向该企业转移支付。

新加坡的废弃物回收产业自建国初期的政企合作、公私合营转变为现在的全面市场化，以"谁污染谁付费"为基本原则，通过市场的力量激励废弃物回收产业的健康发展。

新加坡政府还针对从事废弃物回收及再循环的组织机构设置了一系列的基金和奖励计划，其中包括"3R"基金、可持续发展创新基金、清洁发展机制资助、节能设备与技术激励方案和节能技术津贴等，以此来推动废弃物的回收和再利用。以"3R"基金为例，"3R"基金是一个金额 800 万新加坡元的配套资金计划，旨在鼓励各组织开展减少废物和回收利用项目。新加坡的任何组织，包括公司、非营利组织、市议会、学校、机关、业主和行业协会都可以申请。申请成功的项目可以得到总成本的 80% 的基金援助。

2.9.2.5 持久的宣传教育

重视垃圾分类宣传教育，注重从娃娃抓起。新加坡教育部规定从小学就要设置垃圾分类相关课程，学习并遵从"3R"原则，减少垃圾的产生，一些学校还将垃圾分类作为新生入学的第一堂课。垃圾回收企业也会按照政府要求，在垃圾分类的宣传教育中起到不可小觑的作用，例如通过印制发放环保宣传单和一些环保用品的方式向民众宣传垃圾分类，为所在社区、学校开展环保教育、学生上门回收旧报纸等活动提供经费。他们还会积极参加大型的社区活动，现场直接收购居民送来的报纸、易拉罐等可回收物品，并支付现金或礼品。为了提高社区和居民参与垃圾分类的积极性和主动性，垃圾回收企业还会在所在辖区开展评选活动，对可回收率排名前 15 名的社区进行奖励，减免其 1 个月的垃圾回收费。此外，留学生来新加坡的第一堂课也是"垃圾的分类"。

新加坡国家环境局和公用事业局都下设有 3P 网络署，专门负责整合和加强人民群众、私人企业和公共机构之间的广泛合作，进行环保计划的教育和推广，提高公众的环境意识。新加坡环境局采取了一系列措施：针对学龄前儿童组织编著了名为《同格林船长唱歌》的系列环保漫画和儿童歌曲；推广环保童装；组织幼儿环保舞蹈比赛和工艺美术品比赛等。寓教于乐，从小培养孩子的环保意识。环保教育是学校课程的重要组成部分，政府鼓励每所学校至少成立一个环境保护俱乐部。新加坡的环境教育做到了全民教育和长期教育。新加坡政府先后出台了一系列环保政策和公众环境教育活动。如"再循环计划"提出"3R"方针，号召居民减少垃圾的产生，注意废物的循环和再利用；"无垃圾行动"则推出无垃圾标志，告诫公民有责任保持环境清洁，培养大家的环保意识；"为什么浪费？塑料袋？选择环保袋！"活动则推动超市塑料袋的减量化，引起强烈反响，最终每月的第一个周三被定为"自备购物袋日"。2010 年 9 月 4 日，新加坡举行了 2010 回收周运动，宣传和推进废弃物回收和再生利用，并首次对支持和促进回收事业的组织和个人颁发了国家级奖励——"3R"年度成就奖。

2.10　韩国的垃圾分类

2.10.1　垃圾产生及处理现状

1964 年，韩国人均垃圾排放量是 1.18kg/d。1980 年开始，韩国垃圾产量急剧增加，2005 年韩国食物垃圾达 550 万吨，人均年排放量为 187.2kg，2009 年人均排放量为 390kg。首尔市人口约 1042 万，下设 25 个行政区。2008 年，生活垃圾平均日产生量约 11525t，食物垃圾约 3350t（家庭占 2094t，餐饮食堂占 1256t），人均日产生垃圾约 1.1kg。

在处理方式上，韩国生活垃圾填埋量直线下降，而再利用量则直线上升，焚烧量也在稳步上升。1994 年，垃圾填埋量占总产生量的 81%，占绝对主导地位，再利用量只占总产生量的 15%，而焚烧量仅仅占 4%；而到 2008 年，垃圾处理方式发生了根本的变化，再利用量已经占到垃圾总量的 60%，而填埋量和焚烧量则各占 20%。每年处理厨余垃圾的花费高达 8000 亿韩元。

2.10.2　垃圾分类模式

韩国生活垃圾主要分 5 类：食物垃圾、一般垃圾、可回收垃圾、大型废弃物品

和危险垃圾，如图 2-31 所示。其中食物垃圾和普通生活垃圾需要使用指定的垃圾
袋，这种专用垃圾袋的售价包含了垃圾收集、运输及处理费用，因此要比一般的塑
料袋贵很多。可回收垃圾细分为金属、废纸、玻璃、塑料等[32, 33]，如表 2-14 所列。

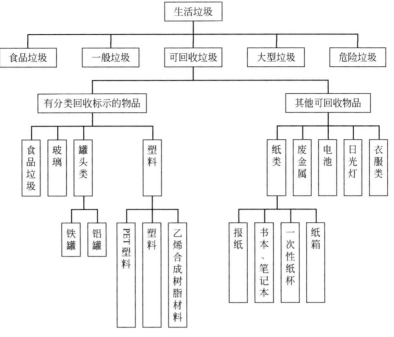

图 2-31　韩国垃圾分类类别

表 2-14　韩国可回收垃圾分类类别

类别	项目
1. 纸制品类	报纸
	图书、笔记本、纸袋、日历、包装纸
	纸杯、包裹
	纸箱（零食箱、行李箱等）
2. 罐类	钢罐、铝罐（例如食物、饮料类的罐子）
	其他罐子（煤气罐、杀虫剂罐子等）
3. 瓶类	水瓶、其他瓶子
4. 金属	废铁（工程用具、金属丝、钉子、铁板等）
	有色金属（镍银、苯乙烯、电线等）
5. 塑料类（包括聚乙烯制品）	水果盒等
PETE（低黏度再生聚乙烯对苯二甲酸酯）	饮料瓶（可乐、苏打水、果汁瓶等）、水瓶、调味瓶、油瓶
HDPE（高浓度聚乙烯）	水瓶、洗发剂和洗涤剂瓶、白酒瓶

续表

类别	项目
LDPE（低浓度聚乙烯）	牛奶瓶、米酒瓶
PP（聚丙烯）	箱子（啤酒、可乐、烧酒箱子等）、垃圾桶、畚箕水葫芦瓢
PS（聚苯乙烯）	酸奶瓶等
6. 纺织品类	棉花
	其他衣物类
7. 其他	各地区专门规定的可回收垃圾

据英国独立研究咨询机构优诺米亚（Eunomia）的统计，2018年世界垃圾回收成绩最好的3个国家分别是德国、奥地利和韩国。多年来，韩国通过不断地完善生活垃圾管理体系、垃圾分类法规、监管体系，建立有效的经济手段和持久的宣传教育才取得如此佳绩。

2.10.2.1　完善的管理体系

韩国的垃圾管理部门从上至下依次分为：环境部、特别市、广域市和道等跨越地方政府以及市、郡和区。各层级管理机构的主要职责如下。

① 环境部的主要职责。对废弃物处理技术研究、开发和支持；为地方政府履行职责实施技术性和财政性支援；对跨越地方政府之间的废弃物处理事业进行调整。其中，环境部资源循环局的废物资源管理科负责生活垃圾的收集和运输等，废物资源能源小组负责生活垃圾填埋和焚烧设施的管理。

② 特别市、广域市和道等跨地方政府的主要职责。给予基层地方政府技术性和财政性支援；对其管辖范围内的废弃物处理事业进行调整。例如，首尔特别市内部的具体机构为清洁环境局的生活环境计划科，负责生活垃圾的收集、运输、填埋及焚烧的管理。

③ 市、郡、区的主要职责。为适当处理垃圾，设置和运营废弃物处理设施；在改善废弃物的收集、运输和处理方法的同时提高居民和事业者的清洁意识，抑制废弃物的产生[34]。

2.10.2.2　完善的法规

韩国垃圾分类的法规体系包括法律、行政条例、部门规章、地方行政法规等，如图2-32所示。

1986年12月31日，韩国政府出台了《废弃物管理法》，该法从1987年4月1日开始实施，一直使用至2007年12月21日，期间修改过30次。

1992年，颁布《关于节约资源及促进再利用的法律》。

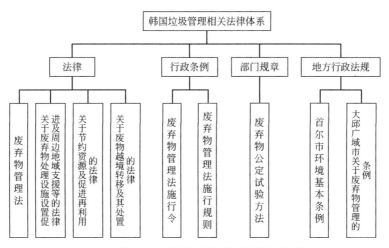

图 2-32　韩国垃圾管理相关法律体系

1992 年，颁布《关于废物越境转移及其处置的法律》。

1993 年，韩国推行垃圾分类制度。

1995 年，颁布《关于废弃物处理设施设置促进及周边地域支援等的法律》。

1995 年 8 月 4 日，修订《废弃物管理法》，根据排放源的不同，将废弃物分为生活垃圾和生产垃圾，改变过去将废弃物总类分为普通垃圾和特定垃圾的分类方法。并且为了有效地推进生活垃圾减量政策，推行生活垃圾按量付费制度。

1999 年，韩国政府颁布《资源节约与促进资源再利用法》，倡导全国各大百货商店和大中型超市有偿提供塑料袋和纸质购物袋。

2012 年，对《废弃物管理法》做出了"按量付费"的调整。新法案实施以来食物垃圾年处理费用节约了 20%，约 1600 亿韩元。

2.10.2.3　完善的监管体系

为严格落实垃圾分类制度，韩国设立了多方位的监管体系。首先，韩国警察会参与到管理垃圾回收与垃圾桶的工作中；其次，环卫人员在回收垃圾时会对垃圾袋进行检查；再次，小区的垃圾投放处都会安装监控摄像头，如被摄像头拍摄到违规投放垃圾也会受到处罚；最后，韩国自 2000 年开始实施垃圾违法投放举报奖金制度，即对于举报违法投放垃圾的举报人给予一定的奖金鼓励。居民互相监督的方式有效减少了垃圾违规投放的行为 [35]。

2.10.2.4　有效的经济手段

韩国在推进垃圾分类过程中，探索出按量按类别对垃圾收费、罚款、奖励举报者等有效促进垃圾分类的经济手段。

（1）垃圾收费制度

《废弃物管理法》中运用专项条款对垃圾的收费原则和收费标准做了规定。其所规定的收费原则是排污者付费原则；其所规定的收费标准是按量收费。1994 年 4

月，韩国政府开始在部分地区实施按垃圾投放量的多少差额收费，次年在全国范围铺开。仅4年时间韩国生活垃圾排放量就减少了23%，与此同时可再生利用的垃圾投放量大幅增长74%，在督促人们养成垃圾分类习惯、促进可再生垃圾循环使用方面取得了显著成果。20世纪90年代初韩国每天每人的生活垃圾排放量约为2.3kg，实施计量制后人均生活垃圾排放量骤降至1kg左右，直至今日长期维持在这一水平。

垃圾按量收费是采取购买标准化垃圾袋的方法。垃圾袋的售价约为垃圾处理成本的30%。所有的垃圾排放者都必须购买环保型塑料袋，垃圾只能是装在特定的塑料袋内投放，将购买垃圾袋的费用用于垃圾的分类收集、运输和处理的全过程。

韩国对垃圾收费标准做了十分详细的规定，不同种类的垃圾收费标准不同，而且针对不同种类的生活垃圾采用收费方式也有所不同的。对可回收垃圾一般不收费，只需按照规定将垃圾放置在指定地点即可。对大型废弃物规定专门的收集流程：第一步居民必须将其所要丢弃的大型废弃物上报其所在区域的管辖单位；管辖单位收到上报通知后，通知专门工作人员上门检查，根据其标准检查后贴上标签；最后根据体积大小缴纳费用，由专门工作人员回收。

韩国从2005年起实行厨余垃圾和一般垃圾分类处理。食物垃圾和一般生活垃圾要使用垃圾袋进行收集，其中食物垃圾必须使用可降解的垃圾袋。2010年，一些地方开始对食物垃圾按量收费，盛放厨余垃圾的垃圾袋需居民自行购买，购买垃圾袋的费用即为垃圾处理费用。不少家庭主妇为节省垃圾处理费，会先把垃圾中的水漏干，再放入袋中。韩国厨余垃圾排放量非常大，每年处理厨余垃圾的花费高达8000亿韩元（约合7.9亿美元）。

最后，对于不可回收的一般生活垃圾，设计了从5L到100L不同容量和不同价格的垃圾袋供居民选择。

韩国在不同的地区对于垃圾的收费标准也是不同的。韩国采取的是出售垃圾袋的方式进行收费作为垃圾处理的费用。各地方的垃圾袋价格和大小都各不相同。由于不同地区的经济社会发展状况不同，垃圾现状有所差异，所以不同区域采用的收费标准是不同，即由各地政府根据具体情况制定各自管辖区域垃圾袋的价格和大小。例如，首尔钟路区20L容量的生活垃圾袋售价为490韩元（约合3元人民币）。由于韩国的垃圾袋单价较高，有的居民为逃避购买垃圾袋的义务，就会到其他区域随意乱扔垃圾。为了防止这种情况的出现，制度设计者也制定了巧妙的措施，将不同区域的垃圾袋用不同颜色区分，有效地防止了跨区域乱丢垃圾现象的发生。

韩国的按量收费制度是通过给予排放者经济上的负担，增加排污成本从而达到垃圾减量化。对不同种类的生活垃圾采取不同的收费标准，调动居民对生活垃圾分类投放的积极性，促进生活垃圾的分类回收。韩国的垃圾计量收费制从1995年实施以来，垃圾的日排放量明显减少；垃圾的再利用率逐渐升高，垃圾计量收费制对垃圾的减量化、资源化产生了明显的效果。

（2）罚款

韩国垃圾管理法律的特点之一就是对违法行为的处罚力度强，其中对于不进行垃圾分类回收的主体设置高额的罚款。对于违法投放垃圾的居民甚至会给与相当于折合人民币几千元的罚款处罚；对于垃圾不分类投放者法律规定处以罚金，并且罚金数额逐次递增。高额的罚款制度与累加递增罚款制度，双管齐下保证了城市生活垃圾分类的有效运行。例如，若没有使用规定的袋子或不按规定时间扔垃圾，居民将被处以 10 万～ 100 万韩元（约合 600 ～ 6000 元人民币）不等的罚款。

（3）奖励举报者

从 2000 年开始，韩国设立并实施了有奖举报制度。法律及地方政府规定的条例对于奖金的数额、支付方式及奖金的资金来源等都作了明确规定。第一年，举报数为 37018 个，其中对 21885 个违法投放垃圾事件惩罚了 16 亿韩元，实际征收金额为 9.7 亿韩元，相当于当年应收罚款的 59%；并且对其中的 17704 个，支付举报人 5.6 亿韩元的奖金。从 2000 年到 2004 年举报人数逐年增多，2004 年达到峰值，居民举报高达 59000 个，惩罚金额高达 26 亿韩元，支付举报奖金 11 亿多韩元。此后到 2007 年举报数目一直保持减少的状态。举报数目的多少至少能够从侧面反映出垃圾违法投放行为呈现出的减少趋势 [36]。由此可见，该制度有效地减少了垃圾违法投放行为。

2.10.2.5　宣传教育

（1）重视环保教育基地建设

例如，首尔市麻浦区焚烧厂和首都圈填埋场均配套建设了环保教育的宣传馆，并有专人负责宣传讲解有关垃圾处理概况、垃圾减量、资源回收利用等科普知识、让公众对垃圾形成全面认识。

（2）重视孩子的环保素质培养

例如，首尔市将垃圾减量和分类等知识纳入环保教育的基础课程。通过中小学生"小手牵大手"的作用，将垃圾分类带回家庭，影响家长。

（3）重视责任宣传

在推行垃圾分类之初，各种新闻媒体定时播放公益广告，几乎是天天讲、月月讲、年年讲、政府讲、市民讲，同时对违法者进行媒体曝光并进行处罚。通过宣传教育与处罚相结合，参与垃圾分类的责任意识已深入民心，已成为市民生活中的自觉行动。

2.11　发达国家垃圾分类的经验与启示

2.11.1　经验

以上发达国家推进垃圾分类的过程和效果表明以下 2 点。

① 垃圾分类需要结合自身实际，设定科学的垃圾分类目标，而不仅仅是分类

本身。

② 垃圾分类模式一定要适合自身实际，不可盲目照抄照搬。

2.11.1.1 垃圾分类的目标

各发达国家都先后不遗余力地开展垃圾分类，尽管各国的目的、目标不尽相同，但就从代表世界垃圾处理最高水平的瑞典、挪威等北欧国家的现状和发展目标来看，垃圾分类的最高目标或最高水平如下所列。

① 人均生活垃圾产生量减少，在人均收入达到较高水平时，人均生活垃圾产生量较低，目前世界发达国家中，日本人均垃圾生产量最低，每年只有336kg。

② 循环利用率很高，目前世界生活垃圾循环利用率最高的是德国，为65%。

③ "零填埋"，德国、瑞典、挪威等国已经实现。

④ 技术先进，投资和成本的可接受，目前德国的循环利用技术最先进、投资和成本可接受，瑞典、挪威等北欧国家的收运、处理技术最先进、投资和成本可接受。

⑤ 通过垃圾分类，实现从末端处理转向源头治理的倒金字塔的垃圾管理原则（见图2-33），进而真正实现垃圾的全过程管理。

⑥ 提高每吨垃圾的处理费用，确保垃圾投放、暂存、收运、处理、资源化等全过程不产生二次污染。

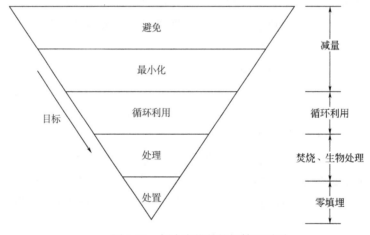

图 2-33　倒金字塔的垃圾管理原则

2.11.1.2 垃圾分类水平

美国、德国、日本与法国的生活垃圾循环利用率分别为35%、66%、21%和40%，日本的循环利用率最低，仅为德国的1/3。但日本的人均垃圾产生量只有德国的2/3。美国、英国还有很大比例的垃圾采用填埋的方式处理。北欧国家的垃圾循环利用率不到40%。

据德国联邦环境局统计，2015年德国产生约300万吨塑料包装垃圾，其中半数通过焚烧处理。而根据于 2019 年生效的《德国包装法》，到 2022 年，塑料包装垃圾的回收利用率应从当前的 36% 提高到 63%。

总体来说，德国垃圾分类水平最高，其次是瑞典、挪威等北欧国家，再次是美国、日本、英国等。

2.11.1.3　垃圾分类需要因地制宜

垃圾分类的因地制宜分 2 个层面：a. 空间层面；b. 时间层面。

（1）空间层面

英国垃圾分类是为应对欧盟的要求，日本垃圾分类是为了减少二噁英的排放。日本通过精细的投放实现分类，德国通过经济手段实现循环利用，美国采取投放粗分的方式，可见垃圾分类需要根据自身所处的实际确定适合自身的目标，并采用适合自身的科学方法。

（2）时间层面

发达国家的垃圾分类都经历了 30 年以上的时间（德国用了 40 年，日本用了 27 年，瑞典用了一代人的时间），在这么长的时间内，人们的观念、技术水平、设备等都在不断变化，需要根据实际变化，不断调整推进垃圾分类策略和方式，分阶段推进和不断改进完善垃圾分类。

例如，日本垃圾处理经历了"末端处理→源头分类→回收利用→循环资源"的渐进式演进脉络，反映了日本对"垃圾"的认识由"废物"向"资源"的转变过程。日本垃圾处理大概分为以下几个阶段。

① 20 世纪 70 年代以前为"起源：末端处理"阶段。20 世纪 50 年代，日本的经济发展一度达到顶峰，在"冲刺型"的生产和无节制的消费作用下，大量垃圾随之产生。普遍采取焚烧、填埋的方式处理各类垃圾，既没有对垃圾进行分类，也不考虑再生利用的问题。直到 20 世纪 60 年代，积累了多年的环境公害问题终于全面爆发，发生的多起"邻避"运动和"反公害"运动促使日本政府反思现行的垃圾处理政策，并逐渐意识到垃圾"末端处理"方式的缺陷。于是，着手调整和完善垃圾处理法规，改变垃圾处理方式。

② 20 世纪 70 ～ 80 年代为"回归：源头分类"阶段。20 世纪 80 年代，日本社会的经济环境发生了重大转折，随之带来了消费观念的转变，家用电器、日常用品、物品包装等被废弃后成了新型垃圾，垃圾"多元化"推进了垃圾管理模式的转型与变革。日本政府自此改变了末端处理的方式，将重心转移到源头治理，从垃圾产生时起即进行分类，由此明显提升了垃圾的消化分解量，减轻了末端处理的压力。同时，针对焚烧方式带来的大气环境污染问题，日本政府积极开发环保型焚烧技术，大力控制环境污染。严格的垃圾分类和焚烧技术的提高，不仅大大地减少了垃圾焚烧产生的有毒气体，而且增强了焚烧处理能力。

③ 20 世纪 90 年代为"进化：回收利用"阶段。此阶段日本垃圾最终填埋场，

依然严重紧缺，因为尽管垃圾最终处理率有较大的下降，但绝对数依然巨大。进入20世纪90年代，告别了"泡沫经济"时代，回顾当初浪费资源的发展模式，日本政府开始更加重视垃圾的回收与处理，率先在政府层面制定相关的法律法规，从行政手段上加强宏观经济调控，建立和完善垃圾回收体系，提高垃圾的回收利用率。1999年《环境白皮书》明确表示：日本不能满足于已取得的垃圾循环利用成效，必须最大限度地循环利用垃圾中的有用部分，节约资源，减轻环境负荷，全力建设循环型社会，以实现可持续发展。

④ 2000年至今为"进化：循环资源"阶段。21世纪的全球化变革，为世界各国带来了机遇和挑战。作为自然资源极不丰富、国土资源相当有限的国家，日本政府以节约资源、再生利用为经济社会的发展目标，通过发展循环经济应对挑战，对垃圾分类的管理进入全新的循环再生阶段，成为全球资源再生利用的表率。通过对垃圾的精细分类，采取有针对性的手段进行资源化处理，降低垃圾的废弃率，提升垃圾的再生率，循环再利用成效显著，资源回收率从2000年的14.3%上升至2017年的20.2%。2018年，日本发布了《第四次循环型社会形成推进基本计划》，明确了改进工作的具体举措，提出2020年循环利用率19%的发展目标[37]。日本之所以提出这一目标，是因为日本塑料、纸张等固体废弃物的本国回收率不足50%。2017年，日本废塑料的出口量是143万吨，其中52%销往中国。日本生活垃圾的回收利用其实是有回收无利用的，回收是回收了，但收来的垃圾不是焚烧就是填埋，并且很长一段时间回收来的资源垃圾大部分都出口到了中国，日本是仅次于美国的第二大垃圾出口国。自2018年，中国禁止进口"洋垃圾"以来，加之东南亚诸国也加强了对废塑料的进口限制，现在日本政府在探索如何真正通过循环经济来就地资源化处理垃圾。针对循环型社会的构建进程，设立了以下3个定量考核指标。

① "入口指标"　资源生产性 = GDP/天然资源投入量，2020年的目标值为46万日元/吨（2010年37.4万日元/吨）。

② "循环指标"　循环利用率 = 循环利用量/（循环利用量 + 天然资源投入量），2020年的目标值为19%（2010年15.3%）。

③ "出口指标"　最终处分量 = 最终填埋量，2020年的目标值为1700万吨/年（2010年1900万吨/年）。

2.11.1.4　垃圾分类的典型模式

（1）垃圾分类模式

卢垚[38]将发达国家的垃圾分类分为3种模式。

① 以美国为代表的生活垃圾"源头初步分类，处置厂适度分选"模式。该模式下的生活垃圾分类相对简单，即源头产生垃圾部门只是初步分类分拣，然后垃圾被运到处置厂进行适度分选，整个分类的精细化水平一般。之所以形成这种分类模

式,与美国的资源、人口和经济发展模式高度相关。美国是高消费、高排放的经济发达国家,同时地域宽广、资源丰富、人口结构多元,在产生大量垃圾的同时,推行高水平垃圾分类的动力相对不足。以美国纽约市为例,每年制造垃圾 2400 万吨,一半来自居民的生活垃圾,每个纽约人平均每天产生垃圾 5 磅(约 4.5 千克),是日本和很多欧洲国家居民每天丢弃垃圾的 2 倍。在源头部门初步分类之后,纽约市的垃圾不在市域内处理,而是由铁路或船运送至弗吉尼亚州、新泽西州、宾夕法尼亚州和纽约州北部的垃圾处理厂,进入最终处理环节。与此分类模式相适应,美国的最终垃圾处理多采用填埋方式。美国地广人稀,因为垃圾有地可埋,填埋成本比较低廉,比起投资几十亿美元建垃圾焚烧发电厂,自然更愿意选择填埋。美国超过 63.5% 的垃圾被填埋处理,仅有 15% 的生活垃圾进行焚烧。

② 以德国、瑞典、英国、法国为代表的生活垃圾“源头适度分类,处置厂精细分选”模式。该种模式中生活垃圾分类相对细致,即在源头部门便进行相对细致的分类,到处置环节进行精挑细选,能够资源化利用的生活垃圾得到较充分回收利用。在这种模式中,每一大类生活垃圾在源头部门就进行相对详细分类。例如,在德国柏林,针对可回收垃圾就有蓝色、绿色、黄色和灰色 4 种颜色的垃圾桶。蓝色垃圾桶放可回收利用的纸类,绿色垃圾桶放玻璃制品,黄色垃圾桶放塑料包装,金属垃圾和日常废旧塑料等,灰色垃圾桶放有机垃圾。这种分类模式的形成,与这些国家和地区的资源禀赋、文明理念和发展模式等息息相关。与美国的高消费、高排放不同,这些国家和地区尽管也经济发达,但是由于资源和土地相对有限,生态环保和资源循环利用理念深入人心,加之群众文明素质较高,逐步形成了这种较为精细的垃圾分类模式。与这种分类模式相匹配的是,经过资源回收后的终端处理环节也非常严格,确保垃圾分类管理的成效一以贯之。例如在德国,为了使垃圾的处理与环境相容,德国对垃圾处理的技术选择做了严格规定,在源头控制和分类回收利用后,首先采取的是堆肥(生化)技术,其次是焚烧技术,最后才是卫生填埋垃圾。

③ 日本所代表的生活垃圾“源头精细分类、全流程高质量处置”模式。该模式特点在于,生活垃圾分类的全流程中各个环节都是精细化的,核心思路不是产生大量垃圾后焚毁它,而是尽一切可能变废为宝,尽量少产生垃圾,最终需要处理的垃圾能够得到高水平处置。正是由于实施这种模式,日本被公认为世界上垃圾分类最成功的国家。日本的垃圾分类在源头产生部门便非常精细。以东京为例,其 23 个特别区每个区的政府官网上都附有垃圾分类表,按照一定顺序对垃圾进行逐一分类,总共可分为 15 大类,分别是容器包装塑料类、可燃垃圾、金属陶器玻璃类垃圾、粗大垃圾、罐装类、瓶装类、打印机墨盒类、摩托车类、废纸、干电池、喷雾器罐、液化氧气罐、白色托盘、塑料瓶和不可回收类,对每一类垃圾都有详细的处理要求。日本近乎苛刻的垃圾分类管理模式,与日本面临的资源环境压力有很大关系,同时也与日本社会的高度动员能力紧密相关。20 世纪 90 年代末,日本政府更

是提出了构建循环经济的思路，为本已精细分类的生活垃圾管理工作提供了更加有力的支撑，这也保证了日本成为全世界资源循环利用率最高的国家。在这种模式中，生活垃圾不仅分类精细，回收运输也有精细化要求。日本的生活垃圾回收有严格的时间规定，住宅区管理人员给市民发放的日历中都有明确的标记。例如，东京新宿区在周二和周五是可燃垃圾的投放回收日，周四和周六分别为可回收垃圾和金属陶器玻璃类垃圾的投放日，而且必须在当天上午 8 点前投放，其他日期和时间不可回收。另外，不同种类的生活垃圾使用不同的专用垃圾车进行运输。在每天规定时间里，各种垃圾清理车会沿居民区收集垃圾，用高压水枪冲洗干净，再将垃圾运往垃圾处理厂。值得一提的是，正是因为实施这种高度精细的生活垃圾分类模式，日本的终端垃圾处置质量效果非常好，一方面，大部分生活垃圾变废为宝，通过循环利用又变成宝贵的资源；另一方面，由于分类质量高，最终进入末端处置环节的垃圾纯度也非常高（杂质特别少）。因此，日本的垃圾焚烧质量相当好，焚烧后产生的有害物质非常少，环境质量能够得到绝对保证。以日本东京市为例，由于有了这种焚烧质量保证，东京 23 个特别区（相当于上海的中心城区）中，21 个区内都有垃圾焚烧厂，而且就置于闹市区之中，很多垃圾焚烧厂周围不乏高端住宅区和商业区。除了高质量焚烧垃圾之外，这种中心城区的垃圾焚烧厂往往还能够成为所在区域的热能和电能供应的能源中心，同时由于就在市民工作生活区域附近，既减少了垃圾转运成本（很多社区产生的生活垃圾被直接拉到就近焚烧厂，无需中转转运），也能对民众强化垃圾分类意识起到一定的警示与教育意义。

陈晓珍等[39] 也将发达国家的垃圾分类分为 3 种模式。

① 美国的做法——实施"4R"[Reduce（减量）、Reuse（复用）、Recycle（再生）和 Replace（回收）] 基本原则、减少源头污染。

② 德国的做法——秉承"减量和再生"理念、强化制度执行。

③ 日本的做法——垃圾分类严格、重视教育普及。

笔者认为发达国家的垃圾分类模式可分为 4 种。

① 以美国为代表的粗放型分类：分为可回收物和其他垃圾。这种模式成本低，适合国土面积大的国家。

② 以日本为代表的精细型分类方式：适合国土面积小，国民素质很高的国家。

③ 以德国为代表的循环利用的分类模式：适用于国土面积小，经济发达，国民严谨、素质高的国家。

④ 北欧模式：高焚烧率、零填埋，适合焚烧技术先进、焚烧能力超出垃圾产生量。

（2）美国模式与日本模式的对比分析

如图 2-34 所示，日本的垃圾分类采取的是投放时进行精细分类的做法，由于分类的责任落实到家庭，若想做好分类工作，家庭的每位成员都需要花费 10min 进行分类，家庭主妇更是要花费 0.5h 以上对分类好的垃圾进行检查和分包处理，体现了日本国民良好的素质。另外，过于细致的分类会造成运输成本的大幅提升。分类类别的增加，需要更多种类的清运车辆、更高的清运频次作为支撑，这些都会增加清运成本。而清运成本在垃圾处理费用中本就占很大比重。以 2018 年 6 月汇率，将日元折算为人民币，收费部分折算为吨处理费约为 369.75 元，总吨处理费约为 2853.63 元。细化生活垃圾分类类会增强减量化效果。资源类生活垃圾分类数每增加 1 类，人均排放量则下降 0.5%。生活垃圾分类数每增加 1 类，人均排放量则下降 1%～2%。通常，商业都市和工业都市生活垃圾分类数为 11 类时，其减量化效果最佳，整体上生活垃圾分类数为 4 类左右，其减量化效果最佳。

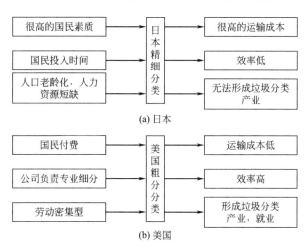

图 2-34　美国"粗分"与日本"细分"的对比

在美国，居民投放垃圾时采取粗分的方式，民众只需要把垃圾粗略分为几类，然后由专门的垃圾处理从业者进行进一步的分类，这样效率更高，分拣也更精确。而这种劳动密集型产业，实际上也创造了一个产业和新的就业机会。在日本，由于老龄化使得人力资源高度短缺，这种垃圾分拣工作也许并不经济。

在中国，这种垃圾资源回收处理实际上为许多人群提供了一份工作和重要的生活收入来源。当然，问题是他们身处的环境也许并不安全，这就需要后端的垃圾分类回收处理的业内建立一套较为完善的安全标准来保障他们的安全。

广西壮族自治区有大量劳动力，而且现阶段国民文化素质普遍达不到发达国家水准，采取美国的投放时粗分的方式比较合适。

（3）日本、德国、瑞士垃圾回收模式和收费制度的对比分析

1）回收模式

吕君等[40]等将日本、德国、瑞士 3 个国家的生活垃圾回收模式，分别总结如下。

① 日本焚烧为主的回收模式。焚烧是日本最主要的生活垃圾处理方式。垃圾焚烧技术可有效减少垃圾容量 75% 以上，并且占地面积少，不易造成污水渗透等污染。焚烧垃圾产生的热量还可进行供热和发电等二次利用。日本生活垃圾经焚烧以

后，大多数是回收出售，进入市场重新估价交易，直接填埋率非常小。日本生活垃圾，尤其是大型生活垃圾多数都能进入新一轮循环过程进行回收再利用，如表 2-15 所列。

表 2-15　日本生活垃圾回收流程

垃圾种类	家庭产生的垃圾	可燃性垃圾	大型垃圾
垃圾处理	各种罐、壶、桶及瓶子送到资源中心，根据不同性质分拣，部分垃圾送入燃烧炉，残渣填埋	直接送入燃烧炉，燃烧灰与残渣一同填埋	破碎处理后，有价值的垃圾出售，其余的焚烧填埋
后续利用	实现销售收入	燃烧产生的热量转化成的电能用于供电、焚化、污水处理	二手市场

② 德国产业化的回收模式。德国倾向于将垃圾处理产业化，专业化的回收系统大大提高了生活废弃物回收利用的效率。例如，在包装废弃物的处理上就有颇具德国特色的二元体系。在德国二元回收系统中，包括了生产商、经销商、绿点公司、废物回收公司、废物处理公司，绿点公司是整个系统的核心。绿点公司是一个非营利性的民间组织，帮助生产商和经销商回收利用包装废弃物，并完成法律法规要求的回收率指标。德国的垃圾处理产业也是建立在细致分类的基础上，以减少可再利用资源的流失，如表 2-16 所列。德国的公共回收系统负责整个垃圾源头产生量的控制，整个流程的处理模式和高效回收的体系值得我们借鉴，将垃圾处理更加专业化地从公共环境治理里分离出来，由生产企业、经销商、专业化回收企业组成的一个完整二元体系，更高效地实现垃圾的回收与减量。将生活垃圾的处理进行产业化运营，有利于实现生态环境效益和经济效益的双赢。

③ 瑞士多次分拣的回收模式。这种垃圾处理模式成本最低并且利用率最高，将垃圾的治理内化到公共体系中，是最为经济有效的处理模式。中国劳动力资源丰富，这种多次分拣的回收模式适合我国国情，既能带动就业又能降低垃圾回收和处理费用，形成多次分拣的垃圾回收产业。

表 2-16　德国城市生活垃圾分类处理

城市生活垃圾分类						
可回收物质			生物降解物		残余垃圾	
轻质包装材料、塑料、废纸、橡胶、纸板、织物、玻璃、铝、铁、其他金属、复合材料等			生物垃圾：食品垃圾、庭院垃圾、花园修建垃圾等		残余垃圾（剩余垃圾、混合垃圾）：其他的混合物、砂土、尘土、灰渣等	
可完全循环利用物质	含高热值物质	塑料、金属、玻璃、无机物	好氧：堆肥、发酵	厌氧：发酵	热处理或机械生物处理	填埋

孟帮燕等[41]认为日本、德国的垃圾分选模式区别在于以下几点。

　　① 日本以立法为基础的垃圾分选模式。日本强调立法，通过法律明确列出需要处理的垃圾种类，并明文规定垃圾处理主体和处理方式等问题。

　　② 德国市场化的垃圾分选运作模式。德国侧重于发挥行业协会在包装、电池等垃圾处理中的作用，充分运用市场机制的力量来推进垃圾的分类和处理。德国积极推行垃圾减量化和资源化，在垃圾处理上充分发挥行业协会的作用，也充分调动企业的力量，市场机制在垃圾的分类处理中得到充分运用。从 20 世纪 70 年代开始，德国城市生活垃圾分类处理逐渐由国家职能部门负责处理向由国家职能部门监督下的国有公司处理演变，最终发展到在国家职能部门监督下，由按市场经济配置的私人公司或含有部分国有股份的私人公司处理生活垃圾的新模式。德国生活垃圾处理系统中 70% 是完全私有化的企业或者是有部分国有股份的私有化企业。例如 DSD 是废旧包装材料回收的重要组织，但收集、分类和综合利用这些具体的事务并不是由 DSD 自己来做，而是由其合作伙伴来完成。它的合作伙伴就是私人企业，也包括公共处理企业。

　　2）收费制度

　　日本、德国、瑞士 3 个国家的生活垃圾收费制度分别如下。

　　① 日本"随袋征收"的制度。日本采用"随袋征收"的垃圾收费制度在减量化上发挥了重要作用。该制度不仅在 20 世纪末实行之初对生活垃圾的减量化效果明显迅速，在长期来看也对日本生活垃圾产生量的负增长有贡献。该制度有着简明易行、效果明显、成本低廉的优点，对日本的环境治理卓有成效。但此收费制度的局限性在于需要国民意识、政府重视和环境立法等各方面因素的相应配套。在城市居民的环境保护意识没有较高水平的提升的状况下，"随袋征收"约束效果并不明显。

　　② 德国计量收费的制度。德国的垃圾收费制度采用精确计量方法和标准，也有效地约束了垃圾的产生。德国的垃圾处理费用按实际被处理的数量准确计算。一是计量计算方法，即以计算垃圾重量和垃圾桶清空的次数作为垃圾处理年度费用的依据，这样的方法需要复杂的技术和电子数据处理体系支持。二是近似计算方法，按人口数量计算（设计不同的垃圾桶的体积大小）。每一个住户人口都会产生一定数量的垃圾，按统计的方法可以计算出每周、每月和每年的垃圾产生量。根据统计数据，社区为每家每户设立专门尺度的垃圾桶和定量的垃圾清理次数，这样可以按住户中的人口数量确定垃圾处理费用。德国的计量收费制度不仅在减量化上很有效，同时具有较高的可操作性和约束力，将垃圾的处理费用标准进一步细化，并且考虑了人口、垃圾倾倒次数等因素，费用的计算更加合理可靠，具有可操作性；同时由于费用是变量，随着垃圾的产生量的增多费用逐渐升高，进一步约束和减少了垃圾的产生和丢弃量。此制度的缺陷在于，细化的方法需要相对复杂的技术和电子数据处理体系支持，更多依赖于电子技术，会存在出错的风险和较高的运作成本；其次是这一制度不适用于人口流动较大的地区，如在中国广州市以每家每户为统计

单位和依据会存在推广的困难。

③ 瑞士分类收费的制度。瑞士的垃圾收费制度则是建立在严密的垃圾分类的基础上，将垃圾细致分类，并按类别征收处理费用，更高效易实施，不仅在减量化方面取得效果，并且提高了回收利用的效率。对于难以分离出来的混合材料和厨余垃圾的收费均较高，而对于回收利用价值高的生活垃圾则收费较低。分类回收制度可约束生活垃圾尤其是不可回收垃圾的产生量，实现减量化效果。瑞士的人均垃圾产生量均低于日本和德国，并且持续稳定在低点。瑞士分类收费的制度有利于培养居民的垃圾分类意识，同时又为下一步的回收处理和再利用省去了大量工作，节省了成本，提高回收利用率。然而，这一制度需要居民有较高的分类意识和详细的垃圾分类知识，而对于垃圾分类意识尚且落后的地区这一制度执行效果欠佳，会产生垃圾胡乱倾倒的处理成本和较高的监督成本。

3）对比分析

日本、德国和瑞士在收费制度和回收模式上的对比分析如表 2-17 所列。

表 2-17　日本、德国、瑞士垃圾分类的对比分析

国家	评价	收费制度	回收模式
日本	特征	随袋征收	以焚烧为主
	优点	简明易行，节约成本	提高回收利用率，有效减量
	缺点	对居民自身的素质要求较高且缺乏持久约束力	技术要求高；带来环境污染
德国	特征	计量计算 + 近似计算（按户征收）	二元系统经营管理、分类回收，政府利用经济政策刺激民营加入
	优点	可操作性和约束力	将垃圾处理产业化，从环境和经济的双赢
	缺点	成本高；依赖于技术存在风险；人口流动大的地区不适用	产业化进程缓慢
瑞士	特征	分类计算	高效的垃圾再循环处理系统
	优点	有利于分类利用	成本最低，利用率最高
	缺点	需要较高的垃圾分类教育，细致的分类会带来较高的监督成本	对于居民的环境意识有着很高的要求

在生活垃圾收费制度上，日本的"随袋征收"制度最简明易行而且成本低廉，对于国民环境意识较高的国家，"随袋征收"的制度可以起到很好的减量效果；而对于发展中国家来说，德国的计量收费的制度具有很好的约束力和可操作性，以人口数量和垃圾桶的年均清理次数为依据进行计量收费可以很好地实现减量化，但是耗费的技术成本和难度较大。而瑞士的分类收费制度对于垃圾分类意识较高的国家是可行的，垃圾分类收费不仅有效地实现减量化，维持生活垃圾产量低水平的稳定，而且对于垃圾的回收利用和循环经济也提供支撑作用。我国推行收费制度，首

先从收费框架上可以同时借鉴德国的计量收费制度和瑞士的分类收费制度。德国计量收费的指标是以人口和家庭为单位，我国要考虑在城市化过程中人口流动量大的情况。其次我国推行分类制度的初期，借鉴瑞士的分类收费制度同时要适当减少分类类别，设置在 2～3 个类别为宜，并对回收精细标准的家庭或社区予以物质奖励。

在回收模式上，日本以焚烧为主的回收利用模式可以显著实现垃圾减量化和提高回收利用率的目标。由于我国行政区域覆盖范围较大，这种收运并集中至焚烧厂的方式，运输成本较高，应当与就地分散处理和资源化方式结合，尤其是厨余垃圾应就地采用生物技术进行资源化，另外还需要发展小型的垃圾焚烧和热解技术，以实现其他类垃圾的就地资源化处理。德国产业化的垃圾回收模式，由第三方系统管理并引入民营竞争力量，从环境和经济两方面都具有相当重要的积极作用，值得我国借鉴。提高居民的分类意识，配以瑞士的多次分拣的回收模式，成本最低且回收利用的效果最佳，对于发展可持续性经济和绿色经济都有着推动作用。我国在借鉴回收模式的成功经验时，可以首先建立如同绿点公司一样的第三方的生活垃圾回收管理系统，引入民营资本进行回收和利用的招标，辅助生产商和经销商回收利用废弃物，并设定回收利用率目标。在推行产业化模式初期需要政府大量投资与扶持，而在中后期则可以进行市场化运作，引入民营资本形成良好产业竞争，由专业化的回收企业组成体系。同时借鉴瑞士的多次分拣的模式，在全国建立较大的垃圾分拣中心进行多次分拣，在分拣之后再进入上述的第三方生活垃圾管理系统进行招标式的回收利用。分拣中心在起初可能会需要大量成本的投入，但是在正常运作之后的变动成本是比较小的，而带来的环境的改善与利用率的提升却能日渐凸显。

2.11.2 启示

从发达国家的经验看，广西壮族自治区的垃圾分类，在模式上，借鉴美国投放时"粗分"、德国的"资源回收"和北欧的"高焚烧率、零填埋"。而日本的投放时"精细分类"不适合广西壮族自治区的现状。

如图 2-35 所示，垃圾分类一定是政府主导推进，具体包括以下几点。

① 先制定政策、立法、规章等，逐步建立完善的政策、立法、规章体系，这是垃圾分类能否成功的根本保障。

② 明确政府、企业、民众的责任，政府主导、企业对制造产品负有资源回收和垃圾处理的责任、民众为核心，使得垃圾分类的工作中心下移，落实到街道、社区、村、具体的企业、每个民众。

③ 广西垃圾收运、处理设施落后，焚烧设计规模 9750t/d，占总处理能力（23068t/d）的 42%；另外只有一座焚烧规模达到 2000 t/d，其他都比较小，导致焚烧成本高，二次污染控制水平有限，停运率高，需要投入资金，大力建设、完善分

类、收运、处理设施，建议按区域（例如相邻的 2 个或 3 个市）共建大型焚烧厂，共建大型集中式易腐垃圾处理设施，适度发展就地小型生物处理设施。

④ 垃圾分类，需要根据各地实际（例如终端处理设施），分区域分别开展，各区域需要分阶段开展。

⑤ 明确总目标和各阶段目标达到什么水平，各阶段目标围绕总目标而设定。

⑥ 从娃娃抓起，持久、深入、在线宣传教育，垃圾分类纳入幼儿园、小学课程。

⑦ 探索能持续赢利的资源回收方式，例如押金制度，在超市退押金，产业化。

⑧ 提高垃圾收费标准，实行差别化收费。

⑨ 技术创新，建议集中国有企业、高校等科研与工程应用优势，组建自治区层面的垃圾处理及资源化工程技术中心，开展垃圾真空分类输送等方面的研究，将来可能形成向国内其他区域和东盟其他国家输出垃圾分类和资源化技术与装备，成为促进广西壮族自治区经济高质量发展的优势产业。

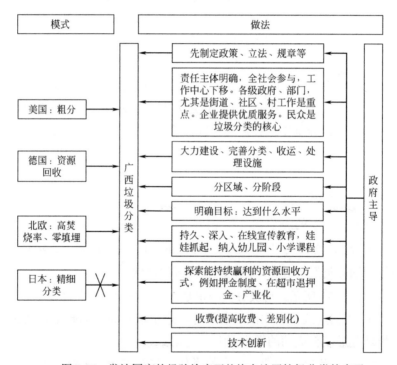

图 2-35　发达国家的经验给广西壮族自治区垃圾分类的启示

参 考 文 献

[1] 孙立明，黄凯兴，Zhou You.美国城市生活垃圾处理现状及思考 [J].工业安全与环保，2004，30（2）：16-19.
[2] 宋薇，蒲志红.美国生活垃圾分类管理现状研究 [J].中国环保产业，2017（7）：63-65.
[3] 郭燕.美国城市固废垃圾数据统计分类及处理方式 [J].再生资源与循环经济，2020，13（6）：41-44.
[4] 周兴宋.美国城市生活垃圾减量化管理及其启示 [J].特区实践与理论，2008，5：66-70.

[5]　李佳，胡子君.美国分散式农村垃圾治理的对策［J］.世界农业，2017（3）：33-37.

[6]　吕立才，陈佳威.美国农村垃圾管理服务的经验借鉴［J］.世界农业，2017（5）：173-176.

[7]　钟锦文，钟昕.日本垃圾处理：政策演进、影响因素与成功经验［J］.现代日本经济，2020，229（1）：69-80.

[8]　程伟，鞠阿莲.日本生活垃圾焚烧处理现状及启示［J］.环境卫生工程，2019，27（6）：57-60.

[9]　王世汶，杨亮.日本垃圾分类顶层设计与制度建设及其启示［J］.中国发展观察，2019（20）：73-76.

[10]　徐海云.全球生活垃圾焚烧处理发展分析［J］.城市管理与科技，2014（6）：21-24.

[11]　南川秀树，等.日本环境问题：改善与经验［M］.王伟，周晓娜，殷国梁，译.北京：社会科学文献出版社，
2017：50-55.

[12]　李维安，秦岚.绿色治理：参与、规则与协同机制：日本垃圾分类处置的经验与启示［J］.现代日本经济，
2020（1）：52-67.

[13]　罗喆，吴婉.日本城市生活垃圾分类经验及其对宁波的启示［J］.宁波教育学院学报，2019，21（6）：94-96.

[14]　宫本宪一.环境经济学［M］.朴玉，译.北京：生活・读书・新知三联书店，2004：25-35.

[15]　松村弓彦.环境政策と环境法体系［M］.东京：产业环境管理协会，丸善出版事业部，2004：56-60.

[16]　李圣杰，程一骄.日本国民性对居民生活垃圾分类行为的影响［J］.日本问题研究，2019，33（6）：20-28.

[17]　Michae，Brunn. Besser sammeln［J］. Recycling，2018（7）：37-38.

[18]　严陈玲.德国柏林市生活垃圾分类经验及启示［J］.全球视野，2020（4）：35-39.

[19]　张黎.德国生活垃圾减量和分类管理对我国的启示［J］.环境卫生工程，2018，26（6）：5-8.

[20]　熊振华，赵明曦，李波，等.德国生活垃圾分类经验及对中国垃圾分类工作的建议［J］.世界环境，2018（5）：
43-47.

[21]　刘红茹，卓全录.德国城市生活垃圾治理的方法研究［J］.河南科技，2015（12）：63-65.

[22]　张黎.德国生活垃圾减量和分类管理对我国的启示［J］.环境卫生工程，2018，26（6）：5-8.

[23]　鞠阿莲，陈洁.德国莱比锡市生活垃圾分类回收及收费管理制度［J］.再生资源与循环经济，2019，12（4）：
41-44.

[24]　杨俊玲.德国产品包装回收经验及启示［J］.当代经济，2019（3）：112-114.

[25]　刘晓.德国生活垃圾管理及垃圾分类经验借鉴［J］.世界环境，2019（5）：23-27.

[26]　罗仁才，张莹.德国城市生活垃圾分类方法研究［J］.中国资源综合利用，2008，26（7）：30-31.

[27]　高广阔，魏志杰.瑞典垃圾分类成就对我国的借鉴及启示［J］.物流工程与管理，2016，38（9）：97-100.

[28]　李湘洲.国外城市垃圾回收利用与管理的新动向［J］.环球视角，2010，3（9）：41-44.

[29]　杨光婷，张成霞.新加坡环境保护及垃圾处理成功经验对上海实施垃圾分类的启示［J］.绿水科技，2019（22）：
92-94.

[30]　陆峻岭，罗莹华，谢泽莹，等.新加坡生活垃圾分类收集处理对我国的启示［J］.环球视角，2016，9（2）：
41-44.

[31]　英震.城市垃圾管理模式比较研究：以香港和新加坡为例［J］.时代经贸，2019，491（30）：46-47.

[32]　梁洁，张孝德.韩国城市生活垃圾从量收费模式及对中国的启示：基于 KDIS-WBI-CAG 政策论坛的调研分析
［J］.经济研究参考，2014（53）：64-66.

[33]　Kwang yim Kim，Yoon Jung Kim. Volume-based Waste Fee System in Korea［R］. Korea：Korea Development
Institute（KDI）School of Public Policy and Management，2012：67.

[34]　罗梓超，李萌.韩国城市垃圾处理经验分析［J］.硅谷，2014（21）：169-170.

[35]　刘雅星，郝淑丽.韩国垃圾管理及分类制度对我国的启示［J］.再生资源循环经济，2015，8（2）：41-43.

[36]　尹杯香.城市生活垃圾分类回收法律制度研究［D］.青岛：中国海洋大学，2015：10-12.

[37]　钱程.日本优化生活垃圾分类体系的路径探索［J］.城市管理与科技，2019（5）：86-89.

［38］　卢垚.发达国家和地区生活垃圾分类管理模式、历程与机制［J］.科技发展，2019（124）：87-97.

［39］　陈晓珍，王雪.发达国家垃圾分类的做法及启示［J］.三江论坛，2019（4）：45-48.

［40］　吕君，翟晓颖.基于横向视角的垃圾回收处理体系的国际比较研究及启示［J］.生态经济，2015，31（12）：102-106.

［41］　孟帮燕，唐龙.日本、德国的垃圾分选模式及其启示［J］.重庆科技学院学报（社会科学版），2010（11）：65-67.

第 *3* 章

国内先进城市和地区的垃圾分类

从政策法规、运行模式、分类类别、宣教、设施、投入、实际效果等角度入手，分析总结厦门、深圳、上海、广州、宁波、台湾等国内先进城市和地区的生活垃圾分类经验，着重分析能为广西的垃圾分类提供可以借鉴的做法、经验和启示。

3.1　国内垃圾分类概况

3.1.1　垃圾分类的主要历程

我国 1992 年 8 月 1 日起施行《城市市容和环境卫生管理条例》，并于 2011 年 1 月 8 日和 2017 年 3 月 1 日先后两次进行了修正。该条例第二十八条：一切单位和个人，都应当依照城市人民政府市容环境卫生行政主管部门规定的时间、地点、方式倾倒垃圾、粪便。对垃圾、粪便应当及时清运，并逐步做到垃圾的无害化处理和综合利用。对城市生活废弃物应当逐步做到分类收集、运输和处理。

2000 年 6 月，将北京、上海、广州、深圳、杭州、南京、厦门、桂林作为生活垃圾分类收集试点城市，在试点城市实施废纸和废塑料的分类与回收，垃圾分类收集和回收应与资源循环利用紧密结合。

2007 年 7 月 1 日起施行《城市生活垃圾管理办法》。该办法第十五条：城市生活垃圾应当逐步施行分类投放、收集和运输。第十六条：单位和个人应当按照规定的地点、时间等要求，将生活垃圾投放到指定的垃圾容器或者收集场所。废旧家具等大件垃圾应当按规定时间投放在指定的收集场所。

2008 年，住房和城乡建设部发布《生活垃圾分类标志》（GB/T 19095—2008）。该标准规定了生活垃圾的分类和相应标志，并将生活垃圾分为了 6 个大类和 8 个小类，6 大类为可回收物、有害垃圾、大件垃圾、可燃垃圾、可堆肥垃圾、其他垃圾。其中，可回收物又分为纸类、塑料、金属、玻璃、织物、瓶罐；有害垃圾主要是指废旧电池；可堆肥垃圾主要是指餐厨垃圾[1,2]。

2009 年 1 月 1 日起施行《中华人民共和国循环经济促进法》。该促进法第四十一条：县级以上人民政府应当统筹规划建设城乡生活垃圾分类收集和资源化利用设施，建立完善分类收集和资源化利用体系，提高生活垃圾资源化率。

2015 年 4 月，《中共中央、国务院关于加快推进生态文明建设的意见》发布，该意见要求"提高全社会资源产出率，构建覆盖全社会的资源循环利用体系。完善再生资源回收体系，实行垃圾分类回收，推进产业循环式组合，促进生产和生活系统的循环链接。"

2015 年 9 月，《中共中央、国务院关于生态文明体制改革总体方案》发布，该方案从制度体系构建角度出发，提出"要建立和实行资源产出率统计体系、生产者责任延伸制度、垃圾强制分类制度、资源再生产品和原料推广使用制度等，从而完善资源循环利用制度"。

2016 年 12 月，在中央财经领导小组第十四次会议上，习近平总书记提出普遍推行垃圾分类制度。

2017 年 3 月 18 日国务院办公厅发布《关于转发国家发展改革委住房城乡建设部生活垃圾分类制度实施方案的通知》（国办发〔2017〕26 号），确定 46 个重点城市的城区范围内先行实施生活垃圾强制分类。

2017 年 6 月 6 日发布《关于开展第一批农村生活垃圾分类和资源化利用示范工作的通知》，确定 100 个县（市、区），包括广西的南宁市横县、玉林市和北流市。

2017 年 9 月，住建部、发改委、国家卫生计生委，《关于在医疗机构推进生活垃圾分类管理的通知》提出：到 2020 年年底，所有医疗机构实施生活垃圾分类管理，生活垃圾回收利用率达到 40% 以上。

2017 年 10 月，国家机关事务管理局、住房和城乡建设部、发改委联合发布的《关于推进党政机关等公共机构生活垃圾分类工作的通知》中提出：2017 年年底前，中央和国家机关及省（区、市）直机关率先实现生活垃圾强制分类；2020 年年底前，直辖市、省会城市、计划单列市和住房城乡建设部等部门确定的生活垃圾分类示范城市的城区范围内公共机构实现生活垃圾强制分类；其他公共机构要因地制宜做好生活垃圾分类工作。

2017 年 12 月，住房和城乡建设部发布了《关于加快推进部分重点城市生活垃圾分类工作的通知》，该通知提出：2020 年年底前，46 个重点城市基本建成生活垃圾分类处理系统，基本形成相应的法律法规和标准体系，形成一批可复制、可推广的模式。在进入焚烧和填埋设施之前，可回收物和易腐垃圾的回收利用率合计达到 35% 以上。2035 年前，46 个重点城市全面建立城市生活垃圾分类制度，垃圾分类达到国际先进水平。提出规范生活垃圾分类投放、规范生活垃圾分类收集、加快配套分类运输系统、加快建设分类处理设施等。

2018 年 1 月，教育部办公厅等 6 部门联合发布《关于在学校推进生活垃圾分类管理工作的通知》（教发厅〔2018〕2 号）。该通知提出：各地教育部门和学校要通过多种形式全面开展生活垃圾分类知识教育工作，规范生活垃圾分类投放收集贮存工作，探索建立生活垃圾分类宣传教育工作长效机制和校内生活垃圾分类投放收集贮存的管理体系。到 2020 年年底，各学校生活垃圾分类知识普及率达到 100%。

2018 年 7 月，生态环境部发布了《中华人民共和国固体废物污染环境防治法（修订草稿）征求意见稿》。该征示意见稿提出：国家推行生活垃圾分类制度，地方各级人民政府应做好分类投放、分类收集、分类运输、分类处理体系建设，采取符合本地实际的分类方式，配置相应的设施设备，促进可回收物充分利用，实现生活垃圾减量化、资源化和无害化。

2018 年 7 月，国家发改委下发《国家发改委关于创新和完善促进绿色发展价格机制的意见》（以下简称《意见》），明确了全国建立健全固体废物处理收费机制。

《意见》还提出加快建立有利于促进垃圾分类的激励约束机制，对具备条件的居民用户实行计量收费和差别化收费。

2018年11月，习近平考察上海进博会，提出"垃圾分类就是新时尚"。垃圾分类需要全民参与，上海要把这项工作抓紧抓实办好。

2018年12月，国务院下发《"无废城市"建设试点工作方案》，将生活垃圾等固体废物分类收集及无害化纳入城市基础设施和公共设施范围，全面落实生活垃圾收费制度，推行垃圾计量收费。建设资源循环利用基地，加强生活垃圾分类，推广可回收利用、焚烧发电、生物处理等资源化利用方式。

2019年4月，住房和城乡建设部等部门发布《关于在全国地级及以上城市全面开展生活垃圾分类工作的通知》，要求自2019年起在全国地级及以上城市全面启动生活垃圾分类工作。到2020年，46个重点城市基本建成生活垃圾分类处理系统。其他地级城市实现公共机构生活垃圾分类全覆盖，至少有1个街道基本建成生活垃圾分类示范片区。到2022年，各地级城市至少有1个区实现生活垃圾分类全覆盖，其他各区至少有1个街道基本建成生活垃圾分类示范片区。到2025年，全国地级及以上城市基本建成生活垃圾分类处理系统。

2019年6月，习总书记对垃圾分类工作做出重要指示，强调实行垃圾分类，关系广大人民群众生活环境，关系节约使用资源，也是社会文明水平的一个重要体现。

2019年6月25日，全国人大常委会审议通过了《固体废物污染环境防治法修订33草案》，草案提出"产生者付费"原则，建立差别化的生活垃圾排放收费制度。

2019年11月15日，住房和城乡建设部发布了《生活垃圾分类标志》（GB/T 19095—2019）标准。主要对生活垃圾分类标志的适用范围、类别构成、图形符号进行了调整。生活垃圾类别调整为可回收物、有害垃圾、厨余垃圾和其他垃圾4个大类和11个小类。如表3-1所列。

表3-1　垃圾分类类别

序号	大类	小类
1	可回收物	纸类
2		塑料
3		金属
4		玻璃
5		织物
6	有害垃圾①	灯管
7		家用化学品
8		电池
9	厨余垃圾②	家庭厨余垃圾
10		餐厨垃圾
11		其他厨余垃圾
12	其他垃圾	
除上述4大类外，家具、家用电器等大件垃圾和装修垃圾应单独分类		

① "厨余垃圾"也称为"湿垃圾"。

② "其他垃圾"也称为"干垃圾"。

2019 年 12 月 1 日，由住房和城乡建设部联合中国政府网共同推出的"全国垃圾分类"小程序上线。小程序目前覆盖全国 46 个生活垃圾分类重点城市，这些城市的居民可以一键查询所在城市生活垃圾分类政策，同时也可以查看生活垃圾分类标准和投放要求等内容。

2020 年 4 月修订的《中华人民共和国固体废弃物污染环境防治法》第六条：国家推行生活垃圾分类制度；生活垃圾分类坚持政府推动、全民参与、城乡统筹、因地制宜、简便易行的原则。第四十三条：县级以上地方人民政府应当加快建立分类投放、分类收集、分类运输、分类处理的生活垃圾管理系统，实现生活垃圾分类制度有效覆盖。县级以上地方人民政府应当建立生活垃圾分类工作协调机制，加强和统筹生活垃圾分类管理能力建设。各级人民政府及其有关部门应当组织开展生活垃圾分类宣传，教育引导公众养成生活垃圾分类习惯，督促和指导生活垃圾分类工作。

2020 年 8 月，国家发展和改革委员会、住房和城乡建设部、生态环境部联合印发的《城镇生活垃圾分类和处理设施补短板强弱项实施方案》，要求到 2023 年，具备条件的地级以上城市基本建成分类投放、分类收集、分类运输、分类处理的生活垃圾分类处理系统，全国生活垃圾焚烧处理能力大幅提升，县城生活垃圾处理系统进一步完善，建制镇生活垃圾收集转运体系逐步健全。实施方案明确了加快完善生活垃圾分类收集和分类运输体系、大力提升垃圾焚烧处理能力、合理规划建设生活垃圾填埋场以及因地制宜推进厨余垃圾处理设施建设 4 项主要任务。该实施方案提出，要全面推进城市生活垃圾分类收集、分类运输设施建设。到 2023 年，《生活垃圾分类制度实施方案》明确的 46 个重点城市全面建成生活垃圾分类收集和分类运输体系。同时，全面推进焚烧处理能力建设。生活垃圾日清运量超过 300t 的地区，到 2023 年基本实现原生生活垃圾"零填埋"，不足 300t 的地区探索开展小型生活垃圾焚烧设施试点。要合理规划建设生活垃圾填埋场，原则上地级以上城市以及具备焚烧处理能力的县（市、区），不再新建原生生活垃圾填埋场。此外，要稳步提升厨余垃圾处理水平。已出台生活垃圾分类法规并对厨余垃圾分类处理提出明确要求的地区，要稳步推进厨余垃圾处理设施建设；尚未出台的地区以及厨余垃圾资源化产品缺乏消纳途径的地区，厨余垃圾可纳入现有焚烧设施统筹处理。

我国垃圾分类的主要历程如图 3-1 所示。

3.1.2　各地相继出台多项政策、法规，推行强制分类

北京、深圳等地相继出台多项政策、法规（见表 3-2），积极推行强制垃圾分类。截至 2019 年 12 月，全国 46 个垃圾分类重点城市中，30 个城市已经出台垃圾分类地方性法规或规章，16 个城市将垃圾分类列入立法计划。各省、自治区、直辖市均制定垃圾分类实施方案，浙江、福建、广东、海南 4 省已出台地方法规，河北等 12 省地方法规进入立法程序。

2000年	• 北京、上海、广州、深圳、杭州、南京、厦门、桂林作为生活垃圾分类收集试点城市
2015年	• 北京市东城区、房山区、天津市滨海新区、河北省邯郸市等26个城市(区)作为第一批示范城市(区)
2017年	• 北京市门头沟区、怀柔区、延庆区等100个县(市、区)开展第一批农村生活垃圾分类和资源化利用示范工作
2018年	• 46个重点城市均要形成若干垃圾分类示范片区
2019年	• 全国地级及以上城市全面开展生活垃圾分类
2020年	• 46个重点城市基本建成生活垃圾分类处理系统。其他地级城市实现公共机构生活垃圾分类全覆盖，至少有1个街道基本建成生活垃圾分类示范片区
2022年	• 各地级城市至少有1个区实现生活垃圾分类全覆盖，其他各区至少有1个街道基本建成生活垃圾分类示范片区
2025年	• 全国地级及以上城市基本建成生活垃圾分类处理系统

图 3-1 我国垃圾分类主要历程

46 个垃圾分类重点城市中，80% 以上对垃圾分类采取有害垃圾、可回收物、厨余垃圾、其他垃圾"四分法"，各地执行的基本上都是国家制定的这四大分类标准。

46 个垃圾分类重点城市中，有 25 个城市明确了对个人和单位违规投放生活垃圾的处罚，针对个人违规投放，多数城市最高罚 200 元，单位违规投放或随意倾倒堆放生活垃圾的，最高处以 5 万元罚款。

太原、铜陵、杭州等城市还对违规投放垃圾增加了信用惩戒措施，违反生活垃圾分类有关规定且拒不改正，阻碍执法部门履行职责的，相关信息将被依法纳入个人单位的信用档案。

广东省成立由省长为组长的垃圾分类工作领导小组，北京、上海等地建立垃圾分类联席会议制度，成都、南宁等市成立生活垃圾分类工作推进领导小组。50 个城市垃圾分类的领导组织情况如表 3-3 所列。

厦门等 33 个城市编印垃圾分类教材或知识读本。

表 3-2　各地相继出台的政策、法规

区域	政策、法规	区域	政策、法规
北京	《北京市生活垃圾管理条例》（2012 年 3 月，国内首部以立法形式规范垃圾处理行为的地方性法规） 《北京市城镇地区生活垃圾分类达标考核暂行办法》	太原	《太原市生活垃圾分类管理条例》
上海	《上海市生活垃圾管理条例》	长春	《长春市生活垃圾分类管理条例》
重庆	《重庆市生活垃圾分类管理办法》	拉萨	《生活垃圾分类管理办法》
海南	《海南省生活垃圾分类管理条例》	天津	《天津市生活垃圾管理条例》
广东	《广东省城乡生活垃圾处理条例》（2016 年，国内第一部将生活垃圾分类纳入立法的省级地方性法规）	石家庄	《石家庄市生活垃圾分类管理条例》
福建	《福建省城乡生活垃圾管理条例（草案）》	南京	《南京市生活垃圾分类管理办法》
河北	《河北省城乡生活垃圾管理条例》（征求意见稿）	贵阳	《贵阳市城镇生活垃圾分类管理办法》
浙江	《浙江省城镇生活垃圾分类管理办法》（2018 年 4 月 1 日施行）	兰州	《兰州市城市生活垃圾分类管理办法》
成都	《成都市生活垃圾分类实施方案（2018～2020 年）》 《成都市生活垃圾管理条例（草案）》	昆明	《昆明市城市生活垃圾分类管理办法》
深圳	《深圳市生活垃圾分类和减量管理办法》 《深圳市住宅区（城中村）生活垃圾分类》	合肥	《合肥市生活垃圾管理办法》
广州	《广州市生活垃圾分类管理规定》 《广州市固体废弃物处理工作办公室关于印发广州市生活垃圾强制分类制度方案的通知》 《广州市深化生活垃圾分类工作实施方案（2017～2020 年）》	西安	《西安市生活垃圾分类管理办法》
宁波	《宁波市生活垃圾分类管理条例》	无锡	《无锡市生活垃圾分类管理条例》
苏州	《苏州市生活垃圾分类管理条例》	大连	《大连市城市生活垃圾分类管理办法》
济南	《济南市生活垃圾分类管理条例》（草稿）	杭州	《杭州市生活垃圾管理条例》
郑州	《郑州市生活垃圾分类管理办法（征求意见稿）》	邯郸	《邯郸市城市生活垃圾分类管理办法》
宜春	《宜春市生活垃圾分类管理条例》	银川	《银川市城市生活垃圾分类管理条例》

表3-3 多个城市垃圾分类领导组织

城市	组织领导	城市	组织领导
北京	2018年1月，北京市生活垃圾分类工作联席会议（副市长为召集人）	济南	生活垃圾分类工作领导小组
上海	2018年4月，上海市生活垃圾分类减量推进工作联席会议（常务副市长为第一召集人）	武汉	生活垃圾分类工作领导小组
天津	2018年6月，天津市生活垃圾分类工作推进领导小组（副市长任组长）	青岛	生活垃圾分类工作领导小组
重庆	生活垃圾分类工作领导小组	泰安	生活垃圾分类工作领导小组
广东	2019年11月，广东省生活垃圾分类工作领导小组（省长任组长）	南宁	生活垃圾分类工作领导小组
浙江	2018年8月，浙江省生活垃圾分类工作领导小组（副省长任组长）	宜昌	生活垃圾分类工作领导小组
福建	2018年4月，福建省生活垃圾分类工作联席会议（副省长为召集人）	长沙	生活垃圾分类工作指导中心
甘肃	2019年11月，甘肃省城市生活垃圾分类工作领导小组（副省长任组长）	广州	垃圾分类联席会议制度
乌鲁木齐	自治区生活垃圾分类联席会议制度	深圳	垃圾分类联席会议制度
石家庄	生活垃圾分类工作领导小组	海口	垃圾分类管理工作联席会议制度
邯郸	生活垃圾分类工作领导小组	成都	生活垃圾分类工作推进领导小组
太原	生活垃圾分类工作领导小组	贵阳	生活垃圾分类工作领导小组
呼和浩特	生活垃圾分类工作领导小组	昆明	生活垃圾分类工作领导小组
沈阳	生活垃圾分类收集处置联席会议制度	拉萨	生活垃圾分类工作领导小组
大连	垃圾分类工作领导小组	西安	生活垃圾分类工作领导小组
长春	生活垃圾分类工作领导小组	银川	生活垃圾分类工作领导小组
哈尔滨	生活垃圾分类工作领导小组	广元	生活垃圾分类工作推进领导小组
南京	垃圾分类联合工作（检查）组	德阳	生活垃圾分类工作领导小组
苏州	城市生活垃圾分类处置工作领导小组	西宁	生活垃圾分类工作领导小组
杭州	垃圾分类联席会议制度	兰州	生活垃圾分类工作领导小组
宁波	生活垃圾分类工作领导小组	南昌	生活垃圾分类工作领导小组
合肥	生活垃圾分类工作领导小组	日喀则	生活垃圾分类工作领导小组
厦门	生活垃圾分类和减量工作领导小组	铜陵	生活垃圾分类工作领导小组
福州	生活垃圾分类和减量工作领导小组	咸阳	生活垃圾分类示范工作领导小组
郑州	生活垃圾分类工作推进领导小组	宜春	生活垃圾分类工作领导小组

　　2018年7月，国家发改委下发《国家发改委关于创新和完善促进绿色发展价格机制的意见》，明确了全国建立健全固体废物处理收费机制。意见还提出加快建立有利于促进垃圾分类的激励约束机制，对具备条件的居民用户实行计量收费和差别化收费。2019年6月25日全国人大常委会审议通过《固体废物污染环境防治法

修订草案》，草案提出"产生者付费"原则，建立差别化的生活垃圾排放收费制度。

目前，城市居民生活垃圾收费形式仍以定额收费和附征于公用事业收费系统为主（见表 3-4），计量收费制度正处于探索制定阶段。2019 年《深圳经济特区生活垃圾分类投放规定（草案）》提出深圳将逐步建立分类计价、计量收费的生活垃圾处理收费制度。

表 3-4　国内几个城市的垃圾收费制

城市	居民垃圾费用征收现行标准	收费方式	执行时间
北京市	生活垃圾处理费：本市居民按 3 元 /（月·户）收取；外来人员按 2 元 /（月·人）收取；生活垃圾清运费按 30 元 /（户·年）	定额收费	1999 年
杭州市	小区保洁、垃圾清运处置费：40 元 /（户·年）	定额收费	2009 年 1 月
深圳市	"排污水量折算系数法"计费，即排污水量 0.59 元 /m³ 计收	附征于公用事业收费系统	2017 年 9 月
广州市	居民按 5 元 /（户·月）收款，暂住人员按 1 元 /（人·月）收款	定额收费	2018 年 11 月至 2021 年
东莞市	按用水量折算计征，收费标准 0.64 元 /m³，无用水计量装置的用户按 10 元 /（户·月）收款	附征于公用事业收费系统	2019 年 4 月

黄宝成等 [3] 对杭州市垃圾分类收集费用承担方式意愿进行了调查，结果表明：20 岁以下青少年中有 57.5 % 认为应该按垃圾质量收费，表明在接受环保知识普及的青少年中多能接受"污染者付费"的原则。但是，在实际具有支付能力的 20 岁以上的居民则多倾向于按家庭人口数付费的方式，支持该付费方式的达 35.7 %；支持按丢弃袋数和垃圾质量进行付费的所占比例分别为 15.8 % 和 17.1 %。垃圾分类收集费用承担意愿调查表明：仅有 9.7 % 的居民愿意全部支付垃圾分类收集产生的费用，27.5 % 的居民愿意部分支付相关费用，61.3 % 的居民认为相关费用应由地方财政全部支出。

3.1.3　明确了垃圾分类的方向

① 用综合的、全局的思维统筹考虑，以党建为引领，推动"一把手"亲自抓。

② 切实从娃娃抓起，加强生活垃圾分类等生态文明教育。

③ 以社区为着力点，加强主动宣传，凝聚社会共识，营造全社会参与的良好氛围。

④ 加快生活垃圾分类设施建设，完善垃圾分类技术设施标准，加强分类投放、分类收集、分类运输、分类处理各环节有机衔接。

⑤ 加强法制建设，通过推动立法加强源头减量，提升生活垃圾全过程管理水平。

⑥ 生活垃圾分类工作任务艰巨，不可能一蹴而就，也不会一劳永逸，需要长期坚持、不断投入，久久为功地抓下去。

⑦ 需要加强引导、因地制宜、持续推进，把工作做细做实。

3.1.4　垃圾分类的原则

生活垃圾分类坚持政府推动、全民参与、城乡统筹、因地制宜、简便易行的原则。责任主体是政府和全体国民。区域上的有效衔接需要城乡统筹。考虑到各地垃圾成分等的差异性，需要因地制宜。垃圾分类重在国民养成分类、减量的习惯，关键在于分类的实效性，所以要简便易行。

3.1.5　垃圾分类的成效

国务院发展研究中心"中国民生调查"课题组 2018 年对 46 个重点城市的入户调查结果表明：进行生活垃圾分类的家庭占 38.3%，较 2017 年增长 11.4%。

截至 2019 年 6 月 28 日，134 家中央单位、27 家驻京部队和各省直机关已全面推行生活垃圾分类；46 个重点城市分类投放、分类收集、分类运输、分类处理的生活垃圾处理系统正在逐步建立，已配备厨余垃圾分类运输车近 5000 辆，有害垃圾分类运输车近 1000 辆，并将继续投入 213 亿元加快推进处理设施建设，满足生活垃圾分类处理需求。各重点城市开展生活垃圾分类入户宣传覆盖家庭已超过 1900 万次，参与的志愿者累计超过 70 万。

截至 2019 年 11 月，全国 237 个地级及以上城市已启动垃圾分类。全国 46 个垃圾分类重点城市居民小区垃圾分类覆盖率达到 53.9%，其中上海、厦门、宁波、广州等 14 个城市生活垃圾分类覆盖率超过 70%。

3.2　厦门市垃圾分类

3.2.1　垃圾分类概况

厦门市在 2000 年就成为国内首批 8 个垃圾分类的试点城市之一，也是生活垃圾分类 46 个重点城市之一。在住房和城乡建设部 2018 年第二、三、四季度和 2019 年第一、二季度对全国 46 个重点城市生活垃圾分类工作检查考核中，连续 5 个季度总分排名全国第一。

2019 年第二季度的考核中，厦门在教育工作、宣传工作、信息报送等单项得到满分，在体制机制建设方面得到 13 分（满分 14 分），分类作业项目得到 10 分（满分 13 分），组织动员项目得到 11.5 分（满分 13 分），总分 86 分，比上季度高3 分。

2017 年，厦门市关于垃圾分类工作的财政支出为 2.34 亿元，这仅仅包括前期购置垃圾袋、聘请督导员等投放、分类环节，还不含运输和处置环节[4]。目前，市民垃圾分类知晓率近 100%，参与率达 85%。

全市日产生活垃圾 5200 吨左右，其中，厨余垃圾 700 吨，其他垃圾 4400 吨，可回收物和有害垃圾 100 吨左右。垃圾日产量呈现明显减缓趋势，2018 年上半年全市垃圾增长率仅为 1%，较 2017 年同期的 14.6% 有大幅下降。垃圾发电量从 350 千瓦时提高到 380 千瓦时，无害化处理率 100%。

截至 2018 年 7 月底，全市 2303 个建成小区中 1987 个小区已推行垃圾分类，占 86.28%(岛内已全部推行，年底全市建成区全面推行强制分类)。

2019 年年底实现农村生活垃圾分类全覆盖。

3.2.2　推进分类原则

厦门采取"七个相结合"的垃圾分类原则。

3.2.2.1　环保与人文相结合，城市文明底色更加彰显

把生活垃圾分类作为文明城市再创建再提升的重要抓手。

① 让绿色环保理念"深植"人心。由市委领导带头开设"垃圾分类厦门在行动"专题讲座，组建宣讲团深入街道社区巡回宣讲；制作思明快板、湖里三字经、翔安答嘴鼓、同安垃圾分类歌、集美环保舞蹈等一系列群众喜闻乐见、寓教于乐的垃圾分类文艺作品，让市民在潜移默化中变成绿色环保理念的积极践行者。

② 让垃圾分类意识"助推"素质养成。充分发挥人民群众在垃圾分类中的主体作用，把推行生活垃圾分类纳入基层文明创建，作为市民文明行为示范点的一项重要指标。

3.2.2.2　教育与立法相结合，垃圾分类基础更加扎实

① 坚持教育先导，从"要我分"到"我要分"。编写全省首套中、小学及幼儿园 3 种版本的垃圾分类教材，把垃圾分类知识纳入教学体系。启动"小手拉大手"活动，达到"教育一个孩子，影响一个家庭。改变一个家庭，带动一个社区"效果。

② 坚持党员带头，影响带动社会各界广泛参与。人大代表、政协委员及机关企事业单位、驻厦部队、省部属等单位纷纷响应。全市 9300 多个党组织、3 万多名党员志愿者，220 个单位及团体加入鹭岛巾帼志愿联盟服务队，积极开展相关主题宣传和实践活动。

③ 坚持法治护航，出台全国首部全链条管理的垃圾分类法规。出台实施全国首部全链条管理、全过程控制的垃圾分类法《厦门经济特区生活垃圾分类管理办法》。

3.2.2.3　坚持政府与社会相结合，共同家园意识更加强化

构建"以法治为基础、政府推动、全民参与、城乡统筹、因地制宜"的生活垃圾分类工作格局。

① 全面统筹，大力度推进。成立市级生活垃圾分类工作领导小组，市长担任

组长亲自抓，市委副书记担任常务副组长具体抓，市四套班子相关领导任副组长；各区把生活垃圾分类作为"一把手"工程，认真落实属地责任；职能部门落实行业管理责任，部门协同、齐抓共管。

② 共建共享，全社会参与。坚持共谋、共建、共治、共享、共评理念，把生活垃圾分类工作融入基层党建、文明创建、社区自治中，实现全民动员、全民参与。

③ 政策引导，市场化运作。发挥市场机制作用，制定激励措施，鼓励社会资本参与生活垃圾分类建设运营。已有"福建中奎"和"废品大叔"两家资源回收民营企业回收设施进小区"以箱置桶"，开展再生资源回收利用；瑞科际和联谊吉源两家末端处理民营企业参与厨余垃圾和餐厨垃圾的处理工作。

3.2.2.4 软件与硬件相结合，分类运作体系更加完善

① 管理机制与配套制度并举。明确市、区政府职责，建立生活垃圾分类工作协调机制和考核问责机制。配套出台考评办法、大件垃圾管理办法、餐厨垃圾管理办法等16项制度。明确镇（街道）、村（居）委会所应承担的属地管理责任，推动生活垃圾分类投放管理制度的落实。针对农贸市场等垃圾分类工作盲区，专门明确由市市场监督局负责管理等。

② 强化责任与奖惩激励共促。制定垃圾分类工作实施细案，层层签订责任状，聘请督导员桶边督导（每300户设一名督导员）；实施积分奖励机制，对低值可回收物实行财政补贴，对回收企业回收箱进社区给予资金补助。

③ 前端收运与后端处理齐抓。在前端，居民小区统一配备分类垃圾桶，每日清洗、定期消杀；配齐分类运输车辆，市政集团购置厨余垃圾转运车90辆，对厨余垃圾采取公交化直运，封闭转运，防止二次污染；在后端，已建成集有害垃圾、厨余垃圾、其他垃圾处于一体的生活垃圾末端处理体系，因地制宜建设大件垃圾、绿化垃圾等处理设施，并建立废旧玻璃、陶瓷收集、处理体系，实现资源化利用，形成了较完备的生活垃圾处置设施体系。

3.2.2.5 节点与日常相结合，常态长效机制更加健全

① 逐阶段攻坚。推开阶段抓示范引领，确定20个小区和45所学校作为示范点；全面铺开阶段抓"盲区"，重点突出民营企业、非星级酒店、农贸市场、无物业小区等盲点区域；提升阶段抓垃圾直运，实行厨余垃圾、有害垃圾、餐厨垃圾直运，减少中转环节。

② 全过程考评。采用专业考核和第三方考核相结合方式考评，每月在新闻媒体、微信平台公布考评结果排名，并将考评结果以2%的权重纳入年度工作绩效考评。

③ 常态化执法。按照网格化管理规定，采取定人定岗定责方式，依法查处生活垃圾违法行为。

3.2.2.6 城市与农村相结合，垃圾分类覆盖更加全面

① 以城带乡，"一盘棋"推进。把农村生活垃圾分类与美丽乡村、特色小镇建

设相结合，形成农村因地制宜的分类施策模式。

② 城乡统筹，带动城郊村。按城乡一体化模式推进，将城郊村纳入城市生活垃圾收运体系，发挥城市垃圾处理设施设备集中收运、集中处理的优势。

③ 因地制宜，抓好纯农村。按照就地处理和减量原则，实行就地处理消纳，如厨余垃圾通过"过腹消化"、就地堆肥等方式处理；设置有害垃圾投放点，将农药瓶、废旧电池等收集到投放点，获取积分兑换生活用品，确保有害垃圾全收集。

3.2.2.7　传统与现代相结合，垃圾分类方式更加智慧

① 信息化监管。推进生活垃圾分类数字监管系统建设和智慧环卫平台建设，建成全省首个餐厨垃圾信息化管理平台，实现餐厨垃圾产、收、运、处全流程信息化监管。

② 智慧化试点。先锋营小区、信隆城小区等引进智能化垃圾分类系统，成为首批利用"互联网+"进行垃圾分类的试点小区。

③ 资源化利用。引入社会资本建设厨余垃圾处理厂对每日分出的厨余（餐厨）垃圾进行有效处理、依托国有企业对玻璃瓶等低价值回收物进行处理作为建筑材料等，使垃圾"变废为宝"。

3.2.3　推进垃圾分类的做法

厦门市形成了"以法治为基础、政府推动、全民参与、城乡统筹、因地制宜"的生活垃圾分类工作格局。

3.2.3.1　党建引领、党员带头、全社会参与

坚持共谋、共建、共治、共享、共评理念，把生活垃圾分类工作融入基层党建、文明创建、社区自治中，实现全民动员、全民参与。

坚持党员带头，影响带动社会各界广泛参与。人大代表、政协委员及机关企事业单位、驻厦部队、省部属等单位纷纷响应。全市 9300 多个党组织、3 万多名党员志愿者，220 个单位及团体加入鹭岛巾帼志愿联盟服务队，积极开展相关主题宣传和实践活动。

党员带头"楼层包干"。巡司顶社区突出社区党委作用，在碧山临海成立小区党支部，召开党员大会和支部会议，启动"垃圾分类、党员先行"活动，签订党员责任承诺书，给每户居民分发户内垃圾桶，从源头上宣传并督导垃圾分类行为。党员亮身份，并进行楼层包干督导活动，进一步发挥党员模范带头作用，创建小区党员微信群，提出合理化建议，切实推动垃圾分类工作出实效。

3.2.3.2　政府成立垃圾分类工作领导小组

厦门市政府高度重视垃圾分类，成立市级生活垃圾分类工作领导小组，由市长担任组长亲自抓，市委副书记担任常务副组长具体抓，市 4 套班子相关领导任副组长，通过市委统筹、政府推进、人大立法监督、政协专题协商的总体安排和协同推

进，确保组织指挥有力。

领导小组下设办公室，挂靠市市政园林局，办公室主任由市市政园林局局长兼任。

各区把生活垃圾分类作为"一把手"工程，认真落实属地责任；职能部门落实行业管理责任，部门协同、齐抓共管。各区也成立生活垃圾分类工作领导小组，如厦门市同安区发展和改革局，成立发改局生活垃圾分类工作领导小组，加强同安区发展和改革局生活垃圾分类工作的领导。

3.2.3.3 明确市、区、街道、社区、农贸市场的职责

明确市、区政府职责，建立生活垃圾分类工作协调机制和考核问责机制。配套出台考评办法、大件垃圾管理办法、餐厨垃圾管理办法等16项制度。明确镇（街道）、村（居）委会所应承担的属地管理责任，推动生活垃圾分类投放管理制度的落实。针对农贸市场等垃圾分类工作盲区，专门明确由市市场监督局负责管理等。

3.2.3.4 制定规章制度

2017年9月10日实施《厦门经济特区生活垃圾分类管理办法》（全国第一部全链条管理、全过程控制的垃圾分类法规）。该办法规定：单位和个人应当按照规定的时间、地点，用符合要求的垃圾袋或者容器分类投放生活垃圾，不得随意抛弃、倾倒、堆放垃圾。不履行生活垃圾分类义务且拒不改正，造成严重不良影响的，由厦门市主管部门或者有关部门依法将相关信息纳入本市社会信用信息共享平台。

2018年7月29日实施《厦门市餐厨垃圾管理办法》。

2018年8月27日实施《厦门市建筑装修垃圾处置管理办法》。

2018年9月1日实施《厦门市大件垃圾管理办法》。

还先后实施了《厦门市生活垃圾分类和减量工作方案》《厦门市大件垃圾管理办法》《厦门市生活垃圾分类工作考评办法》等，共出台16项配套制度，形成较为完善的垃圾分类法规配套体系，为依法依规推动垃圾分类工作奠定了基础。

3.2.3.5 监管机制

（1）全过程考评

采用专业考核和第三方考核相结合方式考评，每月在新闻媒体、微信平台公布考评结果排名，并将考评结果以2%的权重纳入对各区、各部门年度工作绩效考评。

（2）常态化执法

以有效执法，保持适度压力。按照网格化管理规定，采取定人定岗定责方式，依法查处生活垃圾违法行为。

《厦门经济特区生活垃圾分类管理办法》：个人最高将被处以1000元的罚款。单位将被处以最高20万元的罚款。2018年3月，厦门岛内开展生活垃圾分类混装混运联合整治。整治行动加强了对个人的处罚力度。在已经结束的第一阶段联合整治中，共检查了岛内居民生活小区107个、写字楼21座、菜市场6个、厨余垃圾

装车点 75 处、清洁楼 14 座、沿街店铺道路 16 条，并走访小区物业企业 17 家。检查人员发现了不少问题，例如投放环节分类不合格问题有 248 处（包括未分类和错投放）、收集和运输环节分类不合格问题 65 处、分类垃圾桶配置不合理问题 37 处。

垃圾在前端已经被分类好，但在收集运输过程中却被混装混运。如翔安区新店镇发生一起垃圾转运点混装混运违法案件，相关企业被处以 1.9 万元罚款。

（3）垃圾投放督导

强化责任，制定垃圾分类工作实施细案，层层签订责任状，聘请督导员在垃圾桶边督导（每 300 户设一名督导员）。

3.2.3.6　建设完善基础设施

按照"全程分类、末端牵引前端"的思路，坚持前端（精准分类，做好源头减量）、中端（智慧管理，把控运输过程）、后端（高效匹配，提升处置能力）一起抓，努力构建完整的闭环的全程的生活垃圾分类体系。

① 前端。给居民小区统一配备分类垃圾桶，在全市布设垃圾分类桶 30 万个，要求小区优化分类垃圾桶点位布局，垃圾桶每日清洗、定期消杀。

② 中端。配齐分类运输车辆，市政集团购置厨余垃圾转运车 90 辆，有害垃圾运输车 9 辆，采购经费按市区 6：4 比例承担。实行厨余垃圾、有害垃圾、餐厨垃圾直运，减少中转环节。厨余垃圾采取公交化的直运模式（直运线 60 条收集点 1600 余个），封闭转运到厨余垃圾处理厂，减少了中转环节，防止了二次污染。

③ 在后端。全市共有东部、中部和西部 3 个处理基地。其中东部已建成工业废物处置中心 1 座（年处理能力 4.65 万吨），可满足有害垃圾处理需求。

瑞科际餐厨垃圾处理能力 500 吨，正推动瑞科际垃圾处理示范厂（日处理厨余垃圾 600 吨）技术改造，加上正在运行的后坑垃圾分类处理厂（日处理厨余垃圾 600 吨），2019 年全市厨余垃圾处理能力达到 1200 吨。

后坑焚烧厂日处理能力 400 吨，西部海沧焚烧厂一期日处理能力 600 吨，二期 1250t/d 处理能力，东部焚烧厂一期处理能力为 600t/d，东部垃圾焚烧发电厂二期（日处理能力 1500 吨，计划 2019 年底建成投用）已进入主体施工，2019 年全市垃圾焚烧能力达到 4350 吨。

全市垃圾总处理能力达 6050 吨，2019 年年底原生垃圾"零填埋"目标可以实现。

还建成大件垃圾处理厂 4 座（思明、湖里、海沧、集美）。

因地制宜建设绿化垃圾等处理设施，并建立废旧玻璃、陶瓷收集、处理体系，实现资源化利用。

基本形成有害垃圾定时收运，大件垃圾预约收运，分类垃圾分类处理的格局，形成比较完善的全程分类硬件体系。

3.2.3.7　积极使用先进技术开展垃圾分类

① 信息化监管。推进生活垃圾分类数字监管系统建设和智慧环卫平台建设，

建成全省首个餐厨垃圾信息化管理平台，实现餐厨垃圾产、收、运、处全流程信息化监管。

② 智慧化试点。先锋营小区、信隆城小区等引进智能化垃圾分类系统，成为首批利用"互联网+"进行垃圾分类的试点小区。

3.2.3.8 加大经费投入

2017年市财政将垃圾分类工作经费纳入财政预算，总投入资金规模达 5.32 亿元，人均财政负担 133 元 / 人。其中，投入 2.6 亿元用于推进东、西部垃圾焚烧发电厂的二期建设，年内建成 1 座工业废物综合处置中心、2 座大件垃圾处理厂；统筹安排资金 1.33 亿元，用于餐厨和厨余垃圾末端处置运营，政府购买服务支出；市、区两级财政共投入 1.2 亿元，购置垃圾分类专用运输车 454 辆。

市级财政还调整安排资金 1800 多万元，用于建设福建省首个餐厨垃圾信息化管理平台以及垃圾分类宣传、培训、垃圾分类机构工作经费等。餐厨垃圾信息化管理平台可实现餐厨垃圾收集、运输、处理全流程信息化监管。

3.2.3.9 示范引领、"盲区"重点突破

推开阶段抓示范引领，确定 20 个小区和 45 所学校作为示范点；全面铺开阶段抓"盲区"，重点突出民营企业、非星级酒店、农贸市场、无物业小区等盲点区域。

3.2.3.10 用经济手段激励社会资本参与垃圾分类

发挥市场机制作用，制定激励措施，鼓励社会资本参与生活垃圾分类建设运营。已有"福建中奎"和"废品大叔"两家资源回收民营企业回收设施进小区"以箱置桶"，开展再生资源回收利用；瑞科际和联谊吉源两家末端处理民营企业参与厨余垃圾和餐厨垃圾的处理工作。

为保障财政资金安全，有效降低运行成本，市财政按照"补偿成本，合理收益，节约资源，公平负担"的原则，组织对联谊生活垃圾分拣厂的处置运行成本进行审核，通过分析核定单位合理成本，科学对比混合垃圾生化处理与焚烧处理工艺以及对环境造成的污染；同时对垃圾各个处理环节（包括压缩、转运、焚烧、填埋、渗滤液处理等）进行重点绩效评价，综合评价资金投入产出成效，不断提高财政资金使用效益。

此外，在现有财政保障制度的基础上，建立以奖代补机制，重点考评岛内 200 条背街小巷的环境卫生保洁，促进垃圾分类在各个层面顺利实施。

实施积分奖励机制，对低值可回收物实行财政补贴，对回收企业回收箱进社区给予资金补助，并依托国有企业对玻璃瓶等低价值回收物进行处理作为建筑材料等。

3.2.3.11 积极开展宣传教育

把生活垃圾分类作为文明城市再创建再提升的重要抓手。

让绿色环保理念"深植"人心。由市委领导带头开设"垃圾分类厦门在行动"

专题讲座，组建宣讲团深入街道社区巡回宣讲；制作思明快板、湖里三字经、翔安答嘴鼓、同安垃圾分类歌、集美环保舞蹈等一系列群众喜闻乐见、寓教于乐的垃圾分类文艺作品，让市民在潜移默化中变成绿色环保理念的积极践行者。

让垃圾分类意识"助推"素质养成。充分发挥人民群众在垃圾分类中的主体作用，把推行生活垃圾分类纳入基层文明创建，作为市民文明行为示范点的一项重要指标。

坚持教育先导，从"要我分"到"我要分"。编写全省首套中、小学及幼儿园 3 种版本的垃圾分类教材，把垃圾分类知识纳入教学体系。启动"小手拉大手"活动，达到"教育一个孩子，影响一个家庭。改变一个家庭，带动一个社区"的效果。

3.2.4　几个社区分类的案例

3.2.4.1　湖里区湖里街道兴华社区的垃圾分类

兴华社区开展垃圾分类"520 行动"。"5"是指以党总支为引领，充分发挥社区居委会、公检法执法部门、共建单位（社会力量）、物业公司（业委会）、全体党员居民五大元素，成立垃圾分类"520 行动"联谊会，深入开展居民垃圾分类工作，引导居民群众我要参与垃圾分类活动，我要为垃圾分类工作出力。"2"指的是实现美丽、和谐两大目标。"0"指的是垃圾分类工作中倡导"有您真好"，服务居民"零距离"。

在宣传氛围的营造上，兴华社区充分发挥展板、红布条、网格化信息平台、LED 电子显示屏、免费 WiFi 等宣传阵地作用，利用垃圾分类等宣传标语，让过往的居民群众一目了然。在兴华社区，居民只要打开手机连接 WiFi，在阅读社区垃圾分类宣传内容 15s 后就能自动免费上网。

在监督管理上，兴华社区创新使用互联网管理平台，实行"乐色主义"。在此平台当中，可以进行扫码投放、分类宣导、乱投放曝光、积分奖励、环保档案、绿色账户等功能。在垃圾分类投放点安装高清摄像头，并将物业管理现有的监控都利用起来，只要一个工作人员坐在电脑前就可以督导到居民垃圾分类实际情况。

3.2.4.2　思明区厦港街道巡司顶社区的垃圾分类

巡司顶社区突出社区党委作用，在碧山临海成立小区党支部，召开党员大会和支部会议，启动"垃圾分类、党员先行"活动，签订党员责任承诺书，给每户居民分发户内垃圾桶，从源头上宣传并督导垃圾分类行为。党员亮身份，并进行楼层包干督导活动，进一步发挥党员模范带头作用，创建小区党员微信群，提出合理化建议，切实推动垃圾分类工作出实效。

从 2019 年 3 月 18 日开展"垃圾分类、党员先行"活动，到目前为止碧山临海小区居民的垃圾分类知晓率达到 100%、参与率 98%、准确率 86%。

3.2.4.3　集美区侨英街道海凤社区的垃圾分类

侨英街道与华侨大学共同研发了"互联网＋垃圾分类"智能信息管理系统，动员居民力量，携手从自家的垃圾桶做起，从最开始的"干湿分离"到"四分类"，逐步推进社区家庭垃圾分类工作。海凤社区的具体做法如下。

① 社区居民以户为单位，先到社区居委会以自己的房号和电话号码作为用户名和密码激活自家的账户。

② 激活后可以免费领取厨余垃圾收集桶及二维码，利用厨余垃圾收集桶收集每天的厨余垃圾。

③ 住户将收集好的厨余垃圾贴上二维码，投放到小区指定的厨余垃圾投放点。

④ 清洁工负责将投放点的厨余垃圾运送到厨余垃圾生化处理站进行称重，扫描二维码。

⑤ 输入系统后，后台系统会给予用户相对应的积分。居民在家用 APP 就可查看自己的积分，根据自己的积分到社区居委会兑换相对应的礼品。

⑥ 清洁工会将厨余垃圾拆包，投放至有机垃圾生化处理机中，进行分解处理，经过处理的厨余垃圾可变成有机肥，然后返拨回社区作为园林绿化、培肥地力使用。

3.2.5　存在的问题

① 部分市民群众的分类意识还不够强。厦门市作为一个外来人员、流动人口占全市人口过半的城市，一些单位和个人从"要我分"到"我要分"还有一定的差距。

② 厨余垃圾处理工艺还不成熟。厨垃圾含水（油、盐）率高，目前厦门市主要采取干式发酵、湿式发酵处理工作，但处理效益还有待提升。

③ 农村垃圾分类模式尚待规范。目前厦门市虽然区分城郊村和纯农村，采取不同的分类处理模式，但有待于进一步规范。

3.3　深圳市垃圾分类

3.3.1　垃圾分类概况

早在 2000 年，深圳市就启动了垃圾分类试点工作。深圳市是生活垃圾分类 46 个重点城市之一，在住房和城乡建设部 2018 年第二、三、四季度和 2019 年第一季度对全国 46 个重点城市生活垃圾分类工作检查考核中，深圳市连续排名第二。

3.3.2　垃圾分类的原则

深圳市推进垃圾分类的原则是"三大体系""两篇文章"。"三大体系"：分流分类、宣传督导、压实责任。"两篇文章":算好减量账,不断提高居民参与率。

3.3.2.1 "三大体系"

(1)全过程体系化,"大分流、细分类"

1)形成"源头充分减量、前端分流分类、中段干湿分离、末端综合利用"的"大分流、细分类"垃圾收运处理体系。

对量大且集中的餐厨垃圾、绿化垃圾、果蔬垃圾实行大分流收运处理;对家庭产生的有害垃圾、玻金塑纸、厨余垃圾、废旧家具、年花年桔和废旧织物进行细分类,避免后端"大杂烩"。目前,深圳大分类细分流收运处理体系不断完善,日均生活垃圾分流分类回收量约 2200t。

2)"集中分类投放 + 定时定点督导"的住宅区垃圾分类模式

"集中分类投放 + 定时定点督导"的住宅区垃圾分类模式,即楼层不设垃圾桶,在楼下集中设置分类投放点,安排督导员每晚 7 ~ 9 时在小区垃圾分类集中投放点进行现场督导,并引导居民参与分类、准确分类。

3)不同类型的垃圾由不同企业收运

不同类别的垃圾由不同的收运企业负责,这些企业由政府公开招标,专项负责某项类别的垃圾收运,因此不同的收运车辆标识都不一样。由于各企业的运营项目不同,收取非自身企业收运的垃圾并不会产生利益,因此不会出现混收的情况,这也有效避免了广受社会关注的垃圾混运问题。

垃圾的收运平均 2 ~ 3 天一次,当存储量达到 2/3 后便会向相关类别的收运公司预约清运。可回收物内的玻璃、金属、塑料、纸四个类别中,玻璃最多。废旧家具等大件垃圾平均一个月收运 4 ~ 5 次左右,来一次便可装满一车。分类收运只能通过深圳垃圾分类公众号预约指定单位。

(2)宣传督导

包括宣传发动、蒲公英计划、公益组织参与等,建立了垃圾分类督导员、推广大使、志愿讲师等几支队伍,引导带动全社会参与,其中督导是目前开展垃圾分类的重点。

深圳首创实施"蒲公英计划",搭建垃圾分类公众教育平台。将生活垃圾分类科普教育基地建设工作纳入各区政府绩效考核内容之一。另外还构建垃圾分类公众教育课程体系,与仙湖、公园管理中心等全市首批 13 所教育中心、学校共同打造"垃圾分类微课堂"。组建首批 72 人的深圳市生活垃圾分类志愿讲师团,负责全市科普教育宣传普及。着手开发科普教育统一课件,规范培训课件,实现垃圾分类公众教育的规模化和常态化,打造垃圾分类课堂品牌。

2015 年起,将每周的周六定为"资源回收日"。

搭建了 4 种督导模式:依托基层党组织,发动社区党员参与,建立党员先锋示范督导模式;通过政府购买服务,建立"社工 + 义工"的"双工"联动督导模式;发动社区老年人和热心居民共同参与,建立社区自治的督导模式;落实物业管理责任，建立以物业为主导的督导模式。

深圳因组织动员 7800 余名党员志愿者指导居民分类这项工作，得到住房和城乡建设部点名表扬。

（3）压实责任

构建责任体系，落实物业管理企业、集贸市场、餐饮企业、机关企事业单位、分类回收处理企业以及区、街、社区各级主体责任。近年来，深圳市垃圾分类工作围绕压实"六个责任"展开：一要压实物业服务企业在住宅区开展垃圾分类的责任；二要压实集贸市场开展果蔬垃圾分类的责任；三要压实餐饮企业进行餐厨垃圾分类的责任；四要压实机关企事业单位在本食堂开展餐厨垃圾分类等的责任；五要压实区、街道、社区推动辖区开展垃圾分类工作的责任；六要压实垃圾分类第三方服务企业如收运和处理企业承担相应的收运和处理的责任。

3.3.2.2 "两篇文章"

（1）算好减量账

把辖区八大分流分类处理体系的账算好算清，对于分流分类垃圾要全量处理、应收尽收，充分评价分类效果。

在扩大八大分流分类收运覆盖范围时提高回收处理量，以"减量"为重点扎实推进分类工作。

（2）不断提高居民参与率

算好参与账，不断提升单位、学校、物业小区居民参与率，参与率高了，分类分流量自然也会增加。深圳不仅给居民一个清晰的垃圾分类投放指引，还给一个垃圾分类投放处，让居民小区里投放指引清晰，设施布局完善。

市区城管部门同步开展了统一、规范、完善的垃圾分类设施进有物业管理的小区、城中村的工作。2019 年 10 月底，全市 3478 个有物业管理的住宅区（城中村）已全部完成生活垃圾分类设施设置。

3.3.3 垃圾分类的做法

深圳市通过建立规章制度、建立专职机构等做法推进垃圾分类。

3.3.3.1 规章制度

（1）2015 年《深圳市生活垃圾分类和减量管理办法》正式施行，深圳开始全面推行垃圾分类，并明确了生活垃圾的分类标准，将生活垃圾分为可回收物、有害垃圾和其他垃圾 3 类。

（2）随后，深圳还相继出台了分类设施设备配置等 3 个地方标准和 7 个规范性文件。

（3）2017 年 6 月 3 日，深圳发布全国首份《家庭生活垃圾分类投放指引》。

（4）2019 年初深圳还通过了《全面推进生活垃圾强制分类行动方案

（2019 ～ 2020）》。

（5）2019 年 8 月，深圳市政府已提请市六届人大常委会第 35 次审议《深圳经济特区生活垃圾分类管理条例 (草案)》，标志着"垃圾分类"在深圳正式进入立法审议程序。此次立法范围涵盖生活垃圾源头减量、分类投放、分类收集、分类运输和分类处理的全过程。

（6）《深圳经济特区生活垃圾分类投放规定（草案）》已经完成向社会征求意见，立法工作正在紧锣密鼓进行。重点聚焦垃圾分类的首要与核心环节——分类投放环节，对生活垃圾分类标准、分类投放要求、垃圾处理收费制度、法律责任等方面作出明确规定，生活垃圾分类标准更加细致，处罚额度也适当加大。其中一大亮点是提出深圳将逐步建立计量收费、分类计价的收费制度。

（7）深圳市城市管理和综合执法局网站发布关于《深圳市推进生活垃圾分类工作激励实施方案（2019 ～ 2021）》（征求意见稿）。2019 ～ 2021 年期间，深圳市每年安排生活垃圾分类激励补助资金 9375 万元，其中，各区财政共承担 6250 万元，市财政安排 3125 万元。每年对分类成效显著的家庭、个人、住宅区和单位给予激励，限额分别为 5000 个、1000 个、500 个，单位不限定名额。生活垃圾分类积极个人资金补助为 1000 元；生活垃圾分类好家庭为 2000 元 / 户；生活垃圾分类绿色小区，通报表扬并按照 10 万元 /1000 户的标准补助，不足 1000 户的，每减少 100 户，补助资金减少 5%，超过 1000 户的，每增加 100 户，补助资金增加 5%，最高补助不超过 30 万元；生活垃圾分类绿色单位，仅通报表扬，不进行资金补助，但分别认定"生活垃圾分类绿色单位"的主要领导、分管领导（或主管部门领导）。

3.3.3.2　专职机构

2013 年 7 月 1 日，深圳市生活垃圾分类管理事务中心挂牌成立，是全国首个生活垃圾分类管理的专职机构，深圳市城市管理和综合执法局下属全额拨款的正处级事业单位，并建立了官网。各区也相继成立垃圾分类管理机构。

深圳市生活垃圾分类管理事务中心的主要工作如下。

① 参与拟订生活垃圾减量分类的政策法规、发展规划和年度计划；研究拟订垃圾减量分类的有关标准和规范。

② 组织、指导生活垃圾减量分类试点、示范点建设、达标小区（单位）创建和推广实施等事务性工作；承担生活垃圾减量分类的宣传、教育、培训等事务性工作；参与生活垃圾减量分类工作的检查、监督、考核、评价。

③ 组织开展生活垃圾减量化、资源化、无害化和产业化发展研究，组织开展生活垃圾分类收运处理技术、工艺、设备的研究、引进、应用等工作。

④ 受市环境卫生管理处委托，承担市属生活垃圾处理设施日常运行的监测工作；参与垃圾处理设施运行状况和处理效果的年度考核评价。

⑤ 承办主管部门交办的其他工作。

3.3.3.3 根据终端处理设施的情况调整类别

根据终端处理设施的情况，调整类别：在只有焚烧厂、填埋场时分三类；随着餐厨垃圾处理厂的建设，调整为四类。

2015 年分为可回收物、有害垃圾和其他垃圾三类。

目前是可回收物、厨余垃圾、有害垃圾和其他垃圾四类。

将调整为可回收物、有害垃圾、易腐垃圾和其他垃圾四大类，与现行分类办法相比增设了"易腐垃圾"类别。其中，可回收物细分为废弃玻璃、金属、塑料、纸类、织物、家具、电器电子产品、年花年桔八类；易腐垃圾又分为餐厨垃圾、厨余垃圾、果蔬垃圾、绿化垃圾四类。在 46 个试点城市中深圳市分类最为细致。

3.3.3.4 经济手段

（1）收费机制

深圳市人民政府按照"谁产生谁付费和差别化收费"的原则，逐步建立计量收费、分类计价的收费制度。收费制度优化调整后，原则上参与分类的市民家庭购买专用垃圾袋的费用低于现行随水费征收的模式。"随袋收费"但不是要求购买指定的垃圾袋。

（2）奖励机制

深圳市城市管理和综合执法局网站发布关于《深圳市推进生活垃圾分类工作激励实施方案（2019～2021）》。于 2019 年 11 月 1 日起正式实施。实施有效期 3 年，深圳市每年安排生活垃圾分类激励补助资金 9375 万元，其中，各区财政共承担 6250 万元，市财政安排 3125 万元。奖励涉及个人、家庭、住宅区、单位，其中，生活垃圾分类积极个人补助资金 1000 元；生活垃圾分类好家庭补助资金 2000 元；生活垃圾分类绿色小区资金补助为 10 万元 /1000 户，每个小区最高补助不超过 30 万元；生活垃圾分类绿色单位的主要领导、分管领导（或主管部门领导）、经办人认定为"生活垃圾分类积极个人"、给予补助金 1000 元 / 人。

3.3.3.5 完善的终端处理设施

① 焚烧厂。南山蛇口垃圾焚烧厂，盐田垃圾焚烧厂，平湖垃圾焚烧厂，老虎坑垃圾焚烧厂，清水河垃圾处理厂（环卫厂 1988 年投产，是国内最早的垃圾焚烧厂）。

② 填埋场。清水河下坪固弃物填埋场、宝安阿婆髻垃圾填埋场、玉龙坑垃圾填埋场、宝安老虎坑垃圾填埋场、龙岗坪山鸭湖垃圾填埋场、南山垃圾填埋场。

2020 年东部环保电厂、老虎坑垃圾焚烧发电厂三期、妈湾城市能源生态园三大垃圾处理设施将全面建成，新增垃圾焚烧处理能力 10300t/d。

深圳市餐厨垃圾处理设施情况如表 3-5 所列。

表 3-5 深圳市餐厨垃圾处理设施（2018 年 11 月）

项目名称	特许经营企业	设计处理规模 / （t/d)	设施地点
罗湖区餐厨垃圾收运处理项目	东江环保股份有限公司	200	罗湖区清水河下坪固体废弃物填埋场
龙岗区中心城环卫综合处理厂垃圾分类处理项目（餐厨垃圾收运处理）	深圳市朗坤生物科技有限公司	230	龙岗区坪地红花岭中心城垃圾发电厂
南山区餐厨垃圾处理项目	深圳市腾浪再生资源发展有限公司	200	南山区妈湾大道 1018 号
深圳市城市生物质垃圾处置工程 BOT 项目	深圳市利赛环保科技有限公司	500	布吉郁南环境园

结合环境综合整治，打造园林式、花园式一体化处理末端基地——塘朗山垃圾分类环境生态园。该生态园原为多个非法占据场地的停车场、修理厂、废旧物品堆放场等，经处理并将场地清理干净后，将年花年桔回植、废旧家具、玻金塑纸、果蔬垃圾、厨余垃圾、废旧电池及灯管分拣（处理）六大分流体系纳入一体化处理基地建设，逐步打造出深圳市首个园林式、花园式一体化的垃圾分类环境生态园。将该园区建成一个可以向全市乃至全国推广的垃圾分类处理基地。

3.3.3.6 经费保障

2018 年市、区各级财政在生活垃圾分类工作中累计投入约 2.3 亿元。

3.3.4 垃圾分类的经验与启示

（1）深圳市垃圾分类成功的经验

依靠其强大的财政投入、高效强有力的行政手段、全过程体系化和各环节的细致化的管理和操作、完善的终端处理设施。

（2）对广西的启示

① 尽快在自治区层面立法，并出台了市级政府规章、地方标准和规范性文件。

② 成立了生活垃圾分类管理的专职机构，构建垃圾分类的官方网站。

③ 现阶段的处罚很难执行，不要完全指望处罚，而应侧重宣教。

④ "厨余垃圾拆袋投放"或者密闭桶装投放，避免增加塑料袋，会把食品包装塑料袋、纸盒子等全放进厨余垃圾桶里。

⑤ 统一、规范宣传教育课件，建立在线宣教网。

⑥ 各市应根据终端处理设施的情况，设置适宜的分类类别，可以分期分阶段逐步过渡到 4 类。

⑦ 加快建设完善终端处理设施。

⑧ 奖励机制。广西可以精神奖励或者对子女入学给予优惠，例如分类做得非常好的家庭的子女可以优先上比较好的幼儿园、小学、中学等。

3.4 上海市垃圾分类

3.4.1 垃圾分类概况

上海市在 2000 年就成为国内首批 8 个垃圾分类的试点城市之一，也是生活垃圾分类 46 个重点城市之一。上海市是全国首个全面开展生活垃圾分类的城市。2017 年上海市垃圾清运量达到 743 万吨，人均垃圾清运量为 841g/d，2014 年后无害化处理率 100%。

在住房和城乡建设部 2018 年第二季度、第三季度对全国 46 个重点城市生活垃圾分类工作检查考核中，上海市排名分别为第五、第四。2019 年第一季度、第二季度考核与厦门市并列第一。

3.4.2 推进垃圾分类的原则

3.4.2.1 政府推动，全民参与

落实市、区、街镇三级管理职责，加强部门属地联动，强化宣传、引导、监管职能，逐步形成党政机关、企事业单位及广大居民自觉参与生活垃圾分类减量的良好氛围。

3.4.2.2 全程分类，整体推进

建立生活垃圾分类投放、分类收集、分类运输、分类处理的全程分类体系。建立整区域推进机制，提升综合实效。统筹发挥政府、企业、社会、居民等各方作用，强化社会共治。

3.4.2.3 政策支撑，法制保障

建立健全垃圾分类配套政策体系，为形成环环相扣利益机制提供必要支撑。加快推进生活垃圾管理地方立法，建立"软引导"与"硬约束"相结合的综合治理体系。

3.4.2.4 城乡统筹，因地制宜

坚持城乡一体化，因地制宜推进生活垃圾全程分类。按照全市总体规划布局，结合各区实际，统筹布局各类垃圾中转、处理设施建设。鼓励街镇、社区（村）因地制宜，探索促进生活垃圾分类的新机制、新模式。

3.4.3 推进垃圾分类的做法

3.4.3.1 政府主导推动

2012 年 4 月，上海市建立了由分管副市长作为第一召集人，19 个市相关部门和 17 个区政府组成的联席会议制度。市住房城乡建设管理部门在垃圾综合治理中

发挥牵头协调作用，市绿化市容管理部门承担生活垃圾全程分类处理体系的行业主管责任。

落实市、区、街镇三级管理职责，加强部门属地联动，强化宣传、引导、监管职能，逐步形成党政机关、企事业单位及广大居民自觉参与生活垃圾分类减量的良好氛围。

3.4.3.2　建立健全规章制度

建立健全垃圾分类配套政策体系，为形成环环相扣利益机制提供必要支撑。加快推进生活垃圾管理地方立法，建立"软引导"与"硬约束"相结合的综合治理机制。

2014 年 2 月，出台《上海市促进生活垃圾分类减量办法》。

2018 年 2 月 7 日，征求《生活垃圾分类标志标识管理规范》意见的函。

2018 年 3 月 9 日，印发《上海市两网融合回收体系建设导则（试行）》的通知。

2018 年 3 月 13 日，出台《关于建立完善本市生活垃圾全程分类体系的实施方案》。

2018 年 4 月 28 日，印发《上海市生活垃圾分类达标、示范街道（镇、乡）考评办法》的通知。

2018 年 7 月 31 日，印发《上海市家用分类垃圾桶技术规范（试行）》《上海市家用分类垃圾袋技术规范（试行）》的通知。

2018 年 9 月 3 日，出台《上海市生活垃圾全程分类体系建设行动计划（2018 ～ 2020 年）》。

2018 年 9 月 14 日，出台《关于进一步规范住宅小区装修垃圾清运相关行为的通知》。

2018 年 11 月 13 日，出台《上海市教育委员会等七部门关于在学校推进生活垃圾分类管理工作的通知》。

2018 年 11 月 15 日，出台《关于规范生活垃圾分类有害垃圾全程管理的通知》。

2018 年 11 月 15 日，出台《关于规范生活垃圾分类有害垃圾全程管理的通知》。

2019 年 4 月 15 日，印发《上海市生活垃圾分类宣传语手册》的通知。

2019 年 4 月 15 日，印发《上海市生活垃圾分类投放指引》的通知。

2019 年 4 月 29 日，出台《上海市生活垃圾分类示范区、达标（示范）街镇（乡、工业区考评办法）》。

2019 年 4 月 29 日，上海市绿化和市容管理局印发《从事城市生活垃圾经营性清扫、收集、运输、处置服务行政审批告知承诺试行办法》的通知。

2019 年 4 月 29 日，上海市绿化和市容管理局发布《生活垃圾收集设施设置技术要求》的通知。

2019 年 4 月 29 日，印发《上海市可回收物体系规划实施方案》的通知。

2019 年 5 月 15 日，出台《上海市生活垃圾管理社会监督员管理办法（试行）》。

2019 年 5 月 15 日，印发《上海市生活垃圾定时定点分类投放制度实施导则》的通知。

2019年5月31日，出台《关于加快推进居住区和公共场所分类容器和标识规范的通知》。

2019年6月10日，印发《对不符合分类质量标准生活垃圾拒绝收运的操作规程（试行）》。

2019年6月17日，印发《上海市生活垃圾总量控制管理办法》的通知。

2019年6月28日，上海市绿化和市容管理局印发《关于拒绝收运分类不符合标准生活垃圾的操作规程（暂行）》的通知。

2019年6月28日，上海市绿化和市容管理局关于印发《关于规范本市大件垃圾管理的若干意见》的通知。

2019年7月1日起施行《上海市生活垃圾管理条例》。

2019年7月15日，印发《上海市农贸市场、标准化菜市场湿垃圾就地处理设施配置标准》的通知。

2019年7月19日，出台《上海市单位生活垃圾处理费征收管理办法》。

2019年8月30日，印发《本市生活垃圾清运工作指导意见》的通知。

2019年9月12日，印发《完善生活垃圾分类示范区和达标（示范）街镇（乡、工业）考评办法与标准细则的通知》。

2019年9月12日，出台《关于进一步做好本市物业管理区域生活垃圾分类管理工作的通知》。

2019年12月16日，出台《上海市生活垃圾分类专项补贴政策实施方案》。

2020年6月16日，出台《上海市餐厨废弃油脂处理管理办法》。

3.4.3.3　全面实行生活垃圾强制分类

明确生活垃圾分为可回收物、有害垃圾、湿垃圾和干垃圾4类。

规范生活垃圾分类收集容器设置，在该市范围内的居住小区、单位、公共场所设置分类收集和存储容器。

稳步拓展强制分类实施范围。按照"先党政机关及公共机构，后全面覆盖企事业单位"的安排，分步推进生活垃圾强制分类。

3.4.3.4　经济手段

深化绿色账户正向激励机制。以"自主申领、自助积分、自由兑换"为方向，坚持完善绿色账户激励机制。拓展绿色账户开通渠道，不断拓展绿色账户覆盖面，完善绿色账户积分规则，发挥绿色账户在促进干湿分类、可回收物回收方面的激励作用。加大政府采购力度，引进第三方参与垃圾分类的宣传、指导、监督工作。完善绿色账户监管模式，提升绿色账户第三方服务质量。探索绿色账户市场化运作方式，坚持政府引导、市场参与，多渠道募集资源，增强绿色账户影响力和吸引力。

3.4.3.5　完善设施

（1）推进"两网融合"

加快推进"两网融合"（"两网融合"是指城市环卫系统与再生资源系统两个网络有效衔接，融合发展，突破两个网络有效协同不配套短板，其目的是实现垃圾分类后的减量化和资源化[5]。）按照"有分有合，分类分段"的原则，进一步厘清再生资源回收管理职责，加快推进居住区再生资源回收体系与生活垃圾分类收运体系的"两网融合"。推进源头垃圾分类投放点和再生资源交投点的融合，促进环卫垃圾箱房、小压站复合再生资源回收功能。

重构可回收物专项收运系统，落实再生资源回收"点、站、场"布局。2018年，全市建成 2000 个回收网点、109 座中转站和 10 个集散场；2019 年，全市建成 5000 个回收网点、170 座中转站；到 2020 年全市建成 8000 个回收网点和 210 个中转站。

（2）完善"大分流"体系

不断完善"大分流"体系。坚持"大分流、小分类"的基本路径，不断完善"大分流"体系。加强装修垃圾管理，规范居住小区装修垃圾堆放点设置，引导居民对装修垃圾开展源头分类及袋装堆放。鼓励通过交换、翻新等措施，实现木质家具等大件垃圾再利用；鼓励再生资源回收企业回收利用大件垃圾。结合建筑垃圾中转分拣设施建设，逐步建立大件垃圾破碎拆解体系。促进枯枝落叶的资源化利用，完善枯枝落叶单独收集体系。完善集贸市场垃圾分流体系，强化集贸市场垃圾的源头分类，鼓励有条件的集贸市场设置湿垃圾源头减量设施。上海已完成 2 万个分类投放点改造和 4 万余只道路废物箱标识的更新。

（3）全面实行分类驳运收运

明确各类生活垃圾分类收运要求，分类后的各类生活垃圾实行分类收运。有害垃圾交由环保部门许可的危险废弃物收运企业或环卫收运企业专用车辆进行分类收运。可回收物采取预约或定期协议方式，由经商务部门备案的再生资源回收企业或环卫收运企业收运后，进行再生循环利用。湿垃圾由环卫收运企业采用密闭专用车辆收运，严格落实作业规范，避免收集点对周边环境影响，避免运输过程滴漏、遗撒。干垃圾由环卫收运企业采用专用车辆收运。

建立完善分类转运系统。以确保全程分类为目标，建立和完善分类后各类生活垃圾转运系统。强化干垃圾转运系统，提升市属生活垃圾水陆集装联运系统能力。完善湿垃圾中转系统，推进市、区两级中转设施改造，配置湿垃圾专用转运设备及泊位。建设可回收物转运系统，合理布局建设可回收物中转站、集散场。

配置及涂装湿垃圾车 1092 辆、干垃圾车 3197 辆、有害垃圾车 80 辆以及可回收物回收车 154 辆。

改造分类收运中转设施。2018 年底前，全市 41 座大型中转站全面实现"干、湿"垃圾分类转运。市属中转码头 2018 年设置 45 只湿垃圾专用集装箱，2019年、2020 年分别达到 90 只和 180 只，以满足中心城区逐年增长的湿垃圾中转需求。

（4）增强生活垃圾末端分类处理能力

加快提升生活垃圾分类处理能力。建立完善垃圾无害化处理及资源化利用体系，形成生活垃圾全市"大循环"、区内"中循环"、镇（乡）"小循环"有机结合、良性互动的分类处理体系。推进上海各区新建或扩建垃圾处理设施，满足无害化处置需求。坚持"集中与分散相结合"的布局，加快推进湿垃圾处理利用设施建设。积极推进建立全市性的可回收物集散中心，在依托全国市场的基础上，结合循环利用产业园区建设，布局再生资源产业，提升资源利用水平。

提高湿垃圾资源化利用能力。推广同行经验，落实属地责任，将区级湿垃圾设施建设成效列入属地行政绩效考核体系，落实项目建设领导负责制，加快推进设施建设。老港湿垃圾资源化利用工程（1000t/d）、松江湿垃圾资源化利用工程（500t/d）、金山湿垃圾资源化利用工程（250t/d）、浦东湿垃圾资源化利用工程（700t/d）2018年上半年开工建设，嘉定湿垃圾资源化利用工程（400t/d）、宝山湿垃圾资源化利用工程（500t/d）2019年下半年开工建设，实现年内全面开工。2019年全市湿垃圾处理能力达到4300t/d，其中集中处理设施900t/d，技改设施1800t/d，就地就近1500t/d；2020年，日处理能力达到7000t/d。实现本市普遍推行生活垃圾分类制度后的湿垃圾资源化利用能力需求。

提升干垃圾无害化处置水平。目前本市已规划建设焚烧能力为1.93万吨/日（含老港再生能源利用中心二期6000t/d在建），根据《全程方案》，拟增加9700t/d焚烧能力。通过落实项目属地政府和建设主体责任制，实现浦东黎明二期（3000t/d）、宝山（3000t/d）、松江天马二期（1500t/d）、奉贤二期（1000t/d）、金山二期（700t/d）、崇明二期（500t/d）年内开工。

嘉定（1500t/d）、老港基地（3000t/d）作为规划预留项目，完成规划预留项目研究工作。全力推进前述设施建设，到2020年达到3.28万吨/日以上的生活垃圾总处理能力。

2014年，上海市就已实现对清运的生活垃圾进行100%的无害化处理（见图3-2）。

2011~2017年上海市垃圾焚烧比重显著提高，垃圾填埋略有下降，相比于2011年的8.41%焚烧比重，2017年已经提高到48.55%，如图3-3所示。2019年7月，上海老港再生能源利用中心二期正式启用，新增焚烧处理能力6000t/d，垃圾填埋比重有望进一步降低。

上海正逐步提升湿垃圾处理能力，计划2020年湿垃圾处理能力达到6300t/d，并逐步降低干垃圾末端处理上限，计划2020年降低到1.81万吨/日（见表3-6）。

截至2019年5月底，上海市湿垃圾资源利用能力已达5050t/d，其中集中处置1200t/d，分散处置3850t/d，如表3-7所列。且"十三五"规划确定的老港、松江、金山等6个湿垃圾项目均已开工建设，在集中处置产能进一步提升的同时，通过就地就近处置产能的有效补充，完成2020年7000t/d的产能目标。

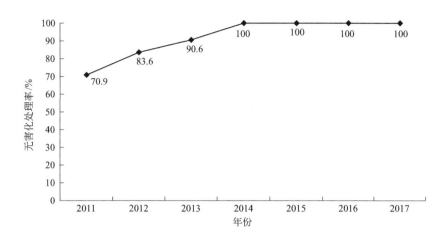

图 3-2　上海市垃圾无害化处理率

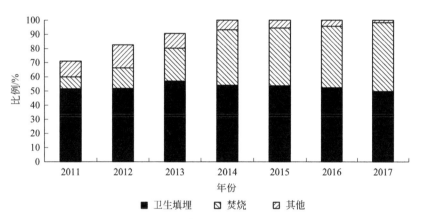

■ 卫生填埋　　☒ 焚烧　　☒ 其他

图 3-3　上海市各类垃圾无害化处理方式占比

表 3-6　2020 年上海生活垃圾处理目标

年份	可回收物			湿垃圾			干垃圾
	两网融合服务点/个	中转站/个	可回收资源利用量/(t/d)	湿垃圾收运车/辆	湿垃圾专用集装箱/个	湿垃圾分类处理量/(t/d)	干垃圾末端处理上限/(万吨/日)
2018 年	2000	100	660	640	45	3480	2.14
2019 年	5000	170	900	780	90	4880	1.93
2020 年	8000	210	1100	920	180	6300	1.81

表 3-7　上海市湿垃圾资源化处置产能情况（截至 2019 年 5 月底）

项目内容	要求		实际完成	
	2019 年	2020 年	2016 年	2019 年 5 月底
湿垃圾处理能力 /（t/d）其中：	4300	7000	2055	5050
集中处理 /（t/d）	900	—	945	1200
技改 /（t/d）	1800	—	—	—
就地就近 /（t/d）	1500	—	1110	3850

截至 2019 年 5 月底，上海市湿垃圾专用收运车辆已达 908 辆（超额完成 2019 年 780 辆的要求），湿垃圾专用集装箱、回收网点、中转站数量分别达 50 只、4237 个、109 座，如表 3-8 所列。

表 3-8　上海市收运体系（截至 2019 年 5 月底）

项目内容	要求			实际完成		
	2018 年	2019 年	2020 年	2018 年 11 月底	2019 年 3 月底	2019 年 5 月底
全市湿垃圾专用收运车辆 / 辆	640	780	920	650	781	908
市属中转码头湿垃圾专用集装箱 / 只	45	90	180	—		50
回收网点 / 个	2000	5000	8000	3000	3962	4237
中转站 / 座	109	170	210		99	109

上海垃圾处置体系的建设目标必须也只能是发展阶梯式资源化利用体系：即以生化技术（堆肥）和资源回收利用为优先处置方案，以焚烧发电为最终处置方案，只有焚烧的残渣在无利用渠道后才可进行填埋[6]。

（5）因地制宜

因地制宜推进生活垃圾全程分类。按照全市总体规划布局，结合各区实际，统筹布局各类垃圾中转、处理设施建设。鼓励街道、社区因地制宜，探索促进生活垃圾分类的新机制、新模式。

3.4.4　效果

3.4.4.1　管理流程

上海市是全国首个全面开展生活垃圾分类的城市，与过去的城市生活垃圾管理体系相比，变化主要有：一是增加了前端督导的环节；二是干湿垃圾从源头开始分离，并建立独立的湿垃圾转运、处理环节；三是可回收物趋向于集中管理；四是有害垃圾的单独收集和处置。如图 3-4 所示。

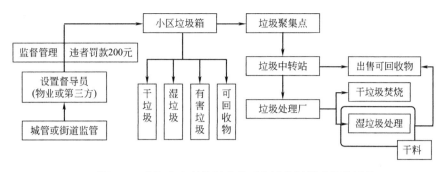

图 3-4 上海市实行垃圾分类后生活垃圾管理流程示意

可回收物是由分散到集中的管理制度上的变化，居民的有害垃圾产生量相对较少，因此在源头上垃圾充分分类后，对于整个环节产生影响最大的是湿垃圾的转运和处理，一方面体现在垃圾车需求的增加，另一方面则是需要新增湿垃圾处理设施。

3.4.4.2 各种垃圾量的变化

2019 年 8 月底，上海可回收物回收量达到 4500t/d（见表 3-9），较 2018 年底增长了 5 倍；湿垃圾分出量约达到 9200t/d，较 2018 年底增长了 130%；干垃圾处置量控制在低于 15500t/d，较 2018 年底减少了 26%。

表 3-9 上海垃圾量变化 单位：t/d

2019 年	湿垃圾	干垃圾	可回收物	合计
2 月	4400		1100	
3 月	5163	20161	2400	27724
4 月				
5 月	6220	21000	3213	30433
6 月	6950	19370	4000	30320
7 月	8200	17100	4400	29700
8 月	9200	15500	4500	29200
9 月	9009	15275	5605	29889
10 月	8710	14830	5960	29500

截至 2019 年 10 月底，上海开展垃圾分类后，垃圾清运总量下降、可回收物量增加、湿垃圾量先增后降、干垃圾量下降。

3.4.4.3 分类成本

表 3-10 表明：上海市和日本东京市在垃圾分类、处理方式、处理成本等方面存在着差异。两地分类方式同为 4 类，但上海把餐厨垃圾归为湿垃圾，通过资源化的方式处理，而东京市把餐厨垃圾归为可燃垃圾，通过焚烧的方式处理。除此之

外，东京市垃圾处理成本远高于上海市。上海市垃圾分类与处理全过程总成本为985 元 / 吨（前端垃圾分类服务成本 390 元 / 吨，包括垃圾分类督导和装备垃圾分类智能设备；中端垃圾收运成本为 290 元 / 吨，终端垃圾处理成本为 305 元 / 吨），远低于东京市垃圾全过程处理成本折合人民币 3672 元 / 吨。

在垃圾焚烧方面，东京市垃圾处理方式以焚烧为主，焚烧占比已超 80%。目前上海市垃圾焚烧与填埋各占 50% 左右，上海市正在学习"东京模式"，争取 2020年实现干垃圾"全焚烧零填埋"。

而在垃圾计量收费方面，东京实行垃圾计量收费，上海计量收费还在探索阶段。东京通过指定垃圾处理袋、处理券对垃圾进行计量收费，居民一般承担垃圾处理经费的 18% ～ 25%。

表 3-10　上海市和东京市垃圾分类与处理的对比

对比指标	上海	东京
垃圾排放量 /（万吨 / 年）	743.1	415.6
每人每日垃圾排放量[g/（人·d）]	840	836
垃圾分类方式	有害垃圾、可回收物、湿垃圾、干垃圾。餐厨垃圾被归为湿垃圾，一般通过资源化处理	生活垃圾被分为资源垃圾、易燃垃圾、不可燃垃圾和大件垃圾四大类。餐厨垃圾被归为易燃垃圾，一般通过焚烧进行处理
垃圾处理部门	各地方政府应当通过政府采购等方式与收集、运输和处置企业签订协议，再由中标企业进行垃圾收集运输和处理	政府部门负责分类收集运输和处理
垃圾处理方式	2017 年上海市的垃圾焚烧与填埋各占 50% 左右，上海市争取 2020 年实现干垃圾"全焚烧零填埋"	日本 80% 生活垃圾通过焚烧处理，2014 年日本排放生活垃圾 4432 万吨，其中直接焚烧量达到 3347 万吨
垃圾收费方式	暂无收费标准。2019 年《上海市生活垃圾管理条例》提出逐步计量收费、分类计价的生活垃圾处理收费制度	多摩地区采用指定垃圾袋与垃圾处理券并行的收费方式，东京 23 区不收取家庭垃圾处理手续费，大件垃圾使用垃圾处理券
垃圾分类与处理费用	垃圾处理全过程总成本为 985元 / 吨。前端垃圾分类服务成本为 390 元 / 吨，包括垃圾分类督导和装备垃圾分类智能设备。中端垃圾收运成本为 290 元 / 吨，终端垃圾处理成本为 305 元 / 吨	东京垃圾平均处理成本为 57296日元 / 吨，折合人民币 3672 元 / 吨。2017 年，垃圾收集与运输成本 2416元 / 吨，垃圾处理与处置成本为1370 元 / 吨
居民承担垃圾处理费比重	上海市居民生活垃圾暂无收费标准	东京多摩地区居民承担 23% 垃圾处理费用，日本多地居民承担垃圾处理总经费的 18% ～ 25%

3.5 广州市垃圾分类

3.5.1 垃圾分类概况

广州市在 2000 年就成为国内首批 8 个垃圾分类的试点城市之一，也是生活垃圾分类 46 个重点城市之一。在住房和城乡建设部 2018 年第二季度对全国 46 个重点城市生活垃圾分类工作检查考核中排名第六。

从全国首批生活垃圾分类试点城市，到全国首批生活垃圾分类示范城市，再到全国率先推广"定时定点"模式（2014 年），再到开出全国首张垃圾分类个人罚单（2018 年 8 月 20 日），广州的垃圾分类工作一直处于全国前列。

3.5.2 推进垃圾分类的做法

3.5.2.1 党建引领

广州市充分发挥党建引领中党员先锋模范作用，广泛发动全体党员回归社区参与社会服务，把开展垃圾分类工作纳入党建清单、纳入在职党员回社区报到的服务内容，协助开展推进楼道撤桶和"定时定点"分类投放，加强日常分类投放指导和监督。目前，全市已发动 9 万多名党员干部回社区报到服务，带动广大市民群众积极参与社区垃圾分类，涌现出越秀新河浦社区省直机关共建、天河省军区干休所军民融合、海珠党员"离桶近一点"破袋定投、花都花港社区"秀全大妈"志愿服务、从化西塘"美丽银行"等共建共治共享垃圾分类社区新模式。各级党组织和广大党员的模范带头，促使全体干部职工自觉主动投入到垃圾分类实践活动中，带动更多的市民群众参与生活垃圾分类。

3.5.2.2 管理体系

建立市、区两级生活垃圾分类管理联席会议制度，建立市、区、镇（街）、村（居）委四级管理责任人制度。联席会议共 33 个单位参加，涉及的职能权限覆盖了垃圾分类链条的所有环节。

建立从区委到街镇党委（党工委）书记为垃圾分类工作第一责任人的领导机制，各区要把本区以及辖区内街镇、社区、小区四级垃圾分类责任人名单、联系电话，向社会公开。

3.5.2.3 规章制度

2011 年 4 月 1 日，《广州市城市生活垃圾分类管理暂行规定》正式开始施行，该规定是国内第一部城市生活垃圾分类管理方面的政府规章。

2018 年 7 月 1 日，《广州市生活垃圾分类管理条例》实施，该条例是全国第一部有关城市生活垃圾分类的地方性法规。

2019年3月10日，发布《广州市生活垃圾分类奖励暂行办法（征求公众意见稿）》。

2019年4月22日，发布《广州市餐厨垃圾就近就地自行处置试行办法（征求公众意见稿）》。

2019年8月，发布《深化生活垃圾分类处理三年行动计划（2019～2021年）》。

2019年9月，发布《广州市居民家庭生活垃圾分类投放指南》（2019年版）。

2019年9月，出台《广州市可回收物回收处理体系规划》。

修订《广州市生活垃圾终端处理阶梯式分类收费管理办法》、制定《广州市生活垃圾收运处理系统战略规划（2018～2035年）》《广州市生活垃圾分类收运实施工作方案》《广州市生活垃圾分类投放指南》《广州市机团单位生活垃圾分类指南》《广州市居住小区（社区）生活垃圾分类指南》《加快推进生活垃圾分类工作任务清单》《广州市生活垃圾分类综合考评办法》等制度文件。

3.5.2.4 强化监督管理

（1）落实责任、监督管理

落实生活垃圾分类管理责任人履行生活垃圾分类责任，党政机关、企事业单位、社会团体等单位，住宅小区、公共场所等责任单位应按照生活垃圾分类责任人制度要求履行责任，对责任区域内投放点、投放容器、投放时间进行配置和设定，并对投放人分类投放行为进行发动、指导、监督，发现不按分类标准投放的行为应向所在镇（街）举报。镇政府、街道办事处应对本辖区内分类投放责任人履行管理责任情况进行监督。加强生活垃圾分类管理力量，建立市、区两级生活垃圾分类推广中心。实行生活垃圾管理社会监督员制度。每个镇（街）至少配备3名生活垃圾分类专职督导员，每个社区至少配备1名生活垃圾分类专管员，监督、指导垃圾精准分类投放。将生活垃圾分类纳入网格化服务管理。制定物业服务合同示范文本，督促物业管理企业开展生活垃圾分类，将有关生活垃圾分类行政执法结果纳入物业服务企业的信用管理，形成约束机制。将生活垃圾分类纳入星级旅游饭店和A级旅游景区行业督促、指导内容，纳入旅游行业诚信体系建设。将生活垃圾分类纳入农贸市场、餐饮服务业、旅业的监督管理内容。

（2）考评

将生活垃圾分类纳入城市文明程度指数测评体系。将生活垃圾分类纳入市、区、镇（街）三级机关绩效考核体系。建立生活垃圾分类综合考评制度，开展第三方检查评估，每季度通报工作进展情况，每半年开展一次生活垃圾分类绩效考核。对生活垃圾分类推进不力的单位进行谈话提醒并予以曝光，确保工作落到实处。

（3）严格执法

加大执法检查处罚力度，落实生活垃圾分类常态化执法。2018年7月～2019

年 6 月，市城管执法部门共检查单位 18904 次，发出整改通知书 2425 份，行政处罚 205 宗，罚款金额达 8.68 万元。同时引入第三方机构开展检查评估，已累计检查单位 748 个，发现问题 771 处，整改率达 100%。2019 年开出罚单 300 多宗，罚款总金额 74 多万元。

3.5.2.5　分阶段有序推进

广州市拟分三个阶段有序推进垃圾分类。

① 2019 年，聚焦生活垃圾分类投放、分类收运、分类处理、再生资源回收利用等环节的短板和问题，集中力量开展全方位生活垃圾分类宣传发动，加大监督执法力度，推动城乡生活垃圾分类全覆盖。全面启动与生活垃圾分类相适应的新一轮生活垃圾处理设施建设。力争居民生活垃圾分类知晓率达到 85% 以上，生活垃圾回收利用率达到 35% 以上。

② 2020 年，在生活垃圾分类投放、分类收运、分类处理、再生资源回收利用、政策法规体系建设上取得新突破，督导机制长效运行，宣传发动持续深入，形成社会各界共同关注、共同参与的局面。加快建设与生活垃圾分类相适应的新一轮生活垃圾处理设施。力争居民生活垃圾分类知晓率达到 95% 以上，生活垃圾回收利用率达到 38% 以上。

③ 2021 年，形成具有广州特色的政策完善、机制健全、技术先进、全程闭环、共同参与的生活垃圾分类新格局。力争居民生活垃圾分类知晓率达到 98% 以上，与生活垃圾分类相匹配的生活垃圾处理能力达到 2.8 万吨 / 日以上，生活垃圾回收利用率达到 40% 以上。

3.5.2.6　全市覆盖推进

中直驻穗单位、省直机关、驻穗部队和广州市机关团体企事业单位严格按照规定和标准率先在本单位开展生活垃圾强制分类，自觉接受人民群众和媒体监督，充分发挥示范引领作用。

全市各级行政管理部门负责本行业生活垃圾分类工作。城市管理行政管理部门负责统筹管理生活垃圾分类工作；住房建设行政管理部门负责督促物业服务企业开展生活垃圾分类工作；卫生健康行政管理部门负责所属医院开展生活垃圾分类工作；教育行政管理部门负责所属学校开展生活垃圾分类工作；文化旅游行政管理部门负责本市旅游景点及星级以上酒店开展生活垃圾分类工作；发展改革、规划资源、农业农村、市场监管等部门按照职责分工做好生活垃圾分类的相关工作；各行业协会负责制定行业自律规范，引导、督促成员单位积极开展生活垃圾分类。

加强对机场、地铁站、车站、旅游景点、城市广场、公园以及各类文体活动场馆等重点区域的生活垃圾分类管理，因地制宜设置标识明显的分类指引和分类投放容器，并大力开展公益宣传，加强现场督促引导，教育市民群众在各类公共场所能够自觉和准确地分类投放生活垃圾。

充分发挥区、镇（街）、村（居）的主导作用和基础作用，指导督促所辖区域生活垃圾分类管理责任人履行生活垃圾分类责任。

同步推开农村地区生活垃圾分类工作，各级各部门按照乡村振兴战略总体要求，做好农村生活垃圾分类工作。对人口密集、交通便利的农村地区，建立与城市生活垃圾分类处理系统衔接协同的生活垃圾分类体系；对居住分散、交通不便的农村地区，结合美丽乡村建设、农村人居环境综合整治，同步推进生活垃圾分类。

大力开展各类示范创建工作，高水平推动生活垃圾分类示范社区（居住小区）、示范镇（街）、行业示范单位创建工作，建立各类型可推广、可复制的生活垃圾分类示范推广模式。

3.5.2.7　实施源头减量

建立和实行生产者责任延伸制度，开展"光盘行动"，推动绿色采购、绿色办公，推广使用可循环利用物品，党政机关、企事业单位减少使用一次性用品。

做好产品包装物减量的监督管理工作，每年至少开展一次过度包装专项治理。

加强对果蔬生产、销售环节的管理，出台相关鼓励政策和规范要求，积极推行净菜上市。

落实限塑令，限制使用厚度小于 0.025mm 的塑料袋，推广使用环保购物袋，每季度开展专项检查，遏制"白色污染"。

加强旅游、餐饮等服务行业管理，充分发挥行业协会作用，推动宾馆、酒店、餐饮、娱乐场所不主动提供一次性消费用品。

制定本市快递业绿色包装标准，促进快递包装物的减量化和循环利用。指导在本市开展经营活动的快递企业建立健全多方协同的包装物回收再利用体系。

落实《广州市生活垃圾终端处理阶梯式分类收费管理办法》，制定本辖区生活垃圾处置总量控制计划，落实生活垃圾减量化和资源化利用措施。

3.5.2.8　示范带动

大力开展各类示范创建工作，高水平推动生活垃圾分类示范社区（居住小区）、示范镇（街）、行业示范单位创建工作，建立各类型可推广、可复制的生活垃圾分类示范推广模式。

在越秀等 6 个区以及白云等其余 5 个区的 22 条街（镇）全面推进示范片区建设，积极创建 600 个精准分类样板居住小区（社区）。其中 60 个样板小区达到优秀标准、6 所学校成为省级垃圾分类教育基地、12 家市级垃圾分类样板医院、178 家宾馆垃圾分类示范效果明显并持续巩固。

3.5.2.9　引入企业参与

通过政府招标、物业对接的形式，企业在新式小区和机关单位固定地点放置智能回收设备，对可回收物的详细分类更便于市民操作。

3.5.2.10 利用"互联网+"等新技术

搭建"互联网+垃圾分类"公众服务平台,依托互联网技术、借助移动终端 APP、微信社交软件等手段,为市民提供宣传、查询、预约回收等服务,采用线上交易、上门回收等形式,提高生活垃圾分类便民服务水平,有效克服传统垃圾分类存在的分类意愿不强、回收单一和收集运输困难等问题,使垃圾分类回收朝着科学、智能、共赢的方向发展。

3.5.2.11 提升投放水平

制定和公布生活垃圾分类目录、分类投放指引、设施配置和作业规范。

统筹组织推进辖区范围生活垃圾分类收集容器和投放收集点设置工作,并强化日常管养,确保合理配置、便民美观、环境清洁。推动生活垃圾投放智能化和数据化,引入智能化分类设施,提高居民分类投放积极性。

落实生活垃圾分类管理责任人履行生活垃圾分类责任,党政机关、企事业单位、社会团体等单位,住宅小区、公共场所等责任单位应按照生活垃圾分类责任人制度要求履行责任,对责任区域内投放点、投放容器、投放时间进行配置和设定,并对投放人分类投放行为进行发动、指导、监督,发现不按分类标准投放的行为应向所在镇(街)举报。镇政府、街道办事处应对本辖区内分类投放责任人履行管理责任情况进行监督。

逐步推行生活垃圾定时定点分类投放模式,全面推进楼道撤桶。新建楼盘楼道一律采用楼道撤桶定点投放模式。

在社区、居住小区显著位置设置公示栏,包括容器分布示意图、分类收集去向、责任人、咨询举报电话等内容。

3.5.2.12 规范分类收运

提升机械化作业水平和分类收运能力,确保配备满足生活垃圾分类清运需求、密封性好、标识明显、节能环保的专用收运车辆。

规划、建设并升级改造辖区内的垃圾房、转运站等分类设施,补齐垃圾运输中转能力短板,强化对垃圾桶、收集点、压缩站等设施设备的维护保洁,严格落实作业规范流程标准,解决邻避现象和扰民问题。

落实"专桶专运、专车专运、专线专运",合理规划线路,增加运输频次,确保及时清运,杜绝"混收混运"。

精准落实生活垃圾分类投放、分类收运流程各接驳对接点责任,清晰明确各段各点的分类收运单位和责任人的职责范围,推广实施联单制度,确保各垃圾分类收集、运输责任单位负责将分类投放的生活垃圾分类收集并接驳到集中收集点。收运单位发现所交的生活垃圾不符合分类标准的,应当要求改正;拒不改正的,收运单位可以拒绝接收,同时向所在地镇(街)报告,由镇(街)及时协调处理。

持续开展生活垃圾运输车辆收运秩序整治,加强车容车貌、污水洒漏、规范运输作业等方面管理，建立运输车辆日常清洗制度，确保车身整洁，车辆防滴漏硬件设施完好，防止污水滴漏。公布分类运输车辆收运线路和投诉举报电话，接受社会监督，在转运站（点）、压缩站和收运车辆安装在线监控系统，确保分类收运体系规范运行。

建立完善分类垃圾运输车辆、人员、文明作业、安全运输工作制度、奖惩制度，推进后勤保障专业化、规范化。

3.5.2.13　推进资源化利用

落实《广州市购买低值可回收物回收处理服务管理办法》，加强低值可回收物回收处理购买服务动态管理，进一步推进废玻璃、废塑料、废木质、废布碎、废纸类等低值可回收物分流分类处理。

扩展再生资源回收系统与环卫收运系统"两网融合"深度，加大资源回收网络建设，确保生活垃圾回收利用率逐年提升，力争 2021 年达到 40% 以上。

优化可回收物回收网点和大件垃圾投放拆解点布局，每 3000 户至少配置 1 个可回收物回收点，每个镇（街）建设 1 个以上可回收物分拣中转站，有条件的区每个区建设 1 个大件垃圾拆解中心。

加快建设广州市综合资源（大件家具）回收拆解处理中心项目。推进番禺会江低值可回收物循环经济产业园建设。

鼓励农村地区对餐厨垃圾就近就地资源化利用，支持餐厨垃圾资源化利用产品推广应用。

3.5.2.14　宣传教育

持续开展生活垃圾分类"四进"（进单位、进学校、进社区、进家庭）、"全民行动日"、城管家园、环保志愿服务等社会宣传活动。

坚持生活垃圾分类从娃娃抓起，将生活垃圾分类常识和基本要求融入学校教育教学、综合实践活动，作为学生（幼儿）必须掌握的知识内容。校园（含幼儿园）生活垃圾分类相关工作纳入全市教育督导事项，按上级部署积极参加创建中小学校教育示范基地，开展生活垃圾分类"小手拉大手"实践活动。

加强生活垃圾分类从业人员、操作人员、管理人员的专业技能培训。

开展公益宣传，利用车站、码头、机场、高铁、公交、地铁、楼宇电视、广州电视塔、公园景区等公共宣传平台滚动播放生活垃圾分类知识宣传片。

发挥共青团、妇联、工会、行业协会等组织的作用，凝聚广大群众力量，构建广泛的社会动员体系，营造全社会参与的良好氛围。

加强舆论宣传引导，利用全媒体、融媒体等新闻媒体，报道生活垃圾分类工作实施情况和典型经验，开设生活垃圾分类专栏，形成全方位、多层面的宣传氛围，不断增强生活垃圾分类宣传的时效性和影响力，力争 2021 年居民生活垃圾分类知晓率达到 98% 以上。

发挥生活垃圾资源化处理设施的宣传教育功能，分片区、分区域、分批次组织辖区内党员干部参观生活垃圾分类教育示范基地。

区、镇（街）、社区负责辖区内生活垃圾分类工作，以社区（居民小区）生活垃圾分类为切入点，强化生活垃圾分类管理责任人责任，深入开展"共同缔造"活动。发动党组织、党员、志愿者和群众开展生活垃圾分类，提高公众参与度和配合度，形成共建共治共享社区生活垃圾分类模式。

深入开展入户宣传、派发分类指引宣传单，加强对居民的培训指引，指导督促社区（小区）居民做好生活垃圾分类，提高生活垃圾分类知晓率和投放准确率。

将生活垃圾分类内容纳入市委、区委党校干部培训课程，纳入全市公务员网络大学堂课程。

将生活垃圾分类纳入基层党建任务清单，纳入党员示范岗位创建内容，纳入"令行禁止、有呼必应"清单，纳入在职党员回社区开展服务工作内容。

每个街道至少配备 3 名生活垃圾分类专职督导员，每个社区至少配备 1 名生活垃圾分类专管员，监督、指导垃圾精准分类投放。

3.5.2.15 完善设施

广州市在国内率先推进以垃圾分类"定时定点"投放为主、多种分类投放并存的形式，以及"有效提高再生资源回收网络覆盖的'两网融合'"。"两网融合"：街道回收板房由供销社运营，并提供规范的回收服务和有竞争力的回收价格；供销社网络可凭借规模化优势持续运转，环卫工人在规范化的系统运作下提高额外收入。在全市规范建设改造各类再生资源回收点 3845 个，其中回收点 2536 个、回收板房（回收箱）892 个、回收中转站 353 个、分拣中心 64 个。每天实现分类回收再生资源可达 7550 吨左右。

逐步推进楼道撤桶，实现定时定点垃圾分类投放模式，2020 年 12 月底前楼道全部撤桶。

实施"定时定点"和"定时不定点"垃圾分类投放模式。每个小区必须按每 200 户配置一组"四分类"收集容器，并标明投放点。有条件的区，可以根据小区实际，细化可回收物的容器设置，增加配置玻璃、纸类等可回收物收集容器，设立至少 1 个大件垃圾收集点。按照每 3000 户配置 1 个可回收物回收点，每个镇街建设 1 个以上可回收物分拣中转站，每个区建设 1 个大件垃圾拆解中心。

各区按照分类投放需求，在社区、居住小区的显著位置、公共区域、人员密集场所配齐四类垃圾分类桶，强化对垃圾桶、收集点、压缩站等设施设备的维护保洁，设置张贴垃圾分类流程、收运线路、责任人、咨询举报电话公示栏。

越秀区：实施三级"桶长制"齐抓共管，通过三级"桶长制"，区、街、居委三级组织系统党政齐抓共管垃圾分类。

荔湾区：发挥党建引领作用，增强群众基础，做到"有机构、有试点、有宣传、有队伍、有成效"。

全市 8369 个居住小区全部完成楼道撤桶。

大型机团单位、企业、大中型农贸市场就近就地配套建设餐厨垃圾脱水处理设施。

加快推进生活垃圾分类处理设施建设，补齐短板。全面启动并加快推进与生活垃圾分类相适应的新一轮生活垃圾处理设施建设，力争总处理能力达到 2.8 万吨 /d 以上。

新建、改建或者扩建住宅、公共建筑、公共设施等建设工程，应当配套建设生活垃圾分类收集设施，确保同步规划、同步建设、同步使用。

广州市共设立收集点约 1.47 万个。优化可回收物回收网点和大件垃圾投放拆解点，按照社区回收点，镇街中转站、区分拣中心以及市资源化处理中心，建立再生资源回收的处理网络。每 3000 户至少配置 1 个可回收物回收点，每个镇（街）建设 1 个以上可回收物分拣中转站，有条件的区每个区建设 1 个大件垃圾拆解中心。落实"专桶专运、专车专运、专线专运"，分类收运车辆约 2400 辆，分类运输线路约 1321 条。广州市的终端处理能力跟前端分类已经基本匹配。目前，广州市已经建有垃圾处理设施 15 个，包括 7 个资源焚烧厂、5 个填埋场和 2 座生物质处理场。每天焚烧 1.55 万吨垃圾，2040t 垃圾通过生物质处理，剩下的用于填埋。加快建设广州市综合资源（大件家具）回收拆解处理中心项目，推进番禺会江低值可回收物循环经济产业园建设。大型集团单位、企业、大中型农贸市场就近就地配套建设餐厨垃圾脱水处理设施。加快推进生活垃圾分类处理设施建设，力争总处理能力达到 2.8 万吨 / 日以上。

社区回收点，镇街中转站、区分拣中心以及市资源化处理中心，这样的再生资源回收的处理网络。

3.5.2.16 激励政策

广州市实施"阶梯式分类计费管理办法""生态补偿办法""低值可回收物购买服务管理办法" 3 项经济激励配套政策。

采用积分兑换制激励市民的参与积极性。

垃圾分类做得好，可获市一级表扬、区街镇一级奖励。

3.5.3 效果

2018 年 7 月～ 2019 年 6 月，市城管执法部门共检查单位 18904 次，发出整改通知书 2425 份，行政处罚 205 宗，罚款金额达 8.68 万元。同时引入第三方机构开展检查评估，已累计检查单位 748 个，发现问题 771 处，整改率达 100%。

垃圾分类工作已纳入机关单位绩效考核体系，驻穗部队团级以上机关推行强制分类制度，垃圾分类内容还纳入星级酒店、A 级旅游景区、物业管理行业监管，推动生活垃圾强制分类扩面提质。

广州市还在越秀等 6 个区以及白云等其余 5 个区的 22 条街（镇）全面推进示范片区建设，积极创建 600 个精准分类样板居住小区（社区）。其中 60 个样板小区达到优秀标准、6 所学校成为省级垃圾分类教育基地、12 家市级垃圾分类样板医院、178 家宾馆垃圾分类示范效果明显并持续巩固。

实现分类回收再生资源可达 7550t/d 左右。

3.6　宁波市垃圾分类

3.6.1　垃圾分类概况

宁波市有 1000 万常住人口，生活垃圾产量已达 1.1 万吨 / 日，全国首批 46 个垃圾分类试点城市之一、国内首个利用世界银行贷款进行生活垃圾分类的城市。

2006 年 12 月依法单独收运处理餐厨垃圾，宁波市先行在餐饮企业和供餐单位开展生活垃圾分类工作。宁波市从 2009 年开始谋划利用世行贷款开展生活垃圾分类工作；2013 年出台了生活垃圾分类第一个五年实施方案，并于 2013 年 7 月以世行贷款宁波市城镇生活废弃物收集循环利用示范项目为载体，普遍推行生活垃圾分类工作。国务院办公厅转发《生活垃圾分类制度实施方案》之后，宁波市随即推进党政机关等公共机构强制分类工作。2018 年，宁波市发布了第二个五年实施方案，部署全面深化生活垃圾工作。

宁波市生活垃圾分类知晓率达 93%、支持率达 97%，生活垃圾分类整体工作在 2019 年第一、二季度全国 46 个重点城市考核中均排名第三，生活垃圾分类基本覆盖了中心城区。

3.6.2　推进垃圾分类的做法

3.6.2.1　领导机制

宁波市成立了以市长为组长的生活垃圾分类工作领导小组，下设办公室，并于 2018 年 10 月 8 日实行集中办公与实体化运作。专门成立市生活垃圾分类管理中心。

实行生活垃圾分类区县（市）长负责制，建立"管行业必须管生活垃圾分类"的制度，落实属地责任。引导社区自治，成立了"宁波市生活垃圾分类政府管理和社会参与机制研究基地"，独创性地开展社区参与制度设计，框定街道、社区居委会、物业职责安排和基于成果的考核奖励机制制度，以社区为中心发动社会组织、志愿者、居民参与生活垃圾分类。

形成"垃圾分类专办统筹领导，各级部门协同配合，各区县（市）党委书记亲自领导，社区街道具体落实"的工作机制。

3.6.2.2 政策、法规

创新设立由宁波市人大常委会副主任和副市长共同担纲的"双组长"制立法起草小组，积极审慎推进生活垃圾分类立法工作。2018 年 4 月，出台《宁波市生活垃圾分类实施方案（2018 ～ 2022 年）》。2019 年 10 月，《宁波市城市生活垃圾分类管理条例》施行。2019 年出台了《关于印发 2019 年宁波市教育局推进学校生活垃圾分类工作实施方案》。宁波市还出台了《关于进一步完善生活垃圾分类收集运输体系的实施意见》。

3.6.2.3 分阶段开展垃圾分类

生活垃圾分类第一个五年实施方案一次性设计分类投放、分类收集、分类运输、分类处理、分步实施体系。第二个五年实施方案突出系统思维，统筹治理工业固体废物、生活垃圾、再生资源、建筑垃圾、危险废物、电子电器废物及报废汽车、大件垃圾和绿化园林垃圾、污泥等典型固体废物。出台生活垃圾分类目录、分类收集运输规范以及分类收集设施设置标准，明确怎么分、如何运、怎样建。

3.6.2.4 坚持"干湿分开"

世界银行（世行）项目的实施路径非常清晰，即从含量最大、属性最明确、最难管的厨余垃圾入手分类，从而提高可回收物回收效率和品质，减少生活垃圾焚烧与填埋量、促进清洁焚烧。世行项目围绕这个目标进行设计，在居民家庭配置厨余垃圾和其他垃圾两只专用桶、厨余垃圾专用袋，引导产生源头"干湿分开"；建设分类转运与处理设施，实现全程分类。

3.6.2.5 多元化资金保障

加大投入。多元化保障"重实效"。建立多元化保障机制为主线，项目化推动垃圾分类投放、收集、运输、处置 4 个环节一体化服务。2013 年 7 月，宁波与世界银行合作启动了世行贷款宁波市城镇生活废弃物收集循环利用示范项目，项目总投资 15.26 亿元，其中世行贷款 8000 万美元，市区两级配套资金 10 亿元人民币。

项目化推动发展。以政府采购服务形式引入社会组织、市场企业，在 70 多个居住小区开展源头分类指导与服务，5 年间采用 PPP 等形式筹集社会（社会资金独立或与国有资本合作）资金 23 亿元，建成了 2 个生活垃圾焚烧发电厂，实施了厨余垃圾处理厂和餐厨垃圾处理厂迁建项目，总处理规模达到 5800t/d。

3.6.2.6 全民参与

发挥社区、村基层党组织核心作用，积极推动生活垃圾分类"党建引领""十进"等相关活动。

宁波市相关部门共发布《我就是影响力》系列垃圾分类宣传视频 10 多部，开展"垃圾分类公益创投大赛""寻找垃圾分类梦想家庭""海报人物征集""垃圾去哪儿了"等活动。宁波日报举办甬派客户端垃圾分类短视频大赛。开展《小宝贝大行动》教育宣传。

不断推动垃圾分类讲师团、督导员以及志愿者团队建设，开展全覆盖大众化培训。4 年来，宁波市成立的市、区两级讲师团深入机关、社区、企业宣传培训，累计组织各类培训 7000 多场次，直接培训 45 万余人。

3.6.2.7　监管与考评

建立健全了考核机制，考评监督、长效管理双管齐下。通过建立健全第三方考核与公众监督相结合的综合考评机制，聘请专业团队开展日检查、日考核，实行月度通报，进一步延伸和拓宽检查范围。同时，针对党政机关、教育部门、卫生系统，宁波市集聚力量开展专项督查，明确"问题清单""责任清单"，进行整改。

3.6.2.8　示范引领

积极开展市级达标示范小区（单位）、省级高标准小区、国家级示范片区创建工作，切实做到示范引领。

3.6.2.9　协同化共建

聚焦社区、党政机关、学校等区域群体，让垃圾分类由点及面，辐射整个宁波。

坚持社区为主，坚持党政机关引领。通过开展织网行动、敲门行动等活动，深入探索推广社区自治模式，充分发挥党员干部、楼道组长、保洁人员、居民每一个社区角色的重要作用。社区内的党员全部参与到了垃圾分类中，带动居民提升垃圾分类准确率，投放垃圾减量近 1/3。

坚持垃圾分类"机关先行"，突出党员干部示范表率作用，让广大党员干部主动践行生活垃圾分类。市综合行政执法局率先推出微信打卡小程序，30 个党支部400 名党员积极参与"晒桶行动"，党员每日一晒，支部每日一评、每周通报，形成你追我赶的良好氛围。

《关于印发 2019 年宁波市教育局推进学校生活垃圾分类工作实施方案》将学校也纳入到了垃圾分类共建队伍中来。方案要求全市各级各类学校通过各种形式全面开展市垃圾分类知识教育工作，严格落实 13 项工作任务，总结推广"五个一""高校＋"学校生活垃圾分类管理经验，让每一名学生都能践行垃圾分类"新时尚"，并由此带动一家人。

3.6.2.10　激励机制

推进基于成果的激励机制，实行"红黑榜""绿色账户""环保档案"等激励制度，稳步推进"不分类不收运"的倒逼机制。

大力推动智能化创新手段与分类行为有机融合。通过厨余垃圾专用袋上的二维码关联居民家庭、扫码拍照评级的方式核查厨余垃圾分类质量，建立居民家庭分类行为和分类质量大数据库；依据厨余垃圾分类质量，以及分出的厨余垃圾、可回收物、有害垃圾数量比例，综合评价社区分类成果并给予社区经费激励，促进精准分类。

3.6.2.11 完善设施

推进垃圾分类投放、收集、运输、处置 4 个环节一体化服务。

建设居住小区生活垃圾分类投放设施，设置四类垃圾桶。

宁波市加快推进"垃圾分类 + 资源回收"两网融合，全面推广应用"搭把手"智能回收模式。"搭把手"已建成 1175 个智慧回收站点，建成 3 个区域配套综合分拣中心，服务用户 80 余万人，日均回收量 200 吨。

大力推动智能化创新手段与分类行为有机融合。通过厨余垃圾专用袋与居民家庭绑定，宁波市建立居民家庭分类行为和分类质量档案，通过扫码拍照评级的方式，开展个性化、精准化的指导与激励。

购置 500 辆分类收集车，新建了 6 座总规模达日处理 3350 吨的分类转运站。

建成宁波市餐厨垃圾处理厂、市厨余垃圾处理厂、海曙区生活垃圾焚烧发电厂在内的 12 座末端处置设施，生活垃圾焚烧厂 5 座、生活垃圾填埋场 3 座、餐厨（厨余）垃圾处理设施 4 座，总设计处置能力达 11610t/d，基本满足全市生活垃圾 11400t/d 的产生量。

2020 年底前补齐厨余垃圾（餐厨垃圾）、大件垃圾、绿化垃圾、建筑垃圾利用处置设施，建成可回收物分拣中心。到 2020 年，各县（市）将分别建成 1 座垃圾焚烧厂和 1 座餐厨（厨余）垃圾处理厂，实现全市生活垃圾焚烧处理设施和餐厨垃圾处理设施的全覆盖。

3.7 台湾地区垃圾分类

3.7.1 垃圾分类概况

台湾地区的垃圾管理经历了以下 3 个阶段。

① 1979 ～ 1989 年为立法和起步阶段。这段时期台湾地区的废弃物管理政策主要强调末端治理，废弃物的管理策略中没有考虑源头减量及资源回收，每年的垃圾产量保持在 4.7% 的增长率增长。20 世纪 70 年代开始，台湾地区处理垃圾以掩埋为主，出现了"内湖垃圾山"。

② 1990 ～ 2006 年为焚烧及资源回收发展阶段。20 世纪 90 年代初，台湾地区处理垃圾的方式改为了焚化为主、掩埋为辅的方式。但垃圾没有经过分类，直接焚

化所产生的烟雾造成空气污染，为了改善对环境的二次危害，自 1998 年起环保部门提出了"资源回收四合一计划"，鼓励全民参与资源回收，透过经济诱因促使资源垃圾回收再利用，并结合社区民众、当地政府清洁队、回收商和回收基金四者合一的力量，确保资源物品回收再利用。2005 年从 10 个示范县市开始实施"垃圾全分类、零废弃行动计划"，借由资源分类回收，以期达到家庭垃圾源头减量的目标。

③ 2007 年以后，为废弃物全面管理阶段。2007 年 3 月 27 日，台湾地区环境保护署发布了《迈向永续台湾环保行动计划》，标志着台湾地区的垃圾处理开始了全面管理阶段。

台湾地区从 1992 年开始推行资源回收政策，即垃圾分类收集。1996 年台北市率先实施了"垃圾不落地"政策，并逐步向全台湾地区推广。所谓"垃圾不落地"，指的是台湾地区街头不设置垃圾桶，垃圾车定时定点回收，市民需将垃圾按可回收和不可回收标准分类，按时将垃圾拿到垃圾车旁边接受检查收集垃圾的方式。

台湾地区的垃圾量从 1998 年的 943 万吨下降到 2015 年的 722 万吨。台北市从 1997 年到 2010 年居民垃圾减少了 67%，垃圾填埋量减少 97.5%；新北市垃圾日排放量从 2004 年到 2010 年减少了 63.6%。2015 年，全台湾地区的资源回收率达到 55%，而台北市和新北市的资源回收率分别高达 67% 和 63.5%。台湾地区民众对垃圾分类政策的满意度达到 80%。

台湾地区人居垃圾产生量多年来变化不大，维持在 0.9kg/（人·d）左右，2009 年人均垃圾产生量为 0.92kg/（人·d），而人均垃圾清运量随着资源回收率的不断增加，清运量即呈逐年下降趋势，2015 年人均垃圾清运量为 0.85kg/（人·d）。如图 3-5 所示。

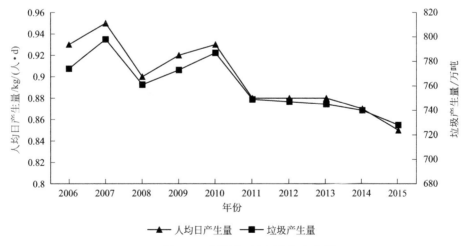

图 3-5　台湾地区生活垃圾产生量

垃圾分类与处理投入大量经费，如 2006 年台湾地区环保总经费 495.90 亿元新台币，其中废弃物管理经费 318.13 亿元新台币，占总经费的 64.15%。

3.7.2 垃圾分类的做法

3.7.2.1 建立健全法规

1974 年，台湾地区出台了《废弃物清理法》，到 2006 年经过 9 次修订，最终形成一个较完善的版本。《废弃物清理法》对废弃物的回收、清运、处理做了详细规定。1988 年，台湾地区修订了"废弃物清理法"，其第 16 条明确规定实行回收责任制，凡是物品或其包装、容器垃圾，由该物品或其包装、容器之制造、输入或原料之制造、输入业者负责回收、清除、处理，并由贩卖从业者负责回收、清除工作。但是这种政府制定回收率、各单项从业者进行回收的政策存在明显问题：一是大量拾荒者被排除在外；二是回收率造假、注水等问题严重，很难查处。

1997 年，根据新形势需要，台湾地区对"废弃物清理法"进行了修订，明确制造业者和进口商必须缴纳"回收清除处理费"，成立资源回收基金，以回馈的方式鼓励全民参与，建立开放的回收清除处理市场，以达到资源可持续利用的目标。同年，台湾地区"环保署"成立了一般废物及容器、废机动车辆、废轮胎、废润滑油、废铅蓄电池、农药废容器、废电子电器物品及废资讯物品资源回收管理基金等 8 个基金管理委员会，辅导并执行应回收物品和容器的回收清除处理。1998 年，在社会各界强烈呼吁下"资源回收管理基金"被纳入政府预算。

为了配合《废弃物清理法》的实施，还出台了《废弃物清理法施行细则》《废容器回收贮存清除处理方法及设施标准》《废物品及容器回收清除处理办法》《回收废弃物变卖所得款项提拨比例及运用办法》《奖励实施资源回收及变卖所得款项运用办法》《一般废弃物清除处理费征收办法》《应回收废弃物回收清除处理补贴申请审核管理办法》《应回收废弃物稽核认证作业办法》《违反废弃物清理法按日连续处罚执行准则》《民众检举违反废弃物清理法案件奖励办法》《废一般物品及容器资源回收管理基金收支保管及运用办法》《废一般容器回收清除处理办法》《一般废弃物回收清除处理办法》等管理办法，以保证《废弃物清理法》的有效实施。

台湾地区在 20 世纪 90 年代就开始实行"垃圾不落地"政策，小区内不设垃圾桶、垃圾箱、密闭式清洁站等生活垃圾暂存和中转设施，每个平民百姓都是垃圾处理的第一责任人，必须在家里将普通垃圾、可回收垃圾与厨余垃圾分开，不分开则会被拒收或被处罚。

2002 年，台湾地区制定出台了资源回收再利用法。2005 年，推出"垃圾全分类零废弃群组计划"，即"垃圾强制分类"，将家家户户的垃圾分类成资源垃圾、厨余和一般垃圾三大类，并于 2006 年全面实施。台北市作为台湾地区首个推行"垃圾强制分类"的城市，最终朝向垃圾全分类零废弃目标迈进。

2007 年 3 月 27 日，台湾地区环境保护署发布了《迈向永续台湾环保行动计划》，其中包含：一般废弃物源头管理及全分类零废弃计划；事业废弃物管理及零废弃行动计划；废家具、废家电及厨余回收再利用计划；提升资源回收效率及制度改进计划等。

家庭生活垃圾分为一般垃圾、可回收垃圾和厨余垃圾 3 类。可回收垃圾包括塑料瓶子，各种玻璃罐子，纸质饮料盒子、铝铁和泡沫塑料。厨余垃圾指一般家庭产生的有机废弃物，如水果皮、菜叶、过期食品、茶叶渣、咖啡渣等，包括生垃圾、熟垃圾；每天分别在晚上 5：15 时和 7：00 时将垃圾直接交给垃圾车收运。一到时间点，附近的居民拎着专用垃圾袋走到停车收运点，3 辆垃圾车伴着音乐声接踵而至。厨余垃圾车分为熟厨余垃圾车和生厨余垃圾车，还有一般垃圾运输车。垃圾投放和收集过程仅仅需要 3min 时间。可回收资源、厨余垃圾都送到环卫队，分门别类堆放，比如电池类、旧家电、塑料瓶类等；而一般垃圾则被直接送到焚烧厂。除了相关职能部门进行直接收运处理外，有物业的小区通常采取由物业公司或其签约委托的专业公司负责收集居民的分类垃圾，再将一般垃圾交给焚烧厂处理，而可回收部分产生的盈利用于日常开支。城市和乡村的街头都有很多"旧衣捐赠箱"，大多是由"慈济"这样的宗教团体或一些社会福利机构放置的。旧衣服可以洗净后放到里面，这些团体会定期来收，之后把它们捐助给需要帮助的人群或地区。

3.7.2.2 宣传教育动员全社会参与

垃圾分类回收利用已经成为台湾地区民众的价值共识，离不开持续不断的宣传教育。台湾地区将垃圾分类作为一项长期工作持续开展，发动各层面力量深入推行垃圾分类和垃圾处理。

（1）政府层面

我国台湾地区政府专门制作了各种宣传资料。同时通过媒体、海报、宣传折页、街头标语、现场说明会等多种方式大力开展宣传。此外，及时公开透明焚烧厂的操作流程，使焚烧厂的建设过程成为垃圾处理知识的普及过程。与此同时，台湾地区政府部门还采取奖励办法吸引百姓参与垃圾分类。台湾地区的一些便利店里，回收 0.5kg 电池奖励一个茶叶蛋，回收 1kg 电池奖励一瓶立顿奶茶。便利店将这些废旧电池交给中间回收商，会得到一笔收入；中间回收商将废旧电池交给处理厂商，也会得到一笔收益；处理厂商按照规定处理完毕之后，就能得到资源回收管理基金的"制度补血"。换言之，"垃圾分类"已经成为环环相扣的利益链条，让利益相关者都能从中分得一杯羹，最后就实现了全民参与。

（2）学校教育层面

倡导"教育一个孩子，带动一个家庭，影响一个社区"的理念，所有的小学提前一年进行垃圾分类训练，通过小朋友告诉家长怎么做好垃圾分类工作。

（3）社会组织层面

以慈济功德会为例，在"洁净大地""惜福"等观念下做环保，已经实行近 20年。慈济在台湾地区有 4500 多个环保点，动员了 62000 多位志工，进行垃圾回收分类的宣传动员和身体力行。

3.7.2.3 经济手段

（1）罚款

台湾地区还实行严明的奖惩措施。如果有人没有在规定的时间地点乱扔垃圾、没有使用专用的垃圾袋、没有进行正确的分类等，都有可能会被罚款。也可以举报不守规矩的人，如果证据确凿举报者还可分得一半的罚款，据说有的"垃圾检举达人"能够因此而年入过百万元新台币，甚至还成立了专门的检举公司。

2005 年起，台湾地区环保部门推行强制垃圾分类，居民必须在家里对垃圾进行粗分类，资源、厨余与一般垃圾 3 类垃圾要分别送到资源回收车、垃圾车加挂的厨余回收桶及垃圾车中，如果不按规定分类，将面临 1200 ～ 6000 元新台币的罚款。

（2）征收垃圾费

例如，台北市生活垃圾处理费（法定名称为"一般废弃物清除处理费"，简称垃圾费、垃圾处理费或清理费）从 1991 年 9 月开始征收。2000 年 7 月 1 日前，台北市与台湾地区的其他市县一样，垃圾处理费随水费征收。其中自来水用户垃圾处理费依据行政院环保署公告的"一般废弃物清除处理费反映清除、处理成本征收比率"计算，由台北市环保局委托自来水公司征收。

2000 年 7 月 1 日后，台北市垃圾处理费改采用销售专用垃圾袋方式征收（简称"随袋征收"），专用垃圾袋售价内含垃圾费，凡以专用垃圾袋盛装的垃圾清洁队才予以清理，但资源回收物可以免费交给清洁队回收。市民可以在指定的地方（如便利店）购买专用垃圾袋。人均垃圾产生量从 0.69kg/d 持续下降到 2016 年的 0.37kg/d。

台北市垃圾处理费随袋征收制度由市环保局组织实施。市环保局负责垃圾袋专用权及其规格、样式、容积公告；组织委托厂家生产专用垃圾袋；委托统一、全家等连锁便利超市或商店销售专业垃圾袋；监测和惩处非法丢弃垃圾、非法生产和销售专用垃圾袋等行为。

废家具等大型废物，由家庭与环保局约定时间、地点清运，但属企事业废物的不得免收。环保局或市政府其他机关认可的环境保护义工，从事清扫公共设施或其他经环保局认可的特殊状况，环保局另制作特定专用垃圾袋免费发放。垃圾焚烧厂或卫生填埋场自开始运行之日起至封闭之日止，环保局应按年编列预算补助所在地行政区中的家庭、机关及学校的清理费，并以发放专用垃圾袋的方式进行。

3.7.2.4 完善的设施

台湾地区垃圾收运及处理流程如图 3-6 所示。

台湾地区有 378 处掩埋场，其中大部分都处于已封闭、停用和未启用状态，真正在营运中的只有 68 处。2016 年年底，68 处营运中的垃圾掩埋场，剩余容量约 393 万立方米，剩余率仅 12.04%，已处于接近饱和的状态。

台湾地区于 1991 年启动垃圾资源回收（焚烧）厂兴建工程计划，1992 年第一个垃圾焚烧厂（台北市内湖厂）投运，历经 17 年时间完成 24 座垃圾焚烧厂建设，日处理规模 24650 吨，总发电装机容量 558.5MW。2013 年 24 座垃圾焚烧厂总发电量占台湾地区发电量 1.47%，垃圾焚烧率 97.07%，垃圾填埋率 2.93%。目前，各焚烧厂普遍处理垃圾量不及设计能力的 80%，垃圾焚烧厂的建设已经饱和。这既有垃圾焚烧厂建设规模已达到峰值的原因，也有强化垃圾全过程管理极大地减少垃圾清运量的因素。

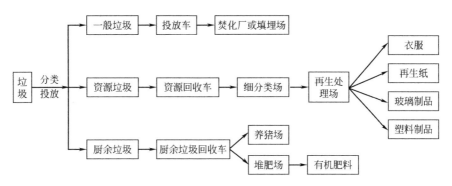

图 3-6　台湾地区垃圾收运、处理流程示意

台湾地区厨余垃圾再利用方式主要为养猪及堆肥。堆肥包括分散式家庭小型堆肥和集中式大规模堆肥。

2016 年，进入台湾地区垃圾焚烧厂的生活垃圾中有约 40% 是厨余垃圾。即使在台湾地区推行生厨余、熟厨余分类收集的地区，仍然有许多菜市场以及社区大楼等地，因考虑厨余垃圾收运成本较高，并没有对厨余垃圾进行单独收集，这些厨余垃圾最终只能进垃圾焚烧厂进行焚烧处理。

台湾地区第一个厨余垃圾厌氧处理厂 2017 年 10 月 24 日在台中市外埔绿能生态园区动工。该厂设计年处理 5.4 万吨，年发电量 887 万千瓦时，2018 年底投入运营。台湾地区环境保护署规划在 2020 前规划建设 3 座厨余垃圾厌氧消化处理厂，合计设计年处理能力 18 万吨，预算投资 18 亿元新台币。

3.8　国内先进城市垃圾分类存在的问题

3.8.1　对垃圾分类的目的认识不够

对如何垃圾分类关注较多，普遍存在"能分、能分类收运和处理"就是垃圾分类，而对减量、"零填埋"、减少二次污染、最大化的循环利用等垃圾分类目的认识不够，导致在推进垃圾分类过程中，前端、中端、终端设施不匹配等问题。例如，因仅仅关注分类投放，未能对垃圾减量进行规划，导致盲目建设终端处理设施，投入过大、效益较低等问题。

3.8.2 对垃圾分类的强制性认识不够

各级地方政府必须开展垃圾分类、民众必须进行分类（义务性）。

民众在投放环节的垃圾分类明显由"倡导分类"向"义务、责任分类"发展，北京等城市开始对居民分类义务做出强制性规定。由城管执法部门进行处罚，建立专门的执法队伍，采取安装摄像头等方式加强监管已成趋势。

然而，在很多地方，对政府在垃圾分类收运、分类处理中的责任、义务还没有明确在政策、法规中提出，也没有对应得处罚措施。公共机构、机关、企事业单位在垃圾分类中的责任、义务也没有明确地在政策、法规中提出。

3.8.3 对垃圾分类的"持久性"认识不足

深圳市、广州市、北京市等为提高城市管理水平，均积极主动地开展了垃圾分类，而且非常坚定。依靠强大的财力，已经建立了比较完善的收运、处理设施，已经做到"能分、能收、能运、能处理"，但与高度的回收利用和"零"填埋等相比差距较大。

民众垃圾分类习惯的养成、设施的建设等都需要一定的时间。德国垃圾分类用了 40 年，日本用了 27 年。虽然，我国的垃圾分类有后发优势，部分城市依靠强大的财力，投入大量资金建设基础设施，但国内大部分城市的厨余垃圾收运、处理设施严重不足，广大民众自觉、主动、正确分类，及高度资源化回收体系和零填埋等目标的实现依然需要 10 年以上的时间，尤其是广大的农村地区。

3.8.4 地方法规可操作性低

2020 年 4 月，修订的《中华人民共和国固体废弃物污染环境防治法》对生活垃圾分类进行了系统的规定。地方法规或政府规章没有对政府、企业和公众在垃圾分类中应负有的责任和义务进行明确规定，缺乏强制约束力，可操作性低[7]。

3.8.5 基础设施不够完善

前端民众参与垃圾分类的主动性和分类的正确性都比较低，上海市在大型商场和商务楼宇垃圾分类问题率达到 50.9%（见图 3-7）。前端分类设施不完善、设置不合理，缺乏人文关怀，在很多细节上做得不到位。上海市 2019 年 7 月检查发现的 7761 个问题，其中未设置分类容器问题占比 42%（见图 3-8）。

我国目前尚未探索出有效、可行的中端资源回收模式，尚未全面建成资源回收体系。当前我国自发产生的城市生活垃圾回收网络除结构简单、各行动者参与度低外还存在以下几个明显的问题。

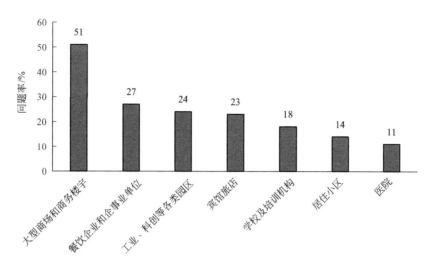

图 3-7　典型场所垃圾分类问题发生率

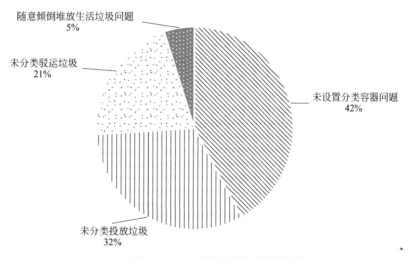

图 3-8　7761 个问题主要原因占比

① 回收力量缺乏有效整合。拾荒者是城市生活垃圾回收的主要力量，目前各类拾荒者都是各自为战，回收行为带有很大的随意性。尤其是第一类拾荒者，在一定范围内随机流动，被其遇到的资源性垃圾便可得到回收，不被遇到的则不能，考虑到很多小区都禁止拾荒者入内，后者的概率不小。另一方面，面对资源性垃圾时，各类拾荒者都可以选择回收或不回收，完全取决于行动者本人的意志。

② 受利益驱动过于明显。各类拾荒者都是在利益驱动下进行回收，产生的必然结果便是售价高的资源性垃圾更受青睐，售价低的则经常被忽视。

③ 责任归属模糊。垃圾回收体系存在的另一个重要问题便是缺乏明确的责任主体，与德国明确上游企业的责任不同。我国回收网络中的主要行动者（除政府以及

公共属性的废品回收站外）都是完全自主的、受利益驱使而参与的。

目前，我国垃圾分类终端处理设施的突出短板在于高标准的焚烧发电、规范化的回收利用与全链条的生物处理能力不足，结构欠优。尤为突出的是厨余垃圾的收运、处理设施严重不足。我国厨余垃圾产生量已经突破 1 亿吨，并且呈现快速增长的趋势，如图 3-9 所示。由于长期对垃圾采取的是混合收运和处理的方式，忽视了厨余垃圾占垃圾总量的比重高（50% ~ 60%）、易生物降解的特殊性，导致我国厨余垃圾处理中，约 50% 的部分依靠填埋处理，约 38% 的部分通过焚烧处理，其余部分通过高温堆肥、微生物处理或厌氧消化等方式（见图 3-10）。

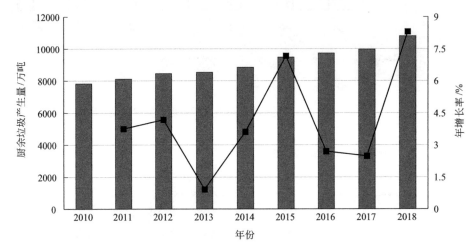

图 3-9　我国厨余垃圾产生量及增长率

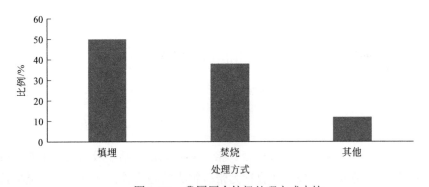

图 3-10　我国厨余垃圾处理方式占比

截至 2018 年年底，在 46 个垃圾分类重点城市中，除重庆、北京、上海、广州、深圳等城市的厨余垃圾处置产能（包括投运、在建、筹建）超过 2000t/d 外，仍有多达 26 座城市仅有 1 座厨余垃圾处理厂（产能最高为 500t/d），德阳、广元、宜春以及日喀则 4 个城市还没有关于厨余垃圾处置设施的规划。除了北京市、上海市、广州市、深圳市以及重庆市 5 个城市有着相对充足的厨余垃圾处理产能外，其余如成都、天津、武汉等厨余垃圾处理产能需求较高的城市仍有较大的产能缺口。全国各地在国家政策导向下，纷纷投入厨余垃圾处理设施的建设。表 3-11 为 2019 年北京等城市厨余垃圾处理设施建设情况。

表 3-11　几个城市的厨余垃圾处理设施建设情况

城市	厨余垃圾处理设施建设情况
北京	高安屯餐厨垃圾处理厂深化改造项目已经于 2018 年 12 月 13 完工，目前正在带料调试运行。北京市经开区计划先期建设一处生活垃圾运输中转站，在这里实现生活垃圾体积压缩，并引进小型餐厨垃圾处理设备，就地处理部分餐厨垃圾。中转站预计 2020 年建成投用。在此基础上，经开区将规划建设一处垃圾处理综合体，综合体将具备生活垃圾、餐厨垃圾、污水等综合处理能力
天津	2019 年，天津市 3 座处理设施均按照计划如期进场，东丽区、北辰区生活垃圾综合处理厂前期手续基本完成，市政配套项目落实到位，正加紧施工围挡、土地整理等工作，西青区生活垃圾综合处理厂土地摘牌、土地平整、现场围挡已完成，相关机械设备逐步进场，临水临电手续正在抓紧办理
大庆	2019 年 8 月，大庆市下发垃圾分类实施方案，明确推进步骤，餐厨垃圾处理厂已经开始动工建设。餐厨垃圾处理厂位于龙凤区东干线东侧、市生活垃圾处理厂北侧，预计投资 1.425 亿元，规划总用地近 2.9hm²，总建筑面积约 9600m²。主要建设餐厨废弃物收运系统、餐厨废弃物和粪便预处理系统、厌氧发酵系统、沼气净化储存利用系统、沼液脱水系统、生物除臭系统和沼气发电系统
广州	《南沙区餐厨垃圾处理厂环境影响报告书》中提出，南沙计划在大岗镇新联二村，即广州市第四资源热力电厂一期工程厂址的东南侧，建设全区首个餐厨垃圾处理厂。南沙区餐厨垃圾处理厂项目主要处理来自广州市南沙区的餐饮垃圾，工艺系统主要包括称重计量系统、餐饮垃圾预处理系统、厌氧消化系统、沼渣脱水系统、沼气净化及利用系统、除臭系统等。项目主要建设内容包括厂区土建工程、给排水工程、暖通工程、消防工程、变配电及自控工程、厂区管网工程、道路工程、厂区绿化工程等。区餐厨垃圾处理厂建设完成后，餐厨垃圾处理总规模将达到 400t/d，包含餐饮垃圾 200t/d 及厨余垃圾 200t/d
阜城	2019 年 10 月，安徽省住建厅与多部门联合印发了《安徽省推进城市生活垃圾分类工作实施方案》，提出 2020 年底前阜城市餐厨垃圾处理厂要建成运行
南京	2019 年 8 月，南京市首座餐厨垃圾处理厂已建成投运。位于江北环保产业园内的江北废弃物综合处置中心，是南京市建成投运的首座市级餐厨垃圾处理厂。项目占地 135 亩，设计日处理餐厨垃圾 600t，分两个阶段实施：一阶段处理量为餐饮垃圾 100t/d、厨余垃圾 200t/d；二阶段处理餐饮垃圾 300t/d，计划 2020 年上半年投运
成都	2019 年，成都市中心城区新增 6 座餐厨垃圾处理厂，分别为成都天府新区、龙泉驿区、双流区、郫都区、温江区、新都区；现保留 2 座。成都规划 2019 年建设餐厨垃圾处理厂 14 座，处理能力共计 2430t/d

我国城市每年产生餐厨垃圾不低于 6000 万吨，年均增速预计达 10% 以上。北京市每天产生 1200 吨厨余垃圾。随着城镇人口规模的增加，厨余垃圾处理市场空间将随之扩张。根据《"十三五"全国城镇生活垃圾无害化处理设施建设规划》，2020 年，全国大部分社区城市初步实现厨余垃圾分类收运处理，实现厨余垃圾专项工程总投资 183.5 亿元（见表 3-12）。"十三五"期间，随着资金投入力度加大，收运环节逐步完善，厨余垃圾处理技术的商业化运营模式将清晰化，厨余垃圾处理市场将进入快速发展期。

表 3-12　"十三五"期间各地厨余垃圾处理设施建设及投资情况

序号	地区	处理能力 / (万吨 / 日)	厨余处理设施投资 / 亿元
1	北京	0.15	9.00
2	天津	0.08	4.00
3	河北	0.16	6.60
4	山西	0.06	3.60
5	内蒙古	0.05	3.00
6	辽宁	0.07	3.90
7	大连	0.02	0.80
8	吉林	0.05	3.00
9	黑龙江	0.08	4.50
10	上海	0.13	5.20
11	江苏	0.22	13.20
12	浙江	0.31	18.50
13	宁波	0.15	8.80
14	安徽	0.10	5.90
15	福建	0.08	4.80
16	厦门	0.02	1.20
17	江西	0.08	3.60
18	山东	0.08	4.50
19	青岛	0.01	0.60
20	河南	0.16	9.60
21	湖北	0.09	5.30
22	湖南	0.11	6.50
23	广东	0.34	13.70
24	深圳	0.07	3.30
25	广西	0.05	3.00
26	海南	0.02	1.20
27	重庆	0.15	8.40
28	四川	0.11	5.60
29	贵州	0.06	2.80

序号	地区	处理能力 /（万吨 / 日）	厨余处理设施投资 / 亿元
30	云南	0.08	3.20
31	西藏	0.01	0.60
32	陕西	0.05	2.40
33	甘肃	0.06	3.00
34	青海	0.01	0.30
35	宁夏	0.04	2.10
36	新疆	0.12	7.40
37	新疆生产建设兵团	0.01	0.40

　　得益于中国对环保行业投资的持续提升、公众环保意识增强、厨余垃圾处理比例提高，中国厨余垃圾处理行业市场规模（以项目投资额统计）在过去 5 年间基本呈现上升态势。厨余垃圾处理行业市场在 2015 ～ 2018 年间迅速发展，由 1344 亿元上升至 2216 亿元，年复合增长率超过 13%。未来五年，受餐饮行业高速发展驱动及"十四五"规划影响，中国厨余垃圾处理行业市场将保持稳定增长。按照国家规划，预计厨余垃圾处理行业市场规模将在 2021 ～ 2023 年保持现有发展速度，于 2023 年达到 4724 亿元人民币（见图 3-11），年复合增长率约为 16%。

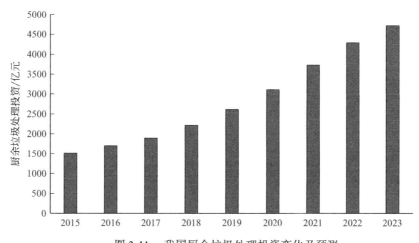

图 3-11　我国厨余垃圾处理投资变化及预测

　　终端处理设施，垃圾填埋量占处理量的 50% 以上（见图 3-12），易腐垃圾（餐厨垃圾、厨余垃圾）单独生物处理比例很低（易腐垃圾约占垃圾量的 50% 左右）。各省垃圾无害化处理能力如表 3-13 所列。

　　上海等先进城市只是做到"能分、能收、能运、能处理"，但远达不到德国、北欧等显著减量、高度资源化和零填埋的水平。

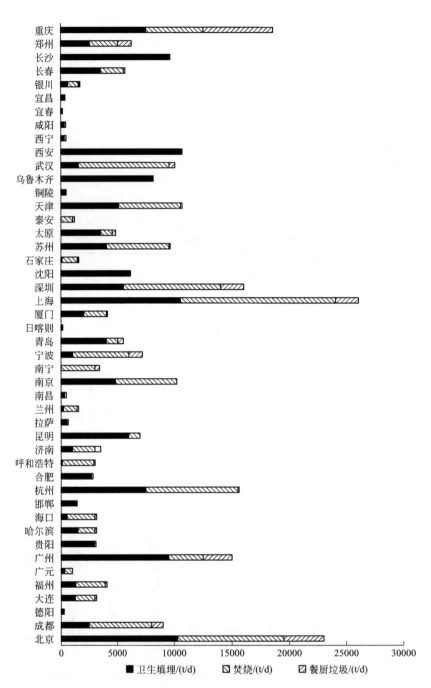

图 3-12　垃圾分类 46 个重点城市的垃圾终端处理情况

表 3-13　各省生活垃圾无害化处理产能现状

区域	无害化日处理能力 /（t/d）
全国	766195

区域	无害化日处理能力 /（t/d）
华北	
北京	28591
天津	10600
河北	25342
山西	13887
内蒙古	12954
东北	
辽宁	26622
吉林	15234
黑龙江	18831
华东	
上海	29150
江苏	60665
浙江	63626
安徽	24595
福建	24896
江西	17318
山东	57515
中南	
河南	25265
湖北	31397
湖南	26647
广东	107304
广西	15896
海南	6438
西南	
重庆	17697
四川	25441
贵州	15821
云南	12409

续表

区域	无害化日处理能力 / (t/d)
西藏	1501
西北	
陕西	19388
甘肃	10244
青海	1779
宁夏	4830
新疆	14312

3.8.6　缺乏有效的源头减量制度和措施

垃圾的产生源于生产，贯穿流通、消费等环节。在商品方面，实施清洁生产；减少原材料消耗；减少一次性产品；避免产品过度包装；尽量选用可回收材料。上述都可以避免干垃圾、可回收、有害垃圾的产生。在湿垃圾，或者厨余垃圾方面，可推广净菜上市，扩大超市成品和半成品；此外，还应刺激二手货交易市场，一方面做到物尽其用，另一方面，也可减小后端处理压力。但是缺乏有效的源头减量措施，如没有对生产环节过度包装的限制、生产者对废物处理和回收利用负责的规定、购买环节塑料袋的限制、按垃圾类别和量实行"阶梯式"收费。

3.8.7　缺乏有效的经济手段

按类别按量收费、可回收物循环利用补贴等经济手段未广泛使用，缺乏将经济手段很好地运用于垃圾分类，难以促进垃圾分类形成产业。

3.8.8　宣传教育缺乏深度和广度

宣传教育主要是教育民众"如何分"，而对于"为什么分""分类后的垃圾怎么收运和处理"等宣传得不够。厦门市、上海市、广州市等作为外来人员、流动人口占全市人口过半的城市，一些单位和个人从"要我分"到"我要分"还有一定的差距。

3.8.9　技术研发投入不够

对智能化的收运车辆、厨余垃圾处理技术、垃圾真空输送等的研发投入不够。从国家、省（市、自治区）、县等各级投入垃圾分类相关研究和技术开发的经费不多，从事这方面研发的人员和平台也很少。

3.8.10 现有的垃圾回收体系整合不足

自 20 世纪 60 ～ 70 年代起，我国逐步建立起了一套国有体制的废旧物品回收系统，回收废旧物资再利用，帮助国家经济建设。改革开放后，国有的废品回收体系衰退，而被市场化的、更加高效的废品回收体系取而代之。以北京市为例，改革开放后，大量农村剩余劳动力开始涌向城市寻找谋生机会。部分农民到达北京后，开始依靠捡拾或者买卖废品为生。20 世纪 80 年代，这个由外来谋生农民搭建的废品回收网络在没有任何政府资源匹配的环境下，从社区、游街串巷、甚至垃圾箱开始，实现了高效、有序的废品回收、集中、分类，再到末端再生利用，整个链条实现了无缝衔接，占到垃圾总量近 1/3 的可回收废品，实现了日产日清。2014 年，北京市的废品回收从业人员达到历史高峰，近 30 万人分散在废品回收、分类和再利用各个环节。其他城市与北京市类似，正因为如此，我国一直拥有较高的废品回收率。2013 年，北京市在废弃物处理方式的选择上，再利用率为 57%，焚烧占比为 16%，传统的填埋方式占比为 27%。同时期的东京、新加坡、纽约等城市的再利用率均低于北京市。

从 2010 年开始，为应对外来人口过快增长，北京市出台一系列人口调控组合拳，外来人口增速一直呈现下降态势。后来，随着北京市城市规划中对劳动密集型产业的压缩和外迁，废品回收产业被列入被禁止建设的行业，北京市再生资源回收遇到了前所未有的"寒冬"，北京市五环到六环之间的废品分类和交易市场在数月间消失。于是从 2011 年开始，北京市的垃圾量开始猛增（见图 3-13），从 2011 年的 634 万吨增至 2019 年的 1011 万吨。在常住人口并未猛增的背景下，垃圾量却迅猛增加。其中一个原因就是，原有的靠外来农民搭建的废品回收网络被严重弱化。前端市场收购能力下降，可回收废品的价格随之而降，末端小贩不愿意收，于是很多可以再生利用的废品，就被居民扔进了垃圾箱。因此，北京市的垃圾处理系统承受了沉重的负担，垃圾减量的工作压力陡然变大，垃圾分类进入全民动员阶段。

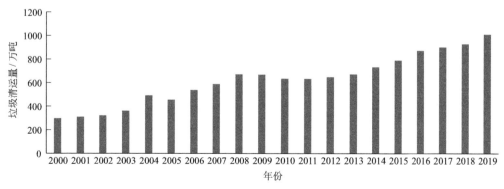

图 3-13　北京市垃圾清运量

垃圾分类施行之后，小区里的可回收物都进行了分类。末端回收环节，如果在规模效应之下能盈利，而这个垃圾该谁收，就会成为一个行政准入资质问题，而非单纯的市场问题。

一方面，清运垃圾属于环卫部门管辖；另一方面，根据 2007 年 5 月起实施的，由商务部发布的《再生资源回收管理办法》规定从事再生资源回收经营活动，需向工商行政管理部门备案，也就是说回收废品体系则又属于商务部管理。所以，垃圾分类市场中的责任与利益、资质准入等还存在复杂的协调过程。

垃圾分类和处理市场末端是具有规模效应的，但一个居住小区所产生的垃圾价值总额有限，智能垃圾回收等设备投入、折旧，导致利润非常低。

现在很多人在谈垃圾的智能识别，而此前的废品收购者早就会判断型号、材质、塑料的种类，甚至洗衣机电机是铜是铝，他们都能高效区分。大型收购市场中，废纸、废钢、废铜分门别类，塑料制品甚至分为好几个类别，都有单独的摊位、区位。

所以，我国原本的市场化的、成熟的废品回收体系，在垃圾分类中不应该缺位，不应该被排斥。更高新的技术、更大规模的市场化，应该吸纳这个行业的成熟流程、专业能力。

3.9 国内先进城市垃圾分类的经验与启示

3.9.1 党建引领、政府主导

党和各级政府高度重视垃圾分类，也认识到垃圾分类必须依靠党建引领和政府主导强力推动，各地普遍都成立垃圾分类领导机构。46 个垃圾分类重点城市都成立了垃圾分类领导机构：一种是以上海市为代表的联席会议，这种是省级层面的；另一种是由地级市长或副市长作为组长的领导小组。

3.9.2 法规、设施和宣教是推进垃圾分类的主要保障

普遍认识到推进垃圾分类的主要保障是法规、设施和宣教。

各地基本都对垃圾分类进行了立法。但是只靠一部法律就想解决垃圾分类的问题是片面的，没有从各环节、各层面建立细致完善的法规体系。

各地都在加大力度建设垃圾焚烧设施和易腐垃圾（或餐厨垃圾、厨余垃圾）处理设施，而且垃圾焚烧设施除了增加数量，更多的是扩大规模、提高水平。

各地都在全力开展宣传教育。尤其认识到从娃娃抓起是重点和关键，有的地区已经出版了相应的教材，并将垃圾分类纳入幼儿园、小学、中学课程。但是效果不佳，其原因：一是时间太短，需要 3 ～ 5 年，甚至更持久的宣传教育；二是宣传方

式存在问题，缺乏好的在线宣传、咨询等方式。

3.9.3　全过程推进垃圾分类

垃圾分类需要上中下游一起抓，前中末端齐发力。垃圾分类不仅仅是分类本身，还包括分类收运、分类处理，尤其是分类处理设施。各地都在加大力度建设垃圾焚烧设施和易腐垃圾（或餐厨垃圾、厨余垃圾）处理设施，但是对资源化循环利用设施的建设力度不够。

3.9.4　普遍采用"政－企－社"的前端分类投放模式

普遍采用政府购买服务、居民适当缴费、企业负责社区垃圾分类的模式。其优点：一是利用物联网、互联网融合技术，实现垃圾投放有源可溯，建立一户一码实名制，通过智能技术手段实施垃圾分类投放、回收；二是整合涵盖企业自身、物业、非政府公益组织团体、学校和机关企事业单位的全社会力量，共同推进垃圾分类；三是实现"政 - 企 - 社"的良性互动，最大化地服务居民；四是能减轻居民垃圾分类的负担。

这种模式存在的问题：一是企业要盈利，导致成本很高，如何能持久提供运营经费是一大难题；二是负责前端分类的企业与中端资源回收的产业链没有很好的对接，导致成本过高。

3.9.5　充分利用技术的后发优势

当前，我国很多地方的垃圾分类都在使用"互联网"技术追踪垃圾来源、自动积分等，很多智能化分类、积分设备已投入使用。相比于德国、日本等国家开始实行垃圾分类的时代，我们具有利用信息技术和人工智能等高科技的后发优势，降低了成本、提高了效率。

3.9.6　因地制宜、分阶段推进垃圾分类

（1）因地制宜　国内各地垃圾分类、收运及处理设施差别很大，在垃圾分类类别、处理设施建设等方面需要因地制宜。

国内垃圾分类水平最高的是上海市，已经做到"能分类、能收运、能处理，焚烧与填埋各占一半，生物处理比例快速提高，资源回收率约为10%"，如图3-14所示。

目前在深圳市、北京市等，做到能分类、能收运、能处理，垃圾经分类后，可回收物由再生资源企业回收利用，塑料袋、纸巾等其他垃圾被送到焚烧厂发电或者是填埋，而有害垃圾将被用特殊方法安全处理。如图3-15所示。

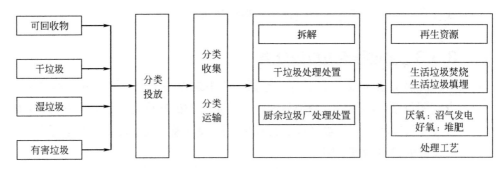

图 3-14　上海等垃圾分类、收运、处理

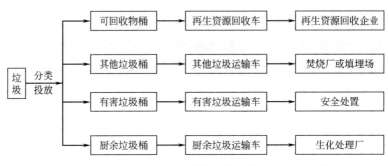

图 3-15　北京、深圳等垃圾分类、收运、处理

　　厦门、南宁等城市，只能一定程度地分类处理，因为分类处理设施不足。还有很多城市只有填埋场，只能对垃圾开展"二分"，即可回收物、其他垃圾。

　　国内各地的垃圾分类不仅与德国、北欧等国家相比有很大差距，国内各地之间的差距也很大。

　　所以，各地应根据自身实际情况因地制宜，不可"盲目跃进"，比如南宁市当前的重点是增加焚烧能力、增建易腐垃圾处理设施。

　　（2）分阶段　根据垃圾量、垃圾成分、财力、民众的文化水平等制定垃圾分类实施方案，建设收运、处理设施，分阶段分步骤推进垃圾分类。多地制定了垃圾分类实施方案，根据自身实际，抓住主要环节突破，分阶段推进，如上海市当前重点是抓前端分类和中端资源化，深圳市当前重点是抓中端收运和终端处理。

3.9.7　监管与考评

　　普遍采用聘请监督员来监督民众进行垃圾分类的方法，并取得了一定效果。通过建立健全第三方考核与公众监督相结合的综合考评机制，聘请专业团队开展日检查、日考核，实行月度通报，进一步延伸和拓宽检查范围。同时，针对党政机关、教育部门、卫生系统，宁波市集聚力量开展专项督查，明确"问题清单""责任清单"，进行整改销号。

3.9.8 示范引领

积极开展各等级达标示范小区（单位）、高标准小区、示范片区创建工作，通过示范引领来带动垃圾分类。例如，深圳市每年对分类成效显著的家庭、个人、住宅区和单位给予激励，起到很好的示范和带动作用。

图 3-16 是对国内先进城市和地区垃圾分类经验和启示的总结。

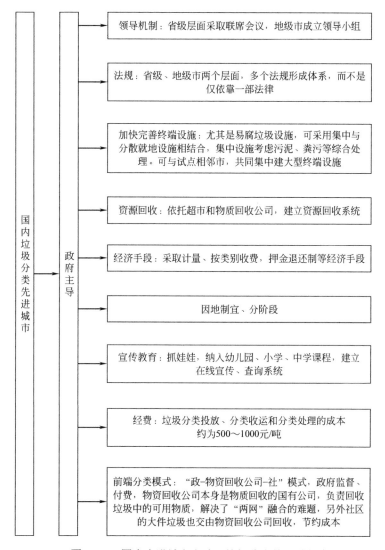

图 3-16　国内先进城市和地区垃圾分类的经验与启示

参 考 文 献

[1] 彭朝忠.垃圾分类标准及标示语统一的必要性 [J].再生资源与循环经济,2015,8（7）:19-22.

[2] 阎宪,马江雅,郑怀礼.完善我国城市生活垃圾分类回收标准的建议 [J].环境保护,2010（15）:44-46.

[3] 黄宝成,张钊彬,赵婷婷,等.杭州市生活垃圾分类收集实施情况调查及分析 [J].环境污染与防治,2011,33（7）:

102-104.

［4］任才峰，胡健．厦门通过立法推进垃圾分类促进社会文明的情况及启示［J］.人大研究，2018（8）：18-22.

［5］孙新军．聚焦"三化"推进首都生活垃圾分类全过程精细化管理［J］.城市管理与科技，2019（6）：58-63.

［6］唐亚汇．上海深化推进垃圾减量化和资源化利用研究［J］.科学发展，2019（128）：79-88.

［7］海口市人大常委会生活垃圾分类专题调研组．加快推进垃圾分类 建设美丽生态海口——关于海口市生活垃圾分类的调研报告［J］.决策参考，2018（2）：51.

第 **4** 章

广西垃圾分类的现状

从政策法规、运行模式、分类类别、宣传教育、设施、投入、实际效果等方面，介绍广西壮族自治区层面、14个地级市、横县及广西农村垃圾分类的现状，并对现状中的成功经验和问题进行分析和总结。

4.1 垃圾分类

4.1.1 领导机制

2018年5月7日，广西壮族自治区住房和城乡建设厅发布《关于印发广西壮族自治区生活垃圾分类工作厅际联席会议制度的通知》。在自治区人民政府的领导下，协调推动广西生活垃圾分类制度工作方案的实施。指导、支持南宁市人民政府加快推进南宁市生活垃圾分类工作。研究生活垃圾分类工作机制的创新发展及有关政策制度等重大问题，加强部门间的沟通和信息共享。加强监督检查、跟踪评估、分析总结和经验推广，做好全区生活垃圾分类各项工作的督促落实。

2019年11月，成立由自治区副主席任组长的自治区生活垃圾分类工作领导小组。

4.1.2 政策、法规

2017年11月23日，广西壮族自治区发展改革委员会与住房和城乡建设厅联合发布了《广西生活垃圾分类制度工作方案》，方案指出要按照生态文明建设的总体要求，加快建立分类投放、分类收集、分类运输、分类处理的垃圾处理系统，形成以法治为基础、政府推动、全民参与、协同推进、因地制宜的垃圾分类制度。主要目标为：到2017年底，所有实施生活垃圾强制分类的城市要启动生活垃圾强制分类的相关工作，建立工作协调机制，制定工作方案和分类标准，并逐步完善分类配套设施等；到2020年年底，在实施生活垃圾强制分类的城市基本建立生活垃圾分类相关法规、规章和标准体系，强制分类范围内生活垃圾得到有效分类，南宁市生活垃圾回收利用率达到35%以上，其他生活垃圾强制分类城市的生活垃圾回收利用率达到20%以上。

2017年8月4日，广西壮族自治区机关事务管理局等4部门联合转发《国家机关事务管理局等部委关于推进党政机关等公共机构生活垃圾分类工作的通知》。

2018年12月20日经自治区市场监管局批准正式发布，广西地方标准《城市生活垃圾分类设施配置及作业规范》，于2018年12月31日实施。

2019年11月，成立由自治区副主席任组长的自治区生活垃圾分类工作领导小组。

2019 年 11 月，发布《关于在各设区市全面开展生活垃圾分类工作的通知》，目标是：到 2020 年，南宁市基本建成生活垃圾分类处理系统，生活垃圾回收利用率达到 35%；其他设区市实现公共机构生活垃圾分类全覆盖，至少有 1 个城区的 1 个街道基本建成生活垃圾分类示范片区，其他各城区至少有 1 个社区基本建成生活垃圾分类示范点。到 2022 年，除南宁市以外的其他设区市至少有 1 个城区实现生活垃圾分类全覆盖，其他各城区至少有 1 个街道基本建成生活垃圾分类示范片区。到 2025 年，全区所有设区市基本建成生活垃圾分类系统，生活垃圾回收利用率达到 35%。马山县、富川瑶族自治县等县级国家生态文明先行示范区，以及生活垃圾分类工作基础较好的横县要参照设区市生活垃圾分类要求，加快建立生活垃圾分类制度。到 2025 年，以上 3 个县城基本建成生活垃圾分类处理系统。

2019 年 12 月，成立自治区生活垃圾分类工作领导小组办公室工作专班。

4.2　广西及各市垃圾清运、处理及设施概况

4.2.1　广西垃圾清运、处理及设施概况

2018 年，广西及 14 个地市的垃圾清运、处理及设施情况如表 4-1 所列。2018 年，广西清运生活垃圾量较大，空间分布不平衡，南宁的垃圾量远远多于其他区域的垃圾量，南宁垃圾量占全广西的 22%，南宁、桂林、柳州的垃圾量占全广西的 45%；清运生活垃圾的无害化处理率为 99.5%，垃圾焚烧比例为 25%、填埋比例为 73.6%。餐厨垃圾收运、处理比例很低。

表 4-1　2018 年广西及各市垃圾清运、处理及设施情况

区域	垃圾清运量/万吨	餐厨垃圾清运量/万吨	无害化垃圾处理量/万吨	卫生填埋量/万吨	焚烧量/万吨	卫生填埋场/座	焚烧厂/座	其他无害化处理厂/座	转运站/座	市容环卫专用车辆/辆
广西	696.26	8.22	692.58	509.77	173.2	68	13	2	566	10014
南宁	150.25	7.32	148.55	66.05	74.12	6	1	1	68	4905
柳州	81.75	0	81.66	81.66	0	6	0	0	64	681
桂林	83.36	0	83.36	82.16	1.2	10	1	0	48	731
梧州	34.52	0	33.52	33.52	0	4	0	0	65	294
北海	39.45	0	39.45	39.45	0	1	0	0	10	224
防城港	18.96	0	18.96	8.92	10.04	2	1	0	21	442

区域	垃圾清运量/万吨	餐厨垃圾清运量/万吨	无害化垃圾处理量/万吨	卫生填埋量/万吨	焚烧量/万吨	卫生填埋场/座	焚烧厂/座	其他无害化处理厂/座	转运站/座	市容环卫专用车辆/辆
钦州	48.43	0	48.07	22.89	25.18	3	1	0	14	220
贵港	31.88	0	31.88	19.2	12.68	3	1	0	18	291
玉林	58.16	0.9	58.16	44.18	13.98	4	1	0	69	363
百色	41.25	0	41.25	38.41	1.61	10	1	1	64	722
贺州	23.13	0	23.13	28.13	0	4	0	0	13	211
河池	32.74	0	32.72	30.4	2.32	8	2	0	36	510
来宾	31.01	0	31.01	6.32	24.69	4	1	0	27	134
崇左	21.38	0	20.88	13.49	7.39	3	3	0	39	286

因此可以得出以下几点。

① 广西垃圾量具有空间分布不平衡的特点,南宁、桂林、柳州的垃圾量占全广西的 45%。

② 处理设施落后,垃圾焚烧处理的比例低。

③ 餐厨垃圾、厨余垃圾的收运、处理设施很缺乏。

4.2.2 各市城区垃圾处理设施

广西 14 个市城区垃圾处理设施(含正在建设)的情况如表 4-2 所列。各市城区均在加大垃圾焚烧厂的建设力度,除百色市没有建设垃圾焚烧厂外,其余各市都已建成或正在建设垃圾焚烧厂;南宁市、贵港市、桂林市、贺州市、防城港市、梧州市、柳州市、北海市已建成或正在建设餐厨垃圾处理厂,其他 6 个市尚未有建设餐厨垃圾处理厂。

表 4-2　广西各地市城区垃圾处理设施情况(截至 2020 年 11 月)

市级	焚烧厂	卫生填埋场	餐厨垃圾处理厂
南宁市	1 座运行 2000t/d,1 座正在推进建设中 3000 t/d	2 座运行,1 座 1135 t/d,1 座 200 t/d	1 座运行、扩建 450t/d 1 座正在推进建设中
贵港市	1 座运行 600 t/d	1 座备用,380 t/d	1 座正在建设中,110 t/d
桂林市	1 座运行 1500 t/d	—	1 座推进建设中,320 t/d
贺州市	1 座运行 500 t/d	—	1 座正在建设中

市级	焚烧厂	卫生填埋场	餐厨垃圾处理厂
防城港市	1 座运行 500 t/d	—	1 座推进建设中。一条日处理 50 吨的生产线，预留一条日处理 50 吨餐厨垃圾的生产线
钦州市	1 座运行 600 t/d	1 座备用，530 t/d	—
河池市	1 座运行 600 t/d	1 座运行 400 t/d	—
来宾市	1 座运行 1000 t/d	1 座备用，128 t/d	—
玉林市	1 座运行 1200 t/d	—	—
梧州市	1 座正在推进建设中 2000 t/d	1 座运行，400t/d	1 座运行中 2020 年处理 100 t/d，2030 年计划处理 200 t/d
柳州市	1 座正在建设中 3000 t/d	1 座运行，600 t/d	1 座正在建设中，200 t/d
北海市	1 座 1400t/d，建设中	1 座运行，700t/d	1 座正在推进建设中，近期 100t/d，远期 150 t/d
崇左市	1 座正在推进建设中 1200 t/d（一期 700 t/d）	1 座运行，230t/d	
百色市	—		

4.2.3 垃圾成分

表 4-3 为南宁市 2010 ～ 2017 年的垃圾成分，南宁市生活垃圾中最主要的成分是厨余垃圾（约占 58%）、纸类（约占 13%）、橡塑（约占 13%）。

表 4-3 南宁市城区生活垃圾物理成分

成分	2010 年	2011 年	2012 年	2013 年	2014 年	2015 年	2016 年	2017 年	平均值
厨余 /%	56.72	64.05	58.97	56.1	55.81	55.86	60.04	52.96	57.56
纸类 /%	16.8	11.7	10.74	11.4	13.36	14.50	11.86	13.54	12.99
橡塑 /%	9.83	13.3	10.82	11.37	13.95	13.65	11.49	16.83	12.66
纺织 /%	1.28	1.46	2.12	1.65	0.93	2.16	1.56	0.73	1.49
木竹 /%	0.88	1.02	0.56	0.62	0.43	1.09	0.62	0.71	0.74
灰土 /%	5.4	0.995	5.22	6.04	2.62	3.97	1.66	2.77	3.58
砖瓦陶瓷 /%	1.07	0.045	1.52	2.1	1.61	0.535	2.06	0.34	1.16
玻璃 /%	0.64	1.15	4.33	3.39	4.42	2.84	3.12	1.66	2.69
金属 /%	0.36	0.155	0.403	0.13	0.85	0.595	1.08	0.50	0.51

成分	2010 年	2011 年	2012 年	2013 年	2014 年	2015 年	2016 年	2017 年	平均值
混合 /%	6.41	5.59	7.7	7.2	6.01	5.45	6.48	9.96	6.85
其他 /%	—	0.095	1.775	—	—	—	—	—	0.23
容重 /（kg/m³）	338	345	298	338	324	305	249	253	306

4.3 地级市垃圾分类现状

4.3.1 南宁市生活垃圾分类

4.3.1.1 成立领导小组

2018 年 1 月 15 日，南宁市人民政府办公厅印发《关于调整南宁市城市生活垃圾分类工作领导小组成员的通知》。成立了以市长为组长的领导小组，46 个成员单位为组员。

4.3.1.2 政策、法规

2018 年 1 月 24 日，南宁市人民政府办公厅印发《关于印发南宁市生活垃圾分类制度实施方案的通知》。推行垃圾分类制度，2020 年底基本建立相应的法规规章和标准体系，公共机构和相关企业实行生活垃圾强制分类，逐步扩大住宅小区试点范围，基本建成垃圾分类处理系统，生活垃圾回收利用率达到 35% 以上。

2018 年 11 月 1 日，南宁市人民政府办公厅印发《南宁市生活垃圾分类示范片区建设工作方案的通知》（以下简称《方案》）。《方案》提出南宁市下一阶段垃圾分类工作的目标如下。

① 2018 年，各城区、开发区以街道为单位，至少开展 1 个生活垃圾分类示范片区建设，实现"三个全覆盖"，即生活垃圾分类管理主体责任全覆盖，生活垃圾分类类别全覆盖，生活垃圾分类投放、收集、运输、处理系统全覆盖。

② 示范片区内生活垃圾分类达标的居民户数占全市总户数的比例不断提高，且分类达标居民户数需占片区内总户数的 30% 以上。

③ 2019 年，以分类示范片区为基础，及时总结经验，以点带面，逐步将生活垃圾分类好的做法和模式扩大至全市范围。

2019 年 4 月 9 日，南宁市人民政府办公厅印发《南宁市 2019 年城市生活垃圾分类工作行动计划的通知》。该通知提出：在 2018 年工作成果的基础上，按照"大分流、小分类"原则，强化工作措施，启动相关企业生活垃圾强制分类，着力开展垃圾分类示范片区建设，全面开展住宅小区垃圾分类工作，完善垃圾分类相关法规规章，加快生活垃圾分类收运体系和终端处理设施建设，推动全市生活垃圾分类工作不断取得新成效。

2019 年 8 月 21 日，南宁市人大常委会组织召开《南宁市生活垃圾分类管理条例（草案）》专家论证会，对草案中的相关规定进行论证。

2020 年 7 月，南宁市发布《南宁市生活垃圾处理生态补偿暂行办法》（南府办〔2020〕44 号），自 2021 年 1 月 1 日起施行，有效期 3 年。该办法规定：以生活垃圾接收行政区为受偿区、生活垃圾输出行政区为补偿区，对补偿区进入市属生活垃圾处理设施的生活垃圾将收缴生态补偿费，用于补偿受偿区环境整治提升、生态修复、垃圾分类及公共设施改善等支出。具体规定了以下 3 个方面。

① 生态补偿费实行差别化收缴。生活垃圾处理生态补偿以县（区）政府、开发区管委会为对象，各补偿区应缴纳的生态补偿费根据该县（区）、开发区进入其他县（区）、开发区内市属设施处理的厨余垃圾、其他垃圾的垃圾量和缴纳标准计算。厨余垃圾终端处置的生态补偿费缴纳标准为 25 元 / 吨。其他垃圾的生态补偿费实行阶梯收费，以上一年生活垃圾处理问题为基数内的垃圾中转缴纳标准为 25 元 / 吨、终端处置缴纳标准为 50 元 / 吨，基数外按上升（下浮）比例浮动调整缴纳单价。

② 生态补偿费分配按垃圾处理量及分配标准计算。转运站收取的生态补偿费全额用于转动站的生态补偿，厨余垃圾、其他垃圾终端处置设施分配单价相同，应分配的生态补偿费按各设施垃圾处理量乘以分配单价确定。每月 15 日前，市环境卫生主管部门核准上月进入市属设施垃圾处理量计量数据，分送各县（区）、开发区核对。

③ 生态补偿费用按年度结算。市环境卫生主管部门负责计算相关县（区）、开发区上一年应缴纳（分配）的生态补偿费金额并报市财政部门，市财政部门通过市与县（区）、开发区财政年终结算办理应缴纳（分配）的生态补偿费。生态补偿费纳入县（区）、开发区部门预算、决算管理。市审计部门依法对生态补偿费用使用情况进行审计监督。

编制了系统、全面的专业性的规划、方案、规程等：《南宁市生活垃圾分类收运处理专项规划》（2016 ～ 2030 年）《南宁市生活垃圾分类工作例会制度》《南宁市城市生活垃圾分类操作规程》《南宁市生活垃圾分类工作培训方案》《南宁市生活垃圾分类工作倡议书》《南宁市城市生活垃圾分类工作目标专项考评办法》《南宁市生活垃圾分类示范片区建设工作方案》《城市生活垃圾分类设施配置及作业规范》《南宁市大件垃圾收运和处置实施方案》《南宁市易腐垃圾收运和处置实施方案》《南宁市有害垃圾收运和处置方案》《生活垃圾分类制度建设系列问题研究行动学习项目实施方案》《 南宁市垃圾分类宣传方案》《南宁市城市生活垃圾分类第三方考评工作联络员制度》。

4.3.1.3 模式及效果

（1）总体思路

目前，南宁市确立分类模式，按照"终端建设＋分步宣传＋投、收、运、处过渡"的大分流、小分类模式推进生活垃圾分类工作。如图4-1所示。

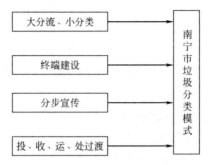

图4-1 南宁市垃圾分类模式

1）可回收物

由再生资源回收利用企业或者资源综合利用企业进行处置，全市现有价值可回收物的回收处置大多采取市场行为。2018年共回收利用废金属约4.2万吨、废纸约4.05万吨、废塑料约1.74万吨、废钢铁约35万吨等。

2）厨余垃圾

采用生化厌氧产沼、堆肥、制成饲料等方式进行资源化利用或者无害化处置。目前仅依托广西蓝德餐厨垃圾处理厂，亟需扩容。2018年度累计收运处理餐厨垃圾7.31万吨，废弃油脂0.45万吨，厨余垃圾0.09万吨。

3）有害垃圾

先集中在一个暂存点，由专人负责管理和记录，再由具有相关资质的专业运输企业定期运往具有相应危险废物经营许可证的企业进行无害化处置。目前南宁市有19家危险废物处置企业，无专门生活源有害垃圾处理终端，部分特殊种类的有害垃圾需集中转运或转运区外处理。

4）其他垃圾

采用分解后回收利用、焚烧、填埋等方式实施无害化处置。

目前南宁市分别依托平里静脉产业园生活垃圾焚烧发电厂以及平里静脉产业园生活垃圾卫生填埋场进行处理。2018年度累计处理其他垃圾127.95万吨，其中焚烧79.98万吨，填埋47.97万吨，保持城市生活垃圾无害化处理率100%。

2019年，每天垃圾清运量约3700吨，其中15.4%是可回收物、57.7%是厨余垃圾、0.2%是有害垃圾。

（2）宣教

组织发动党员干部、志愿者、热心居民、物业管理人员参与宣传和督导工作，使更多市民参与进来，南宁市46个垃圾分类工作领导小组成员单位，年累计23475

名党员干部已带头实施垃圾分类工作；号召了垃圾分类宣讲志愿者 14395 人次，充分发挥志愿服务作用；组织开展区街道、社区入户宣传 30460 次，开展各类垃圾分类主题宣传活动 1576 次。入户宣传累计 66.66 万次。

组织编印中小学和幼儿园垃圾分类知识读本，在校园开展垃圾分类实践活动，年累计开展学校、家庭、社区互动实践活动约 1083 次。建成区范围内各中小学幼儿园共 1405 所，均已开展垃圾分类工作，覆盖率达到 100%。

2019 年以来，市分类办举办了 3 次大型培训会，各城区各单位也开展多次培训会、动员会等。通过聘请推广大使、招募志愿讲师、建立科普教育基地和微课堂、成立垃圾分类志愿者宣讲队、组建公益服务联盟等方式，有效提升管理者的管理水平和居民的知晓率。

（3）经费、设施等

2019 年生活垃圾分类相关经费 637.6 万元。

全市范围内已有 1914 个居民区开展垃圾分类试点工作；已落实达标居民户数达 76.80 万户。

1583 个党政机关事业单位，均已按易腐垃圾、有害垃圾、可回收物、其他垃圾四分类要求强制开展垃圾分类工作。

1914 个小区内设有易腐垃圾、有害垃圾、可回收物和其他垃圾的四分类垃圾桶及投放设施。全市配置分类垃圾箱约 5 万个，其他垃圾清运车 2174 辆，有害垃圾专用运输车辆 4 辆，易腐垃圾专用运输车 57 辆。

自治区党校、自治区机关事务管理局、市委党校、民主路小学青环校区等十余家单位安装了易腐垃圾就地处置设备，就地处理易腐垃圾每日可达 6 吨；广西农科环保科技有限公司通过养殖蚯蚓并向其喂食易腐垃圾从而达到处理易腐垃圾的目的，该公司每日处理易腐垃圾的量可达 10 吨。高新区建设易腐垃圾处置中心 1 座，占地 60 平方米，日均处理易腐垃圾约 3 吨；由该处置中心处理接收并处理高新区范围内分类产生的易腐垃圾。目前高新区根据下一步垃圾分类工作需要，正在建设一座日处理量 10 吨的易腐垃圾处置中心。

已配置 182 个再生资源回收网点，95 个再生资源回收企业，可处理废钢铁、废金属、废纸、废塑料及其他等多种可回收物。拟建设城市社区绿色回收站、城区分拣处理中心。现有价值可回收物的回收处置大多采取市场行为，全市目前可回收物清运量约为 896t/d。

有害垃圾日产生量为 9.23 吨，现有 4 家有害垃圾大型处置机构，各城区、开发区积极完善源头有害垃圾收集装备和建设区域临时贮存点。

（4）考评机制

将生活垃圾分类工作纳入县（区）、开发区绩效考评指标框架体系，实行聘请第三方考核的方式，对垃圾分类进行最严格的考核，通过考评促进工作推进、通过评分量化工作效能，考评成绩作为重要工作纳入绩效考核体系。

结合市分类办考评的考评机制建立第三方考评，并正式印发实施《关于开展南宁市生活垃圾分类第三方考评工作的通知》，从 2019 年 4 月起正式启动第三方考评工作，以各城区、开发区辖区范围内的所有公共机构、示范小区、示范片区等作为考评基数，对各单位的垃圾分类工作情况及分类实际效果等进行考评。

以各城区、开发区辖区范围内的所有约 1583 个公共机构、150 个示范小区、10 个示范片区（含公共机构、住宅小区、相关企业、公共区域）等作为考评基数，对各城区政府、开发区管委会、市直重点单位的垃圾分类宣传普及、设施设置、分类作业情况及分类实际效果等内容进行考评。

4.3.2 桂林市垃圾分类

4.3.2.1 成效

2000 年 6 月，桂林作为国家生活垃圾分类收集试点的 8 个城市之一。桂林是广西首座垃圾分类试点示范城市。

2014 年 11 月，广西壮族自治区住建厅和财政厅联合下发"桂财建〔2014〕300号"文，将桂林市列为全区首座垃圾分类试点示范城市。

2015 年 4 月，自治区住建厅召开了分类试点工作布置会，并以"桂建城〔2015〕32 号"文下达了 2015 年桂林生活垃圾分试点工作任务。

桂林市环境卫生管理处于 2015 年 7 月举办了"桂林市城市居民生活垃圾分类启动仪式"，正式进驻第一个试点小区开展垃圾分类工作。

垃圾分类云平台数据显示，截至 2019 年 3 月，已进驻高档住宅小区、机关生活区、企业单位生活区共计 70 个，推行"一户·一卡·一桶"垃圾分类智能家庭12975 户，覆盖 50000 余人。

目前，小区居民参与分类投放率达 65%，投放正确率达 75%，厨余垃圾回收率达 95%，垃圾处置减量化达 90%，厨余垃圾转化再利用率达 10%。

4.3.2.2 做法及模式

（1）做法

① 居民生活垃圾分为两类：一类是厨余垃圾（俗称湿垃圾）；另一类是其他垃圾（俗称干垃圾）。

②"一户一卡一桶"。

③ 垃圾分类资源化原则。能卖拿去卖，干湿要分开。

（2）模式

源头分类，源头把关；定时定点，分类收运；终端验收，去除杂质；高温好氧，生物处置。如图 4-2 所示。

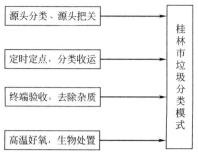

图 4-2 桂林市垃圾分类模式

垃圾分类关键在源头，要弱化终端的二次分类做法；核心在机制，要建立健全激励机制互动平台；做法在普及，强力推进定时定点分类投放、分类收运；效果在终端，变废为宝走循环经济之路。形成垃圾分类完整之链条。

1）源头分类、源头把关

从多形式宣传、分类知识专项培训、细致的摸底调查、整合社会资源承担源头控制工作、建立居民积分机制、建立"三率"机制、建立完善组织机构 7 个方面（见图 4-3），做好源头把控。这是实现分类投放的基础，也是确保后续收集、运输、处理环节顺利开展、减少二次分拣的难度和工作量、改善劳动环境、避免杂物损坏设备的重要环节。

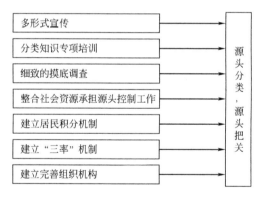

图 4-3 源头把控的 7 个方面

2）定时定点、分类收运

这是实现分类收集、分类运输的环节。根据试点小区布局，每 80 ～ 100 户设置一组分类垃圾桶，在定投点周围，设置明显的指示标识和宣传版面，做好居民的引导和长期宣传。

要求居民在规定时段，集中投放厨余垃圾。

试点小区收集的厨余垃圾，严格实行分类运输，不与其他垃圾混运。如图 4-4 所示。

图 4-4   桂林市厨余垃圾的收运

每天规定时段结束后，马上将厨余垃圾运送到桂林市垃圾分类管理处置中心。其他垃圾，由城区环卫站运输至小型垃圾转运站。

3）终端验收，去除杂质

分类运输至桂林市垃圾分类管理处置中心（见图 4-5）的每一桶厨余垃圾，进行称重、记录、检验、去除杂质、喷洒消毒药水。避免不属于厨余垃圾的物质，尤其是坚硬物质进入终端处理设备损坏机器，造成分类处理工作停滞、脱节。

图 4-5   桂林市厨余垃圾处理设施

4）高温好氧，生物处理

通过粉碎、挤压、油水分离、生物好氧发酵等过程，将厨余垃圾制成生物肥料（堆肥），如图 4-6 所示。

4.3.2.3   特色

桂林市垃圾分类的特色是：较早并较好的利用"互联网＋"开展垃圾分类。

从 2015 年年底上线"桂林市城市垃圾分类"微信公众号，到如今的"桂林市垃圾分类"头条号和桂林市垃圾分类官方网站，三位一体横向宣传，使得垃圾分类工作在群众间迅速普及。

图 4-6 桂林市厨余垃圾制成的堆肥

结合互联网技术，将全市垃圾分类基本情况，居民积分卡积分，清洁员回收情况等发布到网上，通过微信公众号中的查询系统，方便市民查询。

垃圾分类工作中也实现了互联网 +，通过智能信息管理系统，可以实时监控垃圾分类各项工作情况。

4.3.3 柳州市垃圾分类

柳州市区 2013 年已开始推进生活垃圾分类，当年选取了 12 个小区试点分类收集；2014 年扩大到 250 个小区。设置了 8750 个生活垃圾分类收集点，并放入 26250 个蓝、绿、灰分类收集垃圾桶，累计投入 1495 万元。

2017 年下半年又制定了《柳州市关于鼓励城市居民实行生活垃圾分类暂行办法》系列政策规定，采取党政机关带头、居民提倡鼓励等办法，在全市范围推行垃圾分类工作。

2018 年全市机关事业单位已强制要求完成生活垃圾分类前端设施安放，所有办公区都要设置可回收物、餐厨垃圾、有害垃圾和其他垃圾 4 种垃圾桶，倡导人们主动分类投放。2019 年将垃圾分类提升到"回收与利用"，2020 年考核了是否正确投放。

试点餐厨垃圾处理设施建设，目前已在市委大院建立一个日处理 500kg 的餐厨垃圾处理设备（见图 4-7），另一个同样级别的处理站将在柳州市公安局建成；还将准备在城中区政府、柳州市委党校各建一个。处理流程为：将餐厨垃圾送入"破碎机"中破碎，破碎后进入"脱水机"中进行固液分离，液体均流至"废水处理系统"进行废水处理，处理完成后达标排放；固体输送至"好氧发酵系统"中进行高温好氧发酵，最终制成有机肥。好氧发酵产生的废气进入"废气处理系统"，经过处理后达标排放，液体进入"废水处理系统"处理，最终达标排放至市政管网，整个系统通过"电控系统"实现自动化控制，处理后的餐厨垃圾减量率达 95% 以上，无害化、资源化处理率达到 100%。

图 4-7　柳州小型餐厨垃圾处理设备

目前市区的新建生活小区，均已要求设计垃圾分类硬件设施，老小区正在寻求统一增设分类设施。

教育主管部门正在落实校园餐厨垃圾的处理方式方法。同时，从 2019 年秋季学期开始，将垃圾分类知识普及融入日常教学活动中，让青少年从小学会垃圾分类。

柳州市目前正在结合实际情况，制定生活垃圾分类实施方案，方案出台后，将通过市领导小组办公室对各县区、各单位进行绩效目标考核，推进垃圾分类工作落实。

（1）前端收集难

一是难在市民目前的分类意识还有待提高，尤其是餐厨垃圾，需要在厨房就要分类收集，才能保障后端的有效接续；二是生活小区中最难推进垃圾分类的是老小区，特别是"三无小区"。目前柳州市区还有众多"三无小区"，垃圾乱扔乱放现象十分严重。

（2）中端分类运输难的关键在于人力、物力的增设

柳州市区生活垃圾量目前约 2000t/d，以厨余垃圾为主，收运和处理方式为混装混运、卫生填埋。立冲沟生活垃圾卫生填埋场承担市区生活垃圾无害化处理工作，填埋场一期工程总容量 800 万立方米，2016 年底填埋量 600 万立方米左右，2019 年年中库容基本告满。

（3）末端分类处置

正在建设的静脉产业园涵盖了垃圾焚烧发电、大件垃圾处置、危险废弃物处置、餐厨垃圾处理、建筑垃圾处理、报废汽车拆解、废旧电池再生利用等垃圾终端处理设施。

出台《柳州市关于鼓励城市居民实行生活垃圾分类暂行办法》，"鼓励"分类应改为"强制"分类，"义务"分类。

柳州市垃圾分类主要分为有害垃圾、餐厨垃圾（湿垃圾）、可回收物、其他垃圾（干垃圾）四大类。城市居民仅需同时符合以下 3 个条件：a.缴清上年度城市生活垃圾处理费；b.向所在小区物管部门或社区提出申请，填写相关申请表；c.按照

分类投放要求实行生活垃圾分类，并通过年度检查考核，就能获得与其上年缴清的城市生活垃圾处理费相等金额的奖励。

4.3.4　其他地级市垃圾分类

4.3.4.1　贵港市垃圾分类

2019 年 6 月 26 日，贵港市公共机构节能工作领导小组办公室印发《贵港市公共机构生活垃圾分类和回收利用实施方案》的通知。

贵港市餐厨垃圾处理厂，环评已进行公示。近期处理规模为：餐厨废弃物 100t/d，地沟油 10t/d；远期处理规模为 150t/d，地沟油为 15t/d。

4.3.4.2　河池市垃圾分类

2014 ～ 2016 年，在金城江区的拉登小区、东方家园小区、市政局小区、园林处小区和环卫水洞小区 5 个小区开展生活垃圾分类试点工作，将生活垃圾分为可回收物、厨余垃圾、其他垃圾，实行分类投放、分类回收。2017 年，在原有的基础上市环卫处继续加强力度，在原有 5 个垃圾分类试点小区的基础上再增加 3 个试点小区。

由于垃圾分类管理经验的缺乏、市民垃圾分类意识不强、垃圾分类强制要求不到位、垃圾分类处理设施不完善等多方因素的制约，试点工作推进艰难。

河池市垃圾焚烧厂（一期）设计规模 600t/d，2018 年 12 月投入运行。

德胜生活垃圾处理场 2007 年建成使用，目前垃圾处理量约 330t/d，主要处理来自金城江区、宜州区和环江县城区等乡镇垃圾，服务人口约 60 万人。填埋场一期库容量 159 万立方米，设计使用年限为 15 年。按设计规模，垃圾处理量已经接近饱和。

4.3.4.3　百色市垃圾分类

（1）政策、法规

2018 年 6 月 15 日，百色市住房和城乡规划建设委员会关于印发《百色市住房和城乡规划建设委员会办公区生活垃圾分类实施方案》的通知。2018 年 8 月底，全委办公区生活垃圾强制分类达到全覆盖；鼓励本委职工住宅区按照百色市的有关要求，积极开展生活垃圾强制分类。单位办公区垃圾回收流程为：可回收的废弃物，由物业公司负责联系收购厂家，定期处理（每月 1 日、15 日）；不可回收利用的废弃物，存放在我委指定位置（垃圾房），由环卫所负责清运处理。

《百色市市容和环境卫生管理条例》（以下简称《条例》）2018 年 6 月 28 日百色市第四届人民代表大会常务委员会第十七次会议通过，2018 年 9 月 30 日广西壮族自治区第十三届人民代表大会常务委员会第五次会议批准；《条例》自 2019 年 1 月 1 日起颁布实施。推行垃圾分类投放、收集、运输和处置。鼓励社会力量参与垃圾分类、收集、运输和处置活动，实现垃圾处理减量化、无害化。

百色市机关事务管理局、百色市城市管理监督局，关于下达 2019 年度县（市、区）公共机构生活垃圾分类和回收利用工作目标任务的通知。2019 年公共机构能源资源节约和生态环境保护工作将重点推进市本级和各县（市、区）党政机关及所属二层（特别是医院、学校）的生活垃圾分类和回收利用工作。实施垃圾分类的单位要认真对照广西地方标准《城市生活垃圾分类设施配置及作业规范（DB 45/T 1896—2018）》开展分类设施配备，建立餐厨垃圾、废弃电器电子类和有害垃圾产生数量、处置去向的台账制度；全市公共机构对照标准配备 1200 组生活垃圾分类设施。

2019 年 6 月 18 日，正式发布了《百色市生活垃圾分类制度工作方案》。生活垃圾分为有害垃圾、餐厨垃圾、可回收垃圾和其他垃圾四大类。到 2019 年年底，第一批实施生活垃圾强制分类的县（市、区），即百色市本级（含右江区）、田阳县、凌云县要启动生活垃圾强制分类的相关工作。到 2020 年年底前，第二批实施生活垃圾强制分类的县（市），即田东县、平果县、德保县、靖西市、那坡县、乐业县、田林县、隆林各族自治县、西林县要全面启动生活垃圾分类相关工作。

到 2020 年年底，由百色市人民政府对生活垃圾分类统一制定相关的法规、规章和标准体系，强制分类范围内生活垃圾得到有效分类，生活垃圾分类知晓率达到 100%，参与率不低于 90%，投放准确率达 80% 以上，无害化处理率达 100%，第一批强制分类的县（市、区）生活垃圾回收利用率达到 20% 以上，第二批强制分类的县（市）生活垃圾回收利用率达到 15% 以上。

近期推出《百色市生活垃圾分类管理条例（草案）》，该条例力争在 2021 年上半年颁布实施，使垃圾分类工作有法可依。

（2）宣传教育

开展垃圾分类"进家庭、进社区、进学校、进机关、进企业、进媒体、进网络"的活动，以全媒体资源作为载体，全方位普及生活垃圾分类知识，同时建设生活垃圾分类示范教育基地，广泛开展生活垃圾分类收集专业知识和技能培训，并通过知识竞赛、有奖竞答、文艺节目、公益广告、固定活动日等群众喜闻乐见的宣传活动调动大家参与的积极性。

（3）建设若干垃圾分类试点

选择资质较好的小区，先带动一部分人参与垃圾分类。

（4）建立督导及志愿服务体系

将按照 200 ～ 300 户配备 1 名督导员或志愿者的标准，在各街道、社区灵活组建督导员及志愿者队伍，做好生活垃圾分类前端引导。通过进家入户开展宣传和示范、桶边督导、开袋抽查等方式，提高群众生活垃圾分类参与率、知晓率、投放准确率。

（5）探索引入奖励积分制度

为充分调动群众参与垃圾分类的积极性，将积极引入垃圾兑换积分的激励机制，鼓励引入社会资金建立垃圾分类回收兑换积分机制，培养群众自觉分类的良好习惯。

4.3.4.4 梧州市垃圾分类

2018 年 9 月，梧州市政府印发了《梧州市生活垃圾分类制度工作方案》，明确垃圾分类的目标任务，提出到 2019 年年底全市公共机构生活垃圾分类覆盖率达100%；到 2020 年年底，基本建立生活垃圾分类相关法规、规章和标准体系，生活垃圾回收利用率达到 20% 以上。2020 年前，万秀区、长洲区的公共机构和相关企业先行实施生活垃圾强制分类，其他县（市、区）的生活垃圾强制分类主体范围可参照执行。所有实施生活垃圾强制分类的县（市、区）必须将有害垃圾强制分类；其他垃圾逐步参照生活垃圾分类及其评价标准，确定强制分类的类别。

2018 年 9 月 1 日梧州市颁布实施了《梧州市餐厨垃圾管理办法》。

《关于下达 2019 年度梧州市公共机构生活垃圾分类和回收利用工作目标任务的通知》指出，2019 年公共机构能源节约和生态环境保护工作将重点推进市直机关及所属单位（特别是医院、学院）、县（市、区）党政机关行政中心的生活垃圾分类和回收利用工作。

如今梧州市已经完成了对市直机关、学校、医院等公共机构进行垃圾试分类工作，垃圾分类回收装置已于前期全部配置完毕。梧州市公共机构对标配备 1800 组生活垃圾分类设施。今后，将继续在公共机构主管部门二层机构推行垃圾分类工作。

市区内街道普遍配置有可回收垃圾桶、不可回收垃圾桶以及餐厨废弃物回收垃圾桶。

计划 2021 年下半年在万秀区和长洲区选定一个小区（片区）开展试点。

梧州市餐厨垃圾处理项目于 2019 年 1 月 26 日投产运营。近期（2020 年）处理规模为 100t/d，远期（2030 年）处理规模为 200t/d。截至 2020 年 7 月 1 日，市内已有 2252 家餐饮企业签订了餐厨垃圾收运合同，派送餐厨垃圾桶 2364 只，统一收运处理的餐厨垃圾总量达 4076.16 吨，每天平均收运餐厨垃圾约 53 吨。

尚未完善对可回收物的处理措施，可回收物由各单位各自联系物资回收公司进行回收。

有害垃圾由于数量不多，各单位可先自行储存，梧州市机关后勤服务中心正在联系有回收资质的企业，沟通协调完成后将由企业上门回收。其他垃圾由环卫部门直接回收。

4.3.4.5 贺州市垃圾分类

（1）设施、试点

城区主次干道安装了二分类垃圾桶 1800 多个，对城区主次干道垃圾进行简单的分类收集。贺州市机关事务局组织城区企事业单位按三分类法实施垃圾分类。贺州市城区目前实施垃圾分类试点的小区有汇豪生活小区。正在市城区 1 个学校、1 个生活小区和 1 个广场开展四分类试点。

为加大对餐厨垃圾的无害化处理工作，建设日处理量 20 吨的餐厨垃圾应急处理设备。2019 年 8 月 1 日，该应急处理设备已安装完成，2020 年已开始试运营。

（2）下一步工作计划

① 2019 年年底前，制定出台生活垃圾分类实施方案。

② 建立垃圾分类工作机制　建立党委统一领导、党政齐抓共管、全社会积极参与的生活垃圾分类领导体制和工作机制。建立市、区、街道、社区四级联动的生活垃圾分类工作体系。

③ 加快生活垃圾分类处理系统建设　建立与生活垃圾分类投放、分类收集、分类运输相匹配的分类处理系统。加快餐厨垃圾处理设施建设，统筹家庭厨余垃圾、农贸市场垃圾、园林绿化垃圾等易腐垃圾处理。加快补齐处理能力不足短板。

④ 加快地方法规、规章制定工作。

⑤ 加大宣传培训力度　推进垃圾分类进校园。培育志愿者队伍，开展志愿者活动，利用多种手段，开展形式多样的宣传工作。

⑥ 2014 年起，以 PPP 模式推进循环经济环保产业园项目建设（包括生活垃圾焚烧发电厂及其附属卫生填埋场、医疗废弃物处置中心、餐厨垃圾处理设施、渗滤液处理站、建筑垃圾集中处置中心、老垃圾场陈腐垃圾的处理 6 个子项目）。目前，环保产业园各个项目建设基本完成（餐厨垃圾和建筑垃圾无害化处理体系计划 2020 年年底完成）。其中生活垃圾焚烧发电厂项目已经建成，并正常焚烧垃圾并产生效益。

（3）宣传

2019 年 10 月 16 日上午，贺州市城市管理局联合多个单位、热心企业以及广大志愿者在贺州市文化中心举行"美丽寿城，我是行动者"——"虹世界•绿环境"垃圾分类公益行活动。

（4）贺州市八步区的垃圾分类

以垃圾是否会腐烂为标准，居民对产生的垃圾进行初次分类，把垃圾分成"会烂的"和"不会烂的"两类。保洁员则进行二次分类，对"不会烂的"垃圾分为"可卖的""不可卖的"两类；对"会烂的"垃圾则投入堆肥间进行堆肥处理。这种垃圾方式被称为"二次四分法"。

在推行垃圾"二次四分法"分类之前，石井寨每个月要收集垃圾 30 吨，每年清运处理垃圾的费用达 4.5 万元；实施垃圾分类后，每月只需清运处理 18 吨垃圾，每年减量垃圾超过 144 吨，减少清运和处理费用约 1.8 万元。

在灵峰镇灵峰村在开展试点工作之前，日产垃圾总量约 0.8 吨，不经分类全部送至垃圾处理中心进行处理；现在，经分类回收后送至垃圾处理中心的垃圾约 0.5 吨，垃圾处理量下降 37%。

该区农村垃圾"二次四分法"目前正在步头镇、桂岭镇、大宁镇、南乡镇、里松镇、灵峰镇开展试点。

该区 2019 年继续选择 55 个行政村推行农村生活垃圾"二次四分法"项目建设，2020 年再推行农村生活垃圾"二次四分法"项目建设 76 个。"二次四分法"的推行应注意以下几点。

① 步头镇镇党委、政府坚持党政"一把手"亲自抓，分管领导具体抓，村"两委"班子抓具体落实、理事会成员带好头、家家户户齐跟进。

② 明确目标，通过组织村民召开会议、成立村民理事会，入户宣传"二次四分法"的有关知识，让群众了解垃圾分类的重大意义，提高群众对垃圾无害化处理的知晓率。

③ 坚持标准，实行垃圾出户先分类，垃圾转运不落地，阳光堆肥再利用，让村民都知道一次分"可腐烂的"和"不可腐烂的"，二次分"可回收的"和"不可回收的"，确保能将垃圾准确投放到不同的垃圾分类桶中。

④ 优化流程，在实施过程中，因地制宜，因户施策，形成了"农户初分—中转归类—保洁再分—分类转运—处理利用"的完整流程链条。

⑤ 构建网络，激发群众内生动力，引导理事会与群众签订《垃圾分类承诺书》，实行理事分区管理，形成网格化，确保垃圾分类责任明确、工作到位。

4.3.4.6 北海市垃圾分类

2017 年 6 月引进北海衣衣不舍有限公司开展垃圾分类回收利用工作，至今已在全市 480 个住宅小区和公共场所投放 1000 多个绿色环保垃圾分类回收箱，覆盖居民住户 248922 户。北海衣衣不舍再生资源有限公司在北海市陆续进行垃圾分类回收箱的投放，回收近 800 吨纺织物、约 6000 颗废电池、书本文具等 5500 千克、塑料瓶 15800 多个、荧光灯管 950 多根、旧手机 800 多个、旧家具 60 多套、过期药品 1500 多盒、过期化妆品 960 多件以及其他废旧电子产品 2800 多个。衣衣不舍公司将收集到的纺织物送往江苏张家港的总公司分拣中心，经分拣后做成拖把、手套、棉纱和路基布等再生资源，将旧电池、电子产品、过期药品和过期化妆品等交给有处理能力的企业进行处理。

2019 年 7 月 29 日，北海市召开生活垃圾分类培训会议，会议将生活垃圾分类工作思路制定为：一是要高度重视，抓好落实；二是要加强宣传，营造氛围；三是要凝聚合力，精准施策；四是要完善机制，强化保障。

4.3.4.7 钦州市垃圾分类

2017 年 9 月 12 日，钦州市住房和城乡建设委员会，钦州市公共机构节能工作领导小组办公室印发《关于推进公共机构生活垃圾分类工作的通知》（钦公节办〔2017〕17 号）。

2018 年 6 月 19 日，钦州市机关事务管理局、钦州市市政管理局、钦州市发展和改革委员会、中共钦州市委宣传部,出台《钦州市党政机关等公共机构生活垃圾强制分类实施方案》。

2018 年 8 月 15 日,钦州市林业局关于印发《钦州市林业局生活垃圾分类实施方案》的通知。

2019 年 8 月,钦州市人民政府办公室印发《钦州市城市环境综合整治行动方案》,其内容包括生活垃圾逐步实行分类收集;以街道为单位,逐步推行公共机构生活垃圾分类全覆盖,开展生活垃圾分类示范区建设,加快生活垃圾分类系统建设;按照干垃圾、湿垃圾、有害垃圾、可回收物为生活垃圾分类基本类型,确保有害垃圾单独堆放,逐步做到干、湿垃圾分开,努力提高可回收物的单独投放比例;设置环境友好的垃圾分类收集站点,按照确定的分类种类,统一配置设计美观、标识易懂、规格适宜的居民生活垃圾分类收集容器,并设置垃圾分类引导指示牌。

4.3.4.8 防城港市垃圾分类

2018 年 1 月 1 日起实施的《防城港市城市市容和环境卫生管理条例》,推行生活垃圾分类投放、收集、运输和处置。

2018 年 9 月 28 日,防城港市城市管理综合执法局,印发关于《防城港市城市管理综合执法局生活垃圾分类工作实施方案》的通知。

2018 年 7 月 12 日,防城港市民宗委,印发关于《防城港市民宗委 2018 年市民宗委公共机构生活垃圾分类工作实施方案》的通知。

2019 年 9 月 27 日,防城港市发展和改革委员会,印发《防城港市发展和改革委员会生活垃圾分类实施方案》。

2018 年 6 月,防城港市举办公共机构生活垃圾分类知识讲座。

2019 年 10 月 16 日,防城港市水利局部分党员与志愿者来到仙人湾社区,现场为居民垃圾分类投放进行宣传和答疑解惑。

4.3.4.9 崇左市垃圾分类

2018 年 12 月 4 日,崇左市卫生和计划生育委员会,制定了《崇左市直卫生计生系统生活垃圾分类处理工作实施方案》。

2013 年年初,崇左市住建委制定了《2013 年崇左市开展城市生活垃圾分类收集试点工作方案》。2013 年 4 月市人民政府已批准印发。

中心城区确定江州区住房和城乡规划建设局生活区、崇左市环保局江州分局生活区、江州区水利局生活区、江州区科技局生活区、江州区发改局生活区 5 个垃圾分类试点生活区。

为推行好试点生活区的垃圾分类工作,市住建委采取以下 4 个措施。

① 通过电视、广播等媒体宣传垃圾分类知识,营造"人人关心垃圾分类,人人践行垃圾分类"的社会氛围。

② 印发 20000 份《广西城区居民生活垃圾分类指导》和 5000 份《广西城乡生活垃圾分类指导手册》发放到居民手中，悬挂 100 条横幅在城市的大街小巷，提高居民对生活垃圾分类试点工作的知晓率。

③ 开展垃圾分类培训工作，提高居民和干部职工对生活垃圾分类收集的重要意义、基本做法等认识。

④ 投入 1 万元购买分类垃圾桶 32 个，根据 5 个试点小区的实际情况设置垃圾收集点，分别安装蓝、红、绿、灰 4 种垃圾桶。

4.3.4.10　来宾市垃圾分类

2018 年 5 月 30 日，来宾市财政局，印发关于《来宾市财政局生活垃圾分类实施方案》的通知。

2018 年 9 月 10 日，来宾市食品药品监督管理局，印发关于《来宾市食品药品监督管理局生活垃圾分类工作实施方案》。

投放的分类垃圾桶有 1000 多个，分布在各街道、公共场所。

街道、小区的分类垃圾桶分布较完善，但分类收运、分类处理等设施尚未跟上。此外，市民的垃圾分类意识较弱，大部分市民对垃圾分类"分不清"。市民垃圾分类意识亟待提高，多数分类垃圾桶形同虚设，小区居民并未对垃圾进行分类，垃圾分类需完善硬件设备，混合收运至焚烧厂。

4.3.4.11　玉林市垃圾分类

早在 2013 年 12 月，玉林市生活垃圾分类投放和收集试点工作已经有序开展，玉林城区御电苑、盛世江南、东方巴黎、弘景金色蓝湾、金湾苑、奥园康城、富林双泉 7 个小区，成为首批生活垃圾分类收集试点小区。

上述小区居民的分类意识强，垃圾分类的运转情况良好。在御电苑小区，有害垃圾箱、可回收物箱、厨余垃圾箱及其他垃圾箱在各栋的楼梯口整齐排列，居民把垃圾分为 4 部分打包各投进对应的垃圾箱，环卫工每天凌晨 2 时骑着多辆环卫车，分门别类地收集运输垃圾。

2013 年推广之初，有专门的生活垃圾分类指导员给居民发放宣传手册指导投放，并在小区门口的宣传栏长期粘贴垃圾分类的知识，加上分类垃圾箱容量大且标识明显，分类投放垃圾也便捷，又看到环卫工每天分类拉运，久而久之小区就形成了垃圾分类投放的风气，一直延续至今。

在居民垃圾分类投放的初期，相关部门的资产投入（分类垃圾桶、分类收运）和宣传指导起到了决定性的引导作用，正是因为试点初期持续的宣传引导，垃圾分类在小区里已成为人人随手而分的生活习惯。

2017 年 9 月 4 日，玉林市人民政府办公室印发《玉林市生活垃圾分类管理细则》，生活垃圾分为可回收物、有害垃圾、餐厨垃圾和其他垃圾 4 类。

4.4　横县垃圾分类

　　横县是广西南宁一个人口 127.46 万的小县城。2018 年 GDP 为 315.99 亿元，人均 GDP 为 3.47 万元，约是上海市人均 GDP 的 1/3，如图 4-8 所示。经济水平远不如上海的小县城，但已经成功开展垃圾分类 20 年。

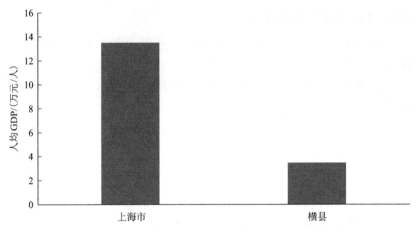

图 4-8　2018 年上海、横县的人均 GDP

4.4.1　模式

　　2000 年 9 月，横县正式启动垃圾分类实践，垃圾分类收运处理流程见图 4-9。

（1）试点

　　横县的垃圾分类试点确定在马鞍街和西街这两条最为脏乱差的街道。两街共有 236 户居民，环卫站给每家发两个不同颜色的桶。一个放剩饭菜等可堆肥垃圾，另一个放塑料袋、饮料瓶等不可堆肥垃圾。

（2）生活垃圾分 3 类

　　横县将生活垃圾分为可堆肥垃圾、不可堆肥垃圾和有害有毒垃圾 3 类，如图 4-9 所示。这种分类分式的优点：一是符合横县垃圾成分实际，可堆肥的垃圾占 81.11%；二是简单明了。

（3）定点定时投放和收运

　　街道两边的垃圾箱，都注明有"可堆肥"与"不可堆肥"字样。

　　街道住户一般下午 5～6 时左右将垃圾桶放到门口，待环卫人员上门收集。

　　每天下午 5 点左右，环卫工开着垃圾车前往自己负责的街区收运垃圾。

　　环卫工拎起垃圾袋子倒入垃圾车不同的桶内，然后用钳子快速挑拣一下，再前往下一户，每户的收集时间不到 1 分钟。

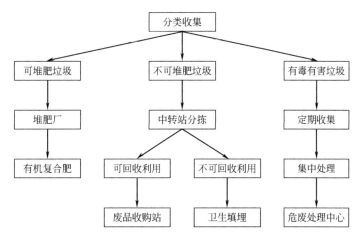

图 4-9 横县垃圾分类收运、处理流程

有垃圾房的小区则是晚上投放,当晚或第二天早上收运。

（4）不分类就不收垃圾

垃圾分不好,环卫工、居委会工作人员、分类督查员轮番上阵进行教导;屡教不分的,拒收垃圾;乱丢乱倒,电视曝光,依规重罚;分得好的,每月会得到洗衣粉、肥皂、牙膏等小奖励。

（5）加大投入,确保分类运输、分类处置

横县克服困难,通过各种渠道筹集资金,投入近千万元,购置垃圾分类标志桶、钩臂垃圾车、压缩式垃圾运输车、环卫三轮车等环卫设备,投资建设了设计处理能力为 15t/d 的堆肥厂,保障源头分拣、中间运输、终端处理的全过程分类。

两个分类垃圾桶或垃圾袋几乎成为"标配";新建小区必须有封闭的垃圾房,这是项目竣工验收内容之一;小区保洁员新到岗,环卫人员要上门培训;新小区落成,环卫站到场宣传教育 3 天;环卫站专设分类指导组,不定期巡查抽检。

（6）分阶段逐步推广

2001 年 4 月,横县垃圾分类开始向全县铺开,根据制定的"四周包围中心"路线图,有计划、有步骤地向学校、行政机关、企事业单位、住宅小区等推开,计划 3 年内在全县实现垃圾分类工作。

4.4.2 效果

经过约 20 年的努力,横县居民已经养成了垃圾分类习惯。

横县县城垃圾分类覆盖面已超过 70%,分类投放正确率达 90% 以上,全县减少了约 25% 的生活垃圾。

垃圾分类后,经过堆肥、回收处理,需要填埋的垃圾量大为减少,目前每天填埋垃圾 120 吨左右。保守估计,设计使用年限 15 年的填埋场能多用 5 ～ 6 年。

4.4.3 存在的问题

横县垃圾分类已经将近 20 年，目前垃圾分类仍未覆盖横县全部城区。特别在一些流动人口多的老城区、城乡接合部，以及私人开发小区和出租户集中的地方，仍存在随意丢弃垃圾的现象，还有少部分住户、经营户为了逃缴垃圾处理费乱丢乱扔。主要原因是没有垃圾分类的相关法律，对这些行为只能进行教育劝说，没有行政处罚依据，无法产生震慑作用。

4.5 农村垃圾分类概况

2019 年，广西壮族自治州印发了《广西农村生活垃圾分类和资源化利用试点实施方案》，在南宁市横县、玉林市北流市、崇左市江州区、贺州市富川瑶族自治县 4 个县（市、区），选取 10 个乡镇 100 个行政村（实际上报 153 个行政村）开展了农村垃圾分类和资源化利用试点。

各试点县（市、区）均已制定试点实施方案，明确了开展试点乡镇、村屯的工作内容、进度安排等。

横县在 15 个移民新村推行分类收集、分类处理的新模式，率先开展试点工作。

北流市以市垃圾焚烧发电项目为依托，计划采用购买服务方式，由农民分类，企业统一收集，开展试点工作。

崇左市江州区、贺州市富川瑶族自治县采用"二次四分法"开展垃圾分类，按实际需求新建垃圾分拣中心、阳光堆肥房，配齐分类垃圾桶、垃圾清运车等。

4.6 垃圾分类的经验与问题

4.6.1 经验

① 党委、政府重视，积极大力推进垃圾分类的城市都取得很大进步，逐渐探索出适合自身的垃圾分类模式，如南宁市、桂林市。所以，要尽早尽快地全面开展垃圾分类。在广西壮族自治区层面，应根据各市的实际，定目标、设置时间节点，全面开展垃圾分类，定期考评，高度重视、积极推动垃圾分类。

② 南宁在领导机构、政策、法规、设施、宣传等方面细致、深入、全面，在国内 46 个重点城市的考评中居于前列。从南宁市的经验看，宣传到位、措施有效

（如分类投放积分，兑换物品），民众是能够参与垃圾分类，并能正确分类。

③ 垃圾分类需要党政"一把手"高度重视，把垃圾分类作为一项重要工作来抓。

④ 垃圾分类需要各级党政机关、各部门积极协同配合，需要成立垃圾分类领导小组，由党政"一把手"任组长，各部门主要领导为成员，召开例会推进垃圾分类。

⑤ 政策、法规是推动垃圾分类的重要保障。

⑥ 垃圾分类需要足够的经费保障，各市需要积极争取多元化的经费，如中央的财政、世行贷款、社会资金等。

⑦ 厨余垃圾的收运、处理设施是广西壮族自治区各市垃圾分类的一个主要短板，需要抓紧制定规划，建设厨余垃圾的处理设施，配置规范的收运车辆。南宁市、桂林市在厨余垃圾的收运、处理已经探索出成功的做法。

⑧ 垃圾分类需要因地制宜，各市可以根据自身实际，探索适合自身的垃圾分类模式，比如南宁市和桂林市探索出各自的垃圾分类模式，两者之间有所不同。

⑨ 南宁市请专业机构和人员编制用以指导垃圾分类的规划、方案、规程等做法，对垃圾分类工作起到很好的指导作用。

⑩ 桂林市二分法及收运、处理模式，可供其他城市参照。

⑪ "桂林市垃圾分类"网络平台、分类数据平台值得借鉴和分享。

⑫ 垃圾分类试点市、村的垃圾分类都有很大进步，所以要尽早开展垃圾分类。一方面，增加试点；另一方面，积极筹划，确定目标，全面开展，根据基础不同，设置时间节点，全面考评。

⑬ 县、镇（乡）、农村（城郊型）垃圾分类相对容易，土地空间充足，易腐垃圾容易就地利用；可回收物的量少，几乎都被居民、拾荒者回收；不考虑建焚烧厂等投资大的终端设施，试点的县、镇（乡）、农村的垃圾分类，已经能做到居民接受并配合分类、易腐垃圾就地处理，制取的肥料能就地利用，减少其他类垃圾的运输量。县、镇（乡）、农村（城郊型）的垃圾分类应加紧全面推广。横县、贺州步头镇的经验可以为县、镇（乡）、农村（城郊型）的垃圾分类借鉴和分享。

4.6.2 问题

① 广西壮族自治区垃圾分类的整体水平显著落后于浙江、广东等经济发达省份。

② 广西壮族自治区层面、地级市层面对垃圾分类总体目标和阶段性目标不明确。

③ 不均衡。14 个地市在垃圾量、人口、城区面积、垃圾收运处理基础设施、开展垃圾分类的群众基础等方面差别较大。南宁、桂林、柳州的垃圾清运量占全区垃圾清运量的 45%。南宁市在垃圾分类的领导机构、政策、法规、设施、宣教等方

面已经走在全国前列，百色等其他城市还未启动垃圾分类。

④ 很多地市政府推动不够深入，没有组建领导机构、配置专职专业人员。在一些社区、学校做了垃圾分类试点，配置了分类垃圾桶，少量的宣教，没有实质性进展，没有实现分类收运、分类处理。

⑤ 政策、法规不健全。亟需建立、完善系统、细致、可操作、时效性的政策、法规体系。比如广西壮族自治区层面与地级市层面的衔接与配合，很多地级市只是转发国家、自治区的政策、法规，缺乏结合自身实际的落实性、操作性的政策、法规。

⑥ 资金不足。相比广州、深圳等城市，广西各市投入垃圾分类的资金比较少。目前，广西各市投入垃圾收运、处理的费用为 130 ~ 220 元 / 吨，而垃圾分类的成本会增加至 500 ~ 1000 元 / 吨。2019 年南宁市垃圾分类的经费 637.6 万元，2018 年深圳市、区各级财政在生活垃圾分类工作中累计投入约 2.3 亿元，深圳市计划每年安排生活垃圾分类激励补助资金 9375 万元。

⑦ 终端处理设施落后、不足。垃圾焚烧厂数量较少和单座处理能力小。从南宁市的垃圾成分看（见表 4-3），厨余垃圾占垃圾比例为 58% 左右，而且厨余垃圾易腐败、散发臭味，厨余垃圾处理设施成为垃圾分类终端处理设施的重要组成部分，而 14 个地市的厨余垃圾处理设施严重不足，大型集中式易腐垃圾处理设施还是空白。

⑧ 没有建立完善的可回收物的回收体系。可回收物是一种属性，实际分高价值可回收物和低价值、甚至无价值可回收物。可回收物的资源化没有实质性进展，目前，主要是靠拾荒人员、废品回收点自发的回收高价值的部分；然后进入物质利用产业链，缺乏专门的终端资源化设施，比如废旧衣服、棉被、拖把等制防护毯、再生抗裂纤维设施等。没有从垃圾分类角度形成系统的可回收物资源化产业链。尤其是缺乏低值可回收物的回收利用设施。南宁、梧州、柳州等在建静脉产业园区，但目前对园区的规划和建设思路实际上是多个终端废物处理设施的集中园区，达不到"静脉"产业园的废物资源化的要求。

⑨ 规范的分类型的收运车辆不足，例如专用的厨余垃圾、有害垃圾收运车辆严重不足。

⑩ 市场化不够深入。大部分社区的垃圾的投放、收运还是城区的环卫站包揽。

⑪ 在分类中缺乏有效使用经济手段　例如还没有制定按垃圾类别按垃圾量进行"阶梯"收费的法规。

⑫ 宣传教育尚未普及。目前，除南宁市外，其他市还未全面、全方位、多元化的开展垃圾分类宣传，普及率较低。

⑬ 高水平管理人员缺乏。区、街道、镇层面很缺乏高水平的垃圾分类管理人员。

第 5 章

推行垃圾分类的对策

结合广西壮族自治区具体情况、国外发达国家和国内先进城市和地区的经验，从领导机制、政策法规、宣教、设施、经费等提出八条宏观对策和九条微观对策，以"党建引领、'一把手负责'；顶层设计、法规保障；设施先行、市场运作；社会参与、运行精细"为基本原则，"设目标、建体系、提能力、重实效"为工作路径，来指导广西壮族自治区下一阶段的垃圾分类工作。

5.1 领导机制

5.1.1 坚持"党建引领、'一把手负责'"

自治区层面成立由自治区党委书记任组长的自治区生活垃圾分类工作领导小组。

成立自治区生活垃圾分类管理事务中心的专职机构。

14 个地级市成立由市党委书记为组长的垃圾分类工作领导小组。

各市成立市级生活垃圾分类管理事务中心的专职机构。

理由如下所述。

① 广西民众及各级党政机关对垃圾分类重要性的认识弱于国内垃圾分类先进地区，因此有必要加强垃圾分类的领导，强化对垃圾分类的认识。

② 在国家层面习总书记提出普遍推行垃圾分类制度，并亲自推动了垃圾分类工作。习总书记非常关心、关注垃圾分类，多次对垃圾分类做出指示，并且对垃圾分类寄予很高的期望，在 2020 年新年贺词明确提到"垃圾分类引领低碳生活新时尚"。

③ 推动垃圾分类明确的方向是"以党建为引领，推动'一把手'亲自抓"，因此需要自治区、14 个地级市的党委书记亲自抓垃圾分类。

④ 有些省份，例如广东省已经成立了由省长为组长的领导小组。

5.1.2 建立"自治区统筹、市组织、区和街道落实"的领导机制

自治区层面垃圾分类工作领导小组的成员除包括城乡建设厅、财政厅、教育厅等多个相关部门，14 个地市垃圾分类工作领导小组组长也应成为自治区垃圾分类工作领导小组成员，设立领导小组办公室（设在自治区城乡建设厅），并成立工作专班集中办公（可分为综合组、宣教组、督办考核组），统筹推进全广西壮族自治区生活垃圾分类工作，如制定政策、法规，考评，区域性设施建设。如图 5-1 所示。

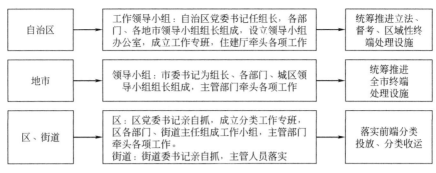

图 5-1　领导机制

住房和城乡建设厅在自治区垃圾分类工作小组中发挥牵头作用，承担生活垃圾全程分类处理体系的行业主管责任（在不成立自治区生活垃圾分类管理事务中心的专职机构的情况下）。

各市的生活垃圾主管部门在市级垃圾分类工作领导小组中发挥牵头作用，承担生活垃圾全程分类处理体系的行业主管责任（在各市不成立市级生活垃圾分类管理事务中心的专职机构的情况下）。

区和街道党委一把手亲自抓垃圾分类工作，区和街道成立垃圾分类工作专班，具体落实垃圾分类工作，深入社区调查、宣传、指导、监督垃圾分类，承担垃圾分类投放、收运及一些小型处理设施的具体运转工作。推进生活垃圾分类示范区和生活垃圾分类达标（示范）街镇创建工作，推行达标（示范）街道评比机制，各市对辖区街道（乡、镇、工业区）居住小区达标率进行排名，排名结果每半年通过主流媒体向社会公布，并报送市级垃圾分类工作领导小组。

5.1.3　垃圾分类纳入党建工作

把垃圾分类纳入党建工作，党员干部带头宣传、带头分类，形成示范效应。

5.2　顶层设计

明确垃圾分类的目标，按照 14 个地市垃圾分类现状及正在推进建设的设施情况，分类型、分阶段，编制《推进垃圾分类工作五年实施规划研究》，有序、适度超前推进垃圾分类工作。

5.2.1　明确垃圾分类的目标

① 垃圾的全过程管理，除垃圾投放、收运、处理、资源化、处置外，还应延

伸到生产（如包装）、购买（如塑料袋）等源头环节。

② 减量：城市生活垃圾人均产生量下降至 0.6kg/（人·d）。

③ 提高每吨垃圾的收运、处理费用（500 ～ 600 元 / 吨），遏制二次污染。

④ 可回收物（尤其是低值可回收物）的循环利用比例显著提高（35%～50%）。

⑤ "零填埋"，只有焚烧厂（焚烧量的 1%）的飞灰填埋。

⑥ 厨余垃圾 100% 进行资源化利用，禁止直接填埋或焚烧。

⑦ 其他垃圾 100% 焚烧处理，并进行热能利用。

⑧ 民众养成节约资源、垃圾分类习惯（95% 以上的城市民众能参与并正确分类）。

5.2.2　广西 14 个地级市垃圾分类基本类型：3 种类型

按照是否有厨余垃圾处理设施，及垃圾焚烧厂的建设和运行情况，将广西壮族自治区 14 个地级市分为 3 个类型。

① 南宁为第 1 类，是国家 46 个垃圾分类重点城市，2020 年，基本建成生活垃圾分类处理系统，生活垃圾回收利用率达到 35%。

② 柳州、桂林、防城港、贵港、贺州、北海、梧州为第 2 类，2020 年，公共机构生活垃圾分类全覆盖，至少 1 个街道基本建成生活垃圾分类示范片区；2022 年，至少 1 个城区实现生活垃圾分类全覆盖；2024 年，基本建成生活垃圾分类处理系统，生活垃圾回收利用率达到 35%。

③ 钦州、河池、来宾、玉林、崇左、百色为第 3 类，2020 年，公共机构生活垃圾分类全覆盖，至少 1 个街道基本建成生活垃圾分类示范片区；2022 年，至少 1 个城区实现生活垃圾分类全覆盖；2025 年，基本建成生活垃圾分类处理系统，生活垃圾回收利用率达到 35%。

5.2.3　广西垃圾分类重点抓地级市：南宁、柳州和桂林市

重点抓南宁、柳州、桂林市的垃圾分类，原因如下。

① 从 2018 年的垃圾清运量看，这 3 个市清运的垃圾量占广西清运垃圾量的 45%。

② 南宁、桂林、柳州市的城市人口较多、城区面积较大，垃圾分类难度比其他城市大。

③ 南宁、柳州、桂林市的垃圾分类基础较好，做好这 3 个城市的垃圾分类能起到较好的示范作用。

5.2.4　编制垃圾分类工作行动计划（2020 ～ 2025 年）

对照国家垃圾分类的时间节点要求及垃圾分类的目标，在自治区层面，在 2020 年 6 月底前编制完成《广西壮族自治区生活垃圾分类工作行动计划（2020 ～ 2025

年)》，设定总体目标和各阶段实现目标，规划各阶段法规制度建设、机构人员、试点区域、设施（类型、数量）建设、收运模式、投资和成本、抓手或者重点、模式等具体路径；宣教、考评；民众参与率、准确率等。例如，居民家庭丢弃的生活垃圾中，按可回收物约占 20% ～ 30%、厨余垃圾约占 50% ～ 60%、其他垃圾约占 10% ～ 20%、有害垃圾约占 1%，来配置投放、储存容器的大小和多少。《广西壮族自治区生活垃圾分类工作行动计划（2020 ～ 2025 年)》有助于自治区层面从考评等主动推进各市的生活垃圾分类，而不是被动地接受各市生活垃圾分类上报的数据等。该方案应该是技术可操作性的，而不是指导性的。

各地市因地制宜分类型分阶段推进，以《广西壮族自治区生活垃圾分类工作行动计划（2020 ～ 2025 年)》为基础，在 2020 年 9 月底前编制完成各市的生活垃圾分类工作详细行动计划（2020 ～ 2025 年)。

5.2.5 统一和规范分类类别

按照住房和城乡建设部 2019 年 11 月发布的《生活垃圾分类标志》，在广西壮族自治区全区范围内，统一将垃圾分为可回收物、有害垃圾、厨余垃圾和其他垃圾 4 类。并按《生活垃圾分类标志》，统一规范界定这 4 类垃圾的具体范围，并对图形符号、垃圾桶的标识、收运车的标识等进行统一和规范。

5.2.6 完善监管机制

5.2.6.1 落实责任、强化监督

落实生活垃圾分类管理责任人履行生活垃圾分类责任，党政机关、企事业单位、社会团体等单位，住宅小区、公共场所等责任单位应按照生活垃圾分类责任人制度要求履行责任，对责任区域内投放点、投放容器、投放时间进行配置和设定，并对投放人分类投放行为进行发动、指导、监督，发现不按分类标准投放的行为应向所在镇（街）举报。区政府、街道对本辖区内分类投放责任人履行管理责任情况进行监督。

5.2.6.2 考评机制

参照住房和城乡建设部发布的《城市生活垃圾分类工作考核暂行办法》及其考核细则，建立健全考核机制，考评监督、长效管理双管齐下。

通过建立、健全第三方考核与公众监督相结合的综合考评机制，聘请专业团队开展定期检查、定期考核，实行定期通报，进一步延伸和拓宽检查范围。

为督促 14 个地级市全面开展垃圾分类，自治区垃圾分类工作领导小组每一季度对 14 个地级市综合考评一次，并进行排名。按类型、按阶段，侧重垃圾分类实际效果，细化垃圾分类考评标准，强化党政领导干部责任等。考评结果作为考核各

级垃圾分类工作领导小组的重要指标。对于多次考评优秀的地市,自治区层面可安排一定的专项资金用于其垃圾分类工作。对于垃圾分类工作推进严重滞后或不作为的领导小组给予一定处罚。

同时,针对党政机关、教育部门、卫生系统,开展专项督查,明确"问题清单""责任清单",进行整改销号。将考评结果以 2% 的权重纳入对各级政府、各部门年度工作绩效考评。

5.2.6.3　常态化执法

以有效执法,保持适度压力。按照网格化管理规定,采取定人定岗定责方式,依法查处生活垃圾违法行为,并按法律和规章给予处罚。

5.2.7　自治区领导小组督促高等院校开展垃圾分类

从南宁市垃圾分类的情况看,南宁市内的高等院校未能真正落实垃圾分类,而且南宁市的垃圾分类工作领导小组无法对南宁市内的高等院校开展垃圾分类督促和考评,自治区垃圾分类工作领导小组需要督促高等院校开展垃圾分类,各高等院校必须在 2020 年实现生活垃圾分类全覆盖。

5.3　政策、法规

按体系化、引导性、可操作性,制定垃圾分类政策、法规。自治区层面拟出台的政策、法规如表 5-1 所列。

表 5-1　自治区层面拟出台的政策、法规

类型	名称
法律	《广西壮族自治区生活垃圾分类管理条例》
	《广西壮族自治区生活垃圾分类违法行为查出规定》
	《〈广西壮族自治区生活垃圾分类管理条例〉行政处罚裁量基准》
	《生活垃圾处理收费管理办法》
	《中小学、幼儿园开展生活垃圾分类教育管理办法》
	《生活垃圾总量控制管理办法》
	《促进可回收物循环利用管理办法》
	《广西壮族自治区生活垃圾分类终端处理设施区域生态补偿办法》
	《生活垃圾分类管理社会监督员管理办法》

类型	名称
规章	《广西壮族自治区设区生活垃圾分类工作评价考核暂行办法》
	《广西壮族自治区生活垃圾分类达标考核实施细则》
	《广西壮族自治区生活垃圾分类终端处理设施区域生态补偿实施细则》
	《广西壮族自治区生活垃圾分类工作实施方案》
	《关于生活垃圾分类奖励细则》
	《关于接受生活垃圾分类培训、教育的实施细则》
	《限制过度包装的规定》
	《塑料垃圾袋收费细则》
标准、规范	《关于拒绝收运分类不符合标准生活垃圾的操作规程（暂行）》
	《厨余垃圾就地处理设施建设标准》
	《生活垃圾分类市场化操作规程》
	《生活垃圾分类标志标识管理规范》
	《生活垃圾分类设施配置及作业规范》
	《广西壮族自治区城市居民生活垃圾分类投放与收运设施设备配置指南》

5.3.1 体系化

① 自治区、14 个地级市的政策、法规形成一个有机整体，如在自治区层面出台"垃圾分类条例"，14 个地级市，按自身情况出台"垃圾分类实施细则"或"垃圾分类管理办法"等，形成自上而下的一套法规体系。

② 除了政策、法规外，同时制定垃圾分类相关的标准、规范、规程、定额等。

③ 从源头、投放、收运、处理、资源化、处置全过程，对垃圾制定政策、法规，实现垃圾的全过程依法管理。

5.3.2 引导性

制定的政策、法规能引导民众自觉减少资源的消耗、自觉实现垃圾减量、自觉进行垃圾分类，引导生产者自觉简化包装等。

5.3.3 可操作性

政策、法规具有可操作性，需要着重考虑以下 3 个问题。

（1）需要面向垃圾管理全主体和垃圾的全生命周期

垃圾分类的根本目的是通过垃圾分类达到"一减二降三提升"的目标（见图 5-2）。核心是减量，即减少进入填埋厂和焚烧发电厂的垃圾量。为达到这个目的，就只有两种方法：一是尽可能减少垃圾的产生，二是对已产生的垃圾尽可能分类回收再利用。

1	"一减"：减少进入终端处理厂(包括填埋场和焚烧发电厂的垃圾量)
2	"二降"：一是降低人均垃圾产生量；二是降低垃圾清运量
3	"三提升"：一是提升资源回收利用率；二是提升城市环境质量；三是提升全民文明素质

图 5-2　垃圾分类目标

垃圾分类立法就应该面向垃圾管理全主体，包括政府、市场、社会、公民，要明确规定这些主体各自的权利、义务，落实各自减少垃圾以及垃圾分类的"共同带有区别"的责任。

还要面向垃圾的"全生命周期"管理，从设计、生产、运输、消费、收运等各环节入手（见图 5-3），做到减少垃圾的产生和循环利用。例如，减少过度包装、拒绝一次性产品的使用、减少浪费、使用可循环的材料等。

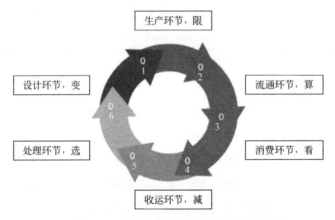

图 5-3　垃圾全生命周期管理的主要内容

新修订的《中华人民共和国固体废弃物污染环境防治法》已涵盖这些方面的内容，关键是如何将这些规定落到实处、具有可操作性，这是地方垃圾分类立法要考虑的，而不能仅盯着垃圾本身，这需要系统思维。

（2）在现阶段，立法的重心应该放在"产业链"的建立上（平衡各方利益）

垃圾的收集、运输、处理等各环节由不同的主体参与。很多城市垃圾的收集、运输、处理以及回收、保洁等环节，都是由不同性质的单位、不同的人群操作，"碎片化"现象十分严重，这里面有太多的利益主体，包括物业公司、保洁人员、废品回收人员、垃圾清运队、拾荒者、环卫公司、填埋场、焚烧发电厂、厨余垃圾处理厂等（见图 5-4），这些相关企业或个人都在"争垃圾"。

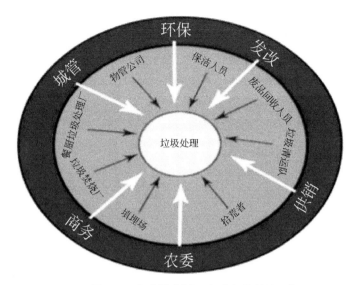

图 5-4　产业链分析：本质上是利益平衡

一方面因多个利益主体的参与使得不同主体相互之间因利益关系难协调，导致垃圾收、运、处理及回收等各个环节脱节，难以有效地做好垃圾分类工作。另一方面，垃圾中可回收、有利益的部分都被个人或小团体拿走了，而没有回收价值的、对社会环境有危害的物品却被甩给了社会和政府，从而加大政府财政的负担，使垃圾分类这项工作不可持续。

我国城市垃圾的收集、运输、处理各环节都是按照垃圾的产生量来补贴的，但如果这个补贴制度或者说补贴机制不改变，中端的收集、运输和后端的处理都没有做垃圾分类的动力，甚至还可能成为阻力。因为垃圾分类最根本的目的是减量化、资源化，也就是说垃圾分类做得越好，进入中端收集、末端处理的垃圾量也就越少，相应的这些企业的收入就自然越少。

如果这个补贴制度不改变，垃圾分类的产业链是无法建立起来的，如果产业链没有建立起来，仅仅在源头做分类是没有太大意义的。

现在 46 个重点城市的很多城市，因为有住房和城乡建设部的考核，在后端设施没有完善、产业链没有建立起来就匆忙让居民进行垃圾分类。其结果，"殊途同归""前分后混"，特别是把居民辛辛苦苦分出来的厨余垃圾又拿去填埋或焚烧了，这样打击了居民垃圾分类的积极性。

虽然，很多地方性垃圾分类法规里也规定了垃圾分类"要分类运收集、运输、处理"，否则最高要罚 3 万元。其实，这个条款几乎是没有什么可操作性的。

"产业链"的建立，需要解决两个问题：一是如何调整和平衡各利益主体的利益，特别是环卫集团和焚烧发电集团的利益；二是如何让垃圾分类整个产业链盈利，这需要法制的介入。

（3）在"产业链"建立的基础上，通过宣传动员、经济激励，在试点区域有50% ~ 60%以上的居民都参与垃圾分类后再出台对居民的处罚措施。

垃圾分类"后端决定前端"，产业链的建设是一个动态的过程，根据参与垃圾分类的人数多少、分出的效果多少来确定，可适当超前，但没有必要一步到位，因为"前端又影响后端"。在"产业链"建好后，下一步重要的工作就是如何做好居民参与垃圾分类的工作。

垃圾分类的标准要清晰，要合理。类别之间"相互独立、完全穷尽"。

"由易到难、由粗到细"。目前，只要把厨余垃圾和可回收物（能卖钱的）分得精细一点，或者说它的纯度高一点就可以了。

在这两个条件都解决的前提下，通过"理""利""罚"调动居民垃圾分类的积极性。如图5-5所示。

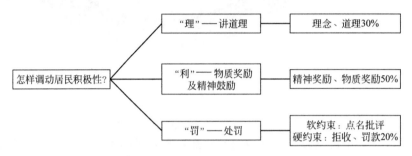

图5-5 "理""利""罚"调动居民垃圾分类的积极性

"理"：细致而持久的讲道理、宣传动员。

"利"：精神奖励和物质奖励。

"罚"。在一个试点区域50% ~ 60%的居民都愿意分类了，这个时候再在法律法规增补处罚条款。但需要明确谁来罚？罚多少？什么时候罚？罚的钱做什么？

未分类投放和随意倾倒堆放应该区分开来。"垃圾分类是相对的，其他垃圾桶中什么都可以有，什么都可能有，以分类准确与否进行处罚，难以执法。"

开展垃圾分类的前期，处罚应聚焦偷倒垃圾、乱扔垃圾、不分类上，而不应在正确分类上。在一些发达国家，因为对其他垃圾进行计量收费，为了减少支出，偷倒垃圾难以避免，特别在收入不是很高的时期，问题尤为突出。

不能只看到日本、韩国等都有处罚的法律，而没有看到他们背后漫长的宣传动员、激励政策的配套，再辅之以严格的法律。关键的是，他们的法律是结合自己的国情和市情，是符合经济学原理，是具有可操作性的。

在没有经过长期的宣传动员、没有配套的激励政策，大部分居民还没有养成垃圾分类习惯的情况下，不能刚开始开展垃圾分类就实行处罚，在2015年前后，广州、杭州等城市都出台相应的处罚条款，但真正执行的并没有几单。也不能指望出台一部法律垃圾分类推行与管理等就万事大吉，应该是很多相互补充的法规体系。

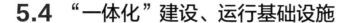

5.4 "一体化"建设、运行基础设施

垃圾分类基础设施包括：a. 前端分类投放、收集设施；b. 中端的收运设施；c. 终端处理、资源化、处置设施。

生活垃圾分类的前端投放设施、中端收运设施和终端处理设施必须"一体化"建设、运行。

原则是：a. 基础设施覆盖垃圾分类全过程（包括投放设施、收运设施、处理设施）；b. 投放设施、收运设施、处理设施之间在规模、类型、时间空间布局上相互匹配；c. 突出重点，抓终端处理设施（厨余垃圾处理设施、焚烧厂）；d. 攻克难点，即可回收物回收利用系统建设与运行；e. 强化中端收运设施；f. 城乡统筹。

5.4.1 分类基础设施覆盖投放、收运、处理全过程

垃圾分类除了在社区、公共机构等设置4类垃圾桶外，还必须配套4类收运车辆、可回收物的回收站点等，配套厨余垃圾厌氧消化厂、焚烧厂等终端处理设施。分类基础设施必须覆盖投放、收运、处理全过程，任何一个环节的基础设施的滞后都会导致垃圾分类无法真正顺利开展。

5.4.2 各种设施之间相互匹配

按4类垃圾产生量及时空分布规律，建设和运行投放设施、收运设施、处理设施，确保投放设施、收运设施、处理设施之间在规模、类型、时间空间布局上相互匹配。14个地级市需要编制《生活垃圾分类实施详细规划》，对各类设施类型、工艺、规模、服务范围进行科学、合理的规划。

落实"专桶专运、专车专运、专线专运"。

5.4.3 突出重点

垃圾要最大限度地减量、回收利用和再循环，使再生资源得到最大限度的循环利用，然后通过废物焚烧发电和生物制能等措施实现废物能源的回收利用，最后对再无利用价值的废物进行填埋处理，形成由避免、减量、回收、再循环、处理和最终处置等构成的完整的垃圾处理体系。

终端处理的趋势是焚烧和生物处理为主、填埋为辅。广西壮族自治区目前的垃圾焚烧产能约为垃圾产量的30%，而且单个焚烧厂的规模偏小，而垃圾焚烧厂有向大型化发展的趋势，如图5-6所示。易腐垃圾处理产能不到易腐垃圾量的10%。所以，当前广西壮族自治区急需解决终端处理设施不足的问题（一方面是焚烧、厨余

垃圾处理设施数量少，另一方面是处理能力不足），最大的任务是建设焚烧厂、厨余垃圾处理设施（集中或分散），这是广西生活垃圾分类首先应解决的重点问题。

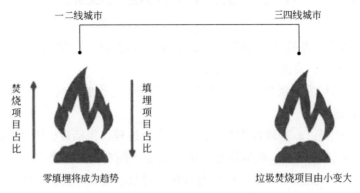

图 5-6   垃圾焚烧厂发展趋势

垃圾焚烧厂具有投资大、建设周期长的特点。自治区 14 个地级市中，只有百色市还未启动焚烧厂建设。百色市于 2020 年上半年规划垃圾焚烧厂规模、选址、工艺，2021 年上半年开建垃圾焚烧厂。

在焚烧厂和厨余垃圾处理设施建设的时序上，或者在资金有困难不能同时建设的情况下，先建焚烧厂，因为厨余垃圾处理厂的兜底都要到焚烧厂，焚烧厂的兜底则要到填埋场，这是物料性质决定的。

终端处理设施打破行政壁垒，相邻城市（比如崇左市和南宁市）共同建设区域大型综合的垃圾处理、资源化产业园区，包括大型垃圾焚烧厂、厨余垃圾处理厂、大件垃圾处理厂等。

厨余垃圾处理技术：厌氧消化、高温好氧堆肥（密闭式设备）、挤压制 RFD、高温等离子炬气化技术，如图 5-7 所示。厌氧消化、高温好氧堆肥需要为肥料找到出路，根据有多少土地可以接纳有机堆肥，决定厌氧消化、高温好氧堆肥处理规模，避免肥料没有出路[1]。挤压制 RFD，污水进污水厂处理，RFD 进焚烧厂焚烧。高温等离子炬气化反应速率快、附加值高，核心技术为发达国家所掌握（主要在美国、加拿大、日本有应用），需要引进核心技术。

厨余垃圾处理设施服务范围一般不超过单程运距 20km。

大件垃圾和可回收物的集中回收处理中心与垃圾焚烧厂临近建设，资源回收后剩余不能回收的部分能就近进入焚烧厂焚烧处理。

14 个地级市在 2020 年建设规范的园林垃圾、装修垃圾等对应的处理设施。在具体的工艺上，可以考虑综合利用，如园林垃圾在回收利用较粗大的树干外，其他的细小的树枝、树叶等可以与厨余垃圾一起处理；装修垃圾在分选出可回收利用物后进行无害化处理。

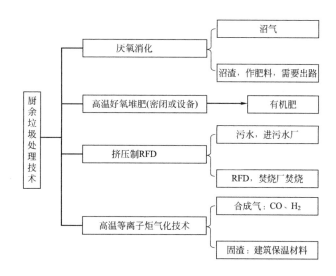

图 5-7　处理厨余垃圾的 4 种可行技术

5.4.4　攻克难点

当前我国的垃圾回收主要是通过拾荒者完成。具体而言有三条渠道：第一，居民将资源性垃圾出售给个体流动回收者（属于第二类拾荒者），个体流动回收者初步整理后出售给废品回收站（个体经营的废品回收站属于第三类拾荒者），废品回收站再整理后出售给资源再生企业，或者个体流动回收者直接出售给资源再生企业；第二，居民直接将资源性垃圾出售给废品回收站，然后回收站经过整理后出售给资源再生企业，这条渠道一般仅适用于经济价值较高的大型垃圾；第三，居民将各类垃圾混合投放到垃圾桶，由拾荒者（第一类拾荒者）拣拾后经过简单整理出售给废品回收站，或直接出售给资源再生企业。政府为鼓励垃圾回收通常会给资源再生企业一定的税收优惠或其他政策扶持，有些地方政府还会对废品回收点予以统一规划，通过合理布局和规范管理以提高回收效率。整个回收行为受不规范的市场机制调节，回收网络中的主要行动者，如个体流动回收者、拾荒者、废品收购站、再生企业以及居民等，行为都受利益驱使，以实现利益最大化为主要动机。

我国的可回收物回收网络现状如下。

① 主要行动者包括各类拾荒者、废品回收站、再生企业、政府以及居民等，没有明确的责任者，也无协调机构，各行动者参与度普遍较低。

② 回收网络为自发形成，无人为的构建和管理。

③ 各主要行动者行为都受利益驱使，以实现利益最大化为主要动机。

总之，当前我国的城市生活垃圾回收网络以原始状态存在，未经科学地设计，结构和关系都比较简单[2]。

娄成武[2]通过对比德国、巴西、中国 3 国的生活垃圾回收模式（见表 5-2），认为我国生活垃圾回收网络存在问题的根本原因在于缺乏科学的设计，解决的思路是针对已有问题，从我国的实际出发，借鉴德国、巴西等国的成功经验，重构我国的垃圾回收网络。应重点考虑以下几个问题：a. 借鉴巴西经验对回收力量进行整合；b. 明确责任主体；c. 政府发挥协调作用。

表 5-2　德国、巴西、中国生活垃圾回收模式比较

比较内容		德国	巴西	中国
主要行动者	主要构成	绿点公司，政府，上游企业，下游企业，居民	赛普利，拾荒者合作社，政府，下游企业，居民	各类拾荒者，废品回收站，下游企业，政府，居民
	主要责任者	上游企业	居民	无明显责任者
	主要协调机构	绿点公司	赛普利	无
	主要关系描述	上游企业委托绿点公司回收包装物，绿点公司将回收业务外包给下游企业，政府对绿点公司进行监督，居民需按要求对垃圾进行分类	居民对垃圾粗分类，政府将干垃圾运送至合作社，分拣后出售给在赛普利登记的下游企业，赛普利、政府对合作社进行扶持	居民排放或出售垃圾，各类拾荒者将垃圾出售给废品回收站或下游企业
	特点描述	专门的协调机构，各行动者参与度高	专门的协调机构和整合机构，各行动者参与度高	各行动者参与度低
网络构建		基于源头减量的理念设计，政府立法设定上游企业的回收责任是基础	立足本国实际设计，由非营利组织（赛普利）主导	自发形成
网络规则		以法律为基础，市场机制为主导，环境保护为最高原则	公益属性明显，无明确规则	不规范的市场，受利益驱使，环境保护被忽视

娄成武[2]还提出构建生活垃圾回收网络的思路，如图 5-8 所示。

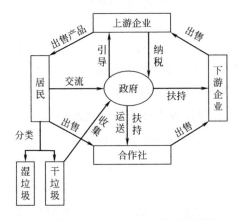

图 5-8　生活垃圾回收网络模型

依托超市和资源回收公司，两网深度融合，实现资源回收。

按照社区回收点，镇街中转站、区分拣中心以及市资源化处理中心，建立再生资源回收的处理网络。每 3000 户至少配置 1 个可回收物回收点，每个镇（街）建设 1 个以上可回收物分拣中转站，有条件的区每个区建设一个大件垃圾拆解中心。

可回收物种类很多，又很分散，收运成本很高，长期以来对可回收物没有形成集中统一收运的经验，都是由拾荒者、废品回收、废品贩卖等自由、分散、自发收运，所以改变可回收物依靠商贩自发回收的局面，建立高效、低成本的资源回收设施是难点。

另外，对于可回收物，尤其是对于低价值的可回收物，建设相应的设施，如废旧玻璃回收利用设施。

在公共区域，依托超市，建设资源回收站点，用于酒瓶、饮料瓶等实行押金制的可回收物的退还，由资源回收公司运营。如图 5-9 所示。

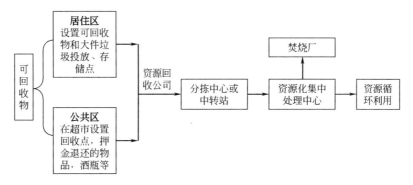

图 5-9　可回收物回收过程

在居住区，设置可回收物和大件垃圾投放、存储点，可回垃圾与大件垃圾都由再生资源回收公司回收（收运、处理）。

在市内，设置若干可回收物和大件垃圾分拣中心或中转站，用于预处理或中转（小车收集、大车转运的转换）。

大件垃圾和可回收物的集中回收处理中心与垃圾焚烧厂临近建设，或者与大型转运站临近建设，资源回收后剩余不能回收的部分能进入焚烧厂焚烧处理。

5.4.5　强化收运设施

按分类后收运作业服务范围内各类垃圾的数量、收运频率、车辆有效使用率等综合因素，分别配置适宜数量的有害垃圾、厨余垃圾、可回收物、其他垃圾的分类运输车辆，以及垃圾大分流所需要的大件垃圾、餐厨废弃物、园林垃圾、装修垃圾等分类运输车辆，禁止混装混运。

分类运输采用密闭化，加强对泄漏、逸散和臭气的控制。分类运输车标识应与垃圾分类标识相一致。收运车辆应符合车辆技术规范，安装电子标签识别器、定位系统以及车载行车记录仪，并纳入信息化管理。厨余垃圾、餐厨垃圾含水量高、易腐败变味，应采用直运，减少中转环节。

有害垃圾量少，收集中转存储至一定量后再运至终端处理，以减少运输成本。垃圾终端处理设施一般离市区较远，建设大、中型分类垃圾中转站，以实现对产生量大的其他垃圾和厨余垃圾（对厨余垃圾预处理）进行分类中转运输。

5.4.6　城乡统筹

相对于城镇，农村地域广阔、居住分散、垃圾的处理设施不足和落后，但农村也有接纳有机垃圾肥料的足够空间等优势。因此，农村的垃圾既要借助城镇的基础设施，又要发挥接纳有机垃圾肥料的土地空间广阔的优势。

宇鹏[3,4]根据乡镇生活垃圾转运工程的特点及工程实践经验，将乡镇生活垃圾转运工程可行性研究的关键技术分为10个方面（生活垃圾产生量的预测、收集量的预测、转运设计规模的确定、处理设施处理能力满足性分析、转运方案论证、收集和转运站的选址、收集和转运站的污染控制措施、收集和转运站的总体布置、投资估算、运行成本分析），并给出解决和处理这10个方面关键问题的方法。

5.4.6.1　乡镇生活垃圾产生量的预测

生活垃圾产生量是垃圾从清运到最终处置整个系统的关键参数，是合理配置垃圾转运设施的先决条件。如果垃圾产生量预测过高，会导致投入垃圾转运的人力和物力超过实际需要，造成浪费；预测量过低，会导致投入不足[1]。

生活垃圾的产生容易受到多种因素的影响，其产量的预测具有一定的难度[2]。按使用数据的不同，目前的预测方法可以分为两类：借助历史数据的直接预测法；借鉴相似地区数据的类比法。对于乡镇，往往缺乏生活垃圾产生量（或清运量）、人口等的历年统计资料。类比法基于研究者的经验和主观判断，预测结果往往存在较大的不确定性[5-7]。因此，不能直接采用这两种方法来预测乡镇生活垃圾产生量。

乡镇生活垃圾产生量可由其人口数乘以人均日产生量得到。农村的年均人口增长率和生活垃圾人均日产生量与镇（乡）区的不同，两者应分开分别计算。

$$Q_n = P_{(镇、乡)_0} \times [1+Z_{(镇、乡)}]^n \times L_1 + P_{(农村)_0} \times [1+Z_{(农村)}]^n \times L_2$$

Q_n——乡镇第 n 年的生活垃圾产生量；

$P_{(镇、乡)_0}$——镇（乡）区现状人口数，调查得到；

$Z_{(镇、乡)}$——镇（乡）区年均人口增长率，‰，取7‰；

n——以现状年为基准的第 n 年；

L_1——镇（乡）区生活垃圾人均日产生量，kg/（天·人），2012～2015
年取 0.9kg/（天·人），2016～2020 年取 1.0kg/（天·人）；

$P_{(农村)0}$——农村现状人口数，调查得到；

$Z_{(农村)}$——农村年均人口增长率，‰，取 16‰；

L_2——农村生活垃圾人均日产生量，2012～2015 年取 0.4kg/（天·人），
2016～2020 年，取 0.5kg/（天·人）。

5.4.6.2　乡镇生活垃圾收集量预测

垃圾收集方法分为混合收集和分类收集，其趋势是由混合收集向分类收集发展，主要原因是：垃圾成分中可回收利用物逐渐增多；垃圾分类回收利用后，可减少垃圾量，降低运输及处理费用。但分类收集增加收集的投资和成本，要求配套与垃圾分类类型相适应的处理设施。一般的乡镇近期采用混合收集法，收集的垃圾量主要取决于收集设施的完善程度。乡镇生活垃圾收集量可按下式计算。

$$Q_{(收)n} = Q_n \times S_n$$

$Q_{(收)n}$——乡镇第 n 年的生活垃圾收集量；

S_n——乡镇第 n 年产生的生活垃圾进入转运系统的比例，一般地，2013 年
按 80% 计，2014 年按 90% 计，2015～2020 年按 100% 计。实行垃
圾分类收集的乡镇，按实际情况确定。

5.4.6.3　乡镇生活垃圾转运设计规模的确定

以转运系统服务范围内垃圾收集量为基础，并综合乡镇特征和社会经济发展中的各种变化因素来确定转运设计规模。转运设计规模按下式计算。

$$Q_{(设)}=K_s \cdot Q_{(收)max}$$

$Q_{(设)}$——乡镇转运设计规模；

K_s——垃圾排放季节性波动系数，按 1.30～1.50 取；

$Q_{(收)max}$——乡镇 n 年内生活垃圾收集量的最大值。

5.4.6.4　生活垃圾处理设施处理能力满足性分析

乡镇生活垃圾转运工程建成运营时，接受乡镇生活垃圾的处理设施必须具备处理乡镇生活垃圾的能力，否则必须扩建原有处理设施或增加新的处理设施。

5.4.6.5　转运方案论证

转运方案的核心是：一是转运站、收集站的布局；二是转运模式的选择；三是压缩工艺、方式和设备的选择与配置。

（1）转运站、收集站的布局

应根据各乡镇垃圾转运规模和距离垃圾处理设施的距离来设置转运站、收集站，原则是"划分片区、统一调配"：设计转运规模超过 20t/d 的乡镇设置一座转运站；设计转运规模为 5～20t/d 的乡镇设置一座收集站，如果 $L_{(收-处)}-L_{(收-转)}$

$\geqslant 3\mathrm{km}$ [$L_{(收-处)}$ 是收集站与垃圾处理设施的距离，$L_{(收-转)}$ 是收集站与最近的转运站的距离]，收集的垃圾在收集站转至吨位较大的运输车，运至附近乡镇的转运站，如果 $L_{(收-处)} - L_{(收-转)} < 3\mathrm{km}$，收集站的垃圾直接用吨位较大的运输车运至垃圾处理设施；转运规模在 5 吨以下的乡镇，采用直运的方式，即用 5 吨的运输车直接收集垃圾，离处理设施在 3km 以内，直接运至处理设施，否则运到附近转运站。

按以上原则，设置 2 种或以上布局方案，进行投资和运行成本的比较，选择投资和运行成本最低的一种布局方案。

（2）转运模式的选择

垃圾转运模式可分为敞开式、封闭式和压缩式 3 种 [8]。

敞开式的转运场所和垃圾装载容器是半敞开或敞开的，容易造成二次污染，作业环境很差，如垃圾散落、臭气散发、灰尘飞扬、污水泄漏，正逐步被淘汰或改造。

封闭式的垃圾转运场所和垃圾装载容器均可封闭。相对于敞开式，封闭式改善了作业环境，减轻了对环境的二次污染。但是由于垃圾密度小，转运车辆不能满负荷运输，仍存在效率低下、转运成本高等弊端。

压缩式是在密闭转运的前提下，利用机械设备对垃圾进行压缩，增加垃圾的容重。压缩式能实现密闭转运垃圾，又能解决运输车辆载运能力亏损的问题，提高运输效率，降低成本。

乡镇生活垃圾转运站和收集站的转运规模不同，采用不同的转运模式：转运站采用压缩转运模式，收集站采用封闭转运模式。

（3）压缩工艺、方式和设备的选择与配置

1）压缩工艺的选择

按是否在装运容器内压缩垃圾，压缩方式分为预压缩式和直接压入式。

预压缩式是指垃圾先在外置压缩机的预压仓内压缩形成密实的垃圾包，然后被一次性或分段推入垃圾集装箱中。它具有压缩比高、压缩时不需要转运车集装箱配合、垃圾和臭气外泄少、存储能力强等特点，但压缩机造价较高、能耗大、占地面积大、投资和运行成本较高。适用于大型垃圾转运站 [9]。

直接压入式是压缩机将垃圾直接推入垃圾集装箱，边填装边压实。该工艺存在压缩机工作时需要转运集装箱的配合、压头行程短、压缩比相对较低、对集装箱的强度要求较高、污水和臭气容易外泄、集装箱装载量较难控制等问题。但其工艺成熟、操作简单、占地面积较小、投资和运行成本较低，多用于中、小型垃圾转运站。

按乡镇垃圾转运规模，一般建设的是中、小型转运站，采用直接压入工艺较为合适。

2）直接压缩方式的选择

按物料被装载并压缩时的移动方向，直接压缩分为垂直压缩和水平压缩。

水平压缩是先将垃圾容器与压缩机水平对接，再将垃圾通过卸料装置从上部卸入压缩机的压缩腔内，然后利用压缩机产生的机械力将垃圾压入垃圾容器内。垃圾是在密闭的箱体内压缩，压缩过程中产生的污水可导排到收集池中，散发的臭味较小。

垂直压缩是先将垃圾容器垂直放置在压缩头下端，垃圾直接卸入垃圾容器中，利用压缩头的重力及机械力将垃圾压实。压缩过程中产生的污水留在垃圾容器中，与压缩的垃圾一起被运送到垃圾处理场（厂），由于箱体的上部是暴露在空气中的，散发的臭味较大。

水平压缩和垂直压缩在国内均有应用，技术都比较成熟。水平压缩的作业环境好于垂直压缩，而且其投资和运行成本较低。从环境效益和经济效益来看，乡镇转运站采用水平压缩较为合适。

3）主要设备的选择与配置

① 压缩设备。与水平压缩方式相对应的压缩设备可分为压缩设备和集装箱分离的独立设备、压缩设备和集装箱一体化设备两类[10]。独立压缩设备可实现"一机多箱"，提高压缩和转运效率，节省投资和成本。乡镇转运站配备 1 套独立压缩设备。按进料及垃圾箱位置，水平压缩的具体实现形式可分为翻斗式、后平台式、地坑式、举升式[11]，这 4 种形式各有优缺点，应根据具体情况来选择。收集站不配备压缩设备。直运采用一体化压缩设备，通常采用 1 台后装式压缩车。

② 转运车辆的选择与配置。转运垃圾的车型有两种：箱车一体式转运车和车厢可卸式转运车。

箱车一体式转运车是将垃圾箱固定于汽车底盘上，在垃圾箱内部装有推板和多级油缸，以便垃圾卸料时将垃圾平行推出。内带的推料装置，占据了垃圾箱一些空间，推料装置较重，提高了整车的重心，导致运行及操作的稳定性和安全性降低。由于箱、车不分离，该型车辆在转运站或收集站等候时间较长，影响了车辆的利用率和站内交通，运行成本较高。

车厢可卸式转运车的垃圾集装箱与汽车底盘可自由分离及组合，垃圾集装箱的有效容积大，净载率高，密封性好。在向垃圾集装箱内压装垃圾时，车辆可以运输已装满垃圾的集装箱，不需要在站内停留等候，提高了转运车效率，因而投资和运行成本均较低。目前发达国家普遍采用该种垃圾转运车[8]。

车厢可卸式转运车具有集装箱有效容积大、净载率高、调度运营方便、投资和运行费用少等优点。乡镇垃圾转运站和收集站宜采用车厢可卸式转运车。

转运车辆配置数量需要根据规模、车吨位、运距、车速、上卸料时间计算得到，计算公式如下：

$$n_v = \frac{\eta \cdot Q_{(\text{设})}}{n_T \cdot q_v}$$

$$n_T = \frac{8}{\frac{L}{V} + T_{\text{其他}}}$$

$$n_C = n_v + 1$$

n_v——配备的运输车辆数量，辆；

η——运输车备用系数，取 $1.1 \sim 1.3$，若转运站或收集站配置了同型号规格的运输车辆时取下限；

n_T——运输车日转运次数，次/d；

q_v——运输车实际载运能力，t；

L——运输距离，km；

V——运输车的平均速度，km/h；

$T_{\text{其他}}$——上卸料等除行驶以外消耗的时间，h；

n_C——垃圾集装箱的数量，个。

5.4.6.6　转运站、收集站的选址

乡镇转运站、收集站的选址可以参考现有关于转运站选址的规范和标准，但有以下6方面的特殊性：a.离镇（乡）区中心的距离以 $2 \sim 3km$ 为宜；b.因考虑设置收集车和运输车的停放场、环卫工人休息室、厕所等，转运站可征地面积以 $2 \sim 3$ 亩为宜，收集站可征地面积以1亩左右为宜；c.如果附近没有市政管网供水，考虑打井使用地下水，在雨水充沛的地区也可以考虑收集和使用雨水；d.相对于城市，乡镇可选做转运站、收集站的位置较多，可以做到转运站与环境敏感点的距离大于50m、收集站与环境敏感点的距离大于30m；e.优先考虑乡镇现有垃圾临时堆放场作为站址，原因是现有垃圾临时堆放场征地容易、与环境敏感点距离较远、离镇（乡）区中心的距离适宜；也可以考虑与公厕合建，既减少征地面积又能将两个产生臭气的污染源合并在一起，减轻对周围环境的影响；f.当运距较远，且具备铁路或水路运输条件时，可考虑设置铁路或水路运输转运站。

5.4.6.7　转运站、收集站的污染控制措施

（1）粉尘和臭气的控制措施

转运站、收集站最主要的污染物是粉尘和臭气，可采取以下措施控制：a.垃圾日转日清，禁止垃圾在站内过夜；b.转运作业区、垃圾车行驶道路等处，每班清洗一次；c.缩短垃圾收运车辆在站内的等候时间；d.对收运车进行密闭；e.在垃圾卸料槽、压缩装箱作业区安装除尘除臭装置，对产生的粉尘、臭气进行集中处理。

（2）污水的控制措施

垃圾压缩中产生的污水约占垃圾重量的 $5\% \sim 15\%$，其成分复杂、浓度较高，

不能直接排放。如果转运站、收集站选址附近有通向污水处理厂的污水管网，生活污水可以直接进入污水管网；冲洗作业区地面和垃圾运输车辆的废水、垃圾压缩污水可以收集后在站里进行预处理，达标排入污水管网，也可以在收集池储存，由吸污车定期运至垃圾处理厂（场），与垃圾处理厂（场）的渗滤液一起处理。如果转运站、收集站选址附近没有污水管网，生活污水、冲洗作业区地面和垃圾运输车辆的废水、垃圾压缩污水一起收集到收集池，由吸污车定期运至垃圾处理厂（场），与垃圾处理厂（场）的渗滤液一起处理。

（3）噪声的控制措施

转运站、收集站的噪声主要源自收运车进出站时的行驶、垃圾装卸、垃圾压缩等[12]。通过以下措施将转运站、收集站噪声控制在 80 dB 以下：a. 在总图布置时，建筑物按生产和管理两大类相对集中，在两类建筑物中间以及站的周边设置绿化隔离带或专用隔声栅栏等；b. 采用低噪声的设备，如选用低噪声风机或带消声装置的风机；c. 采取一定的减震措施，如对作业设备和液压系统的泵及驱动电机座、泵及风机的机座设置减震垫；d. 设置隔声、消声设施，如对泵站、液压站、风机站等建筑采用隔声门窗，对墙壁铺设吸声板；e. 加强管理，如禁止车辆进出转运站、收集站时鸣笛，进站时熄火，并合理安排运输路线和收运时间[13]。

5.4.6.8　转运站、收集站的总体布置

乡镇生活垃圾转运站、收集站的总体布置除按《生活垃圾转运站工程项目建设标准》（建标 117—2009）和《生活垃圾转运站技术规范》（CJJ/T 47—2016）的有关要求执行，还必须满足以下要求：a. 按收集车、转运车数量布设停车场地；b. 按劳动定员布设休息室；c. 设置围墙和门，阻挡牲畜等进入。

5.4.6.9　投资估算

乡镇生活垃圾转运项目投资 = 第一部分投资 + 第二部分费用 + 基本预备费 + 专项费用。

第一部分投资 = 土建工程费 + 设备购置费 + 安装工程费。

第二部分费用 = 建设用地费 + 可行性研究费 + 勘察费 + 设计费 + 环境影响评价费 + 监理费 + 试运行费 + 招标代理费 + 场地准备费 + 建设管理费。

专项费用 = 调节税 + 利息 + 流动资金。

乡镇生活垃圾转运项目投资一般为 3 万～ 5 万元 /（吨·天）。

5.4.6.10　运行成本分析

乡镇生活垃圾转运项目运行成本由转运站、收集站运行成本和垃圾运输成本构成[14]，不包括分选、公厕、景观等其他辅助功能成本；运行成本一般为 6 ～ 9 元 / 吨。

（1）转运站、收集站运行成本

转运站、收集站单位运行成本 =（运行费用 + 折旧费）÷ 垃圾转运量

運行费用 = 人员工资福利 + 水电费 + 维修保养费 + 药剂费 + 其他费用

折旧费 = 运行时间 × 投资 × 折旧率

折旧率 =（土建投资 ÷ 土建使用年限 + 设备投资 ÷ 设备使用年限）÷ 总投资

（2）运输成本

单位运输成本 = 运输费用 ÷ 垃圾运输量 ÷ 运输距离

运输费用 = 车辆燃油费 + 车辆维修保养费 + 车辆折旧费 + 人员工资福利

5.4.6.11 案例

浦北县位于广西壮族自治区南部、钦州市的东北侧，地处大西南出海通道的南端，是中国 - 东盟自由贸易区的桥头堡，区位优势明显，经济发展势头良好。全县生产总值从 2005 年的 37.6 亿元增加到 2010 年的 82.67 亿元，年均增长 13.56%，比"十五"期间快 2.38 个百分点。

浦北县已建有一座生活垃圾卫生填埋场。目前浦北县没有垃圾转运站，县城及附近农村垃圾收运采用收集点→垃圾运输车→填埋场的方式，县城垃圾清运率不到 40%，清运量仅为 30 ~ 40t/d。其他各镇（乡）区及附近农村生活垃圾还未纳入全县生活垃圾统一收集转运系统。为从根本上解决浦北县县城及各乡镇的生活垃圾随意堆放导致的污染问题，拟建设乡镇生活垃圾转运系统，将县城、各镇（乡）区及附近农村的生活垃圾收运至填埋场处理。

（1）转运设计规模的确定

用人口数乘以人均日产生量来计算生活垃圾产生量。县城所在地小江镇年均人口增长率按 7‰计，其他各镇年均人口增长率按 16‰计。生活垃圾按 0.5kg/(d·人)计。2014 年以后的清运率按 100%计。垃圾排放季节性波动系数取 1.30。设计规模以 2020 年为基准。各镇垃圾转运设计规模如表 5-3 所列。

表 5-3　各镇垃圾转运设计规模

区域名称	2020 年人口/万人	2020 年垃圾清运量/(t/d)	预测转运量/(t/d)	设计转运规模/(t/d)	运输距离/km
小江镇（县城所在地）	7.86	39.30	51.09	60	5
龙门镇	3.47	17.35	22.56	30	15
三合镇	2.19	10.95	14.24	20	30
福旺镇	2.01	10.05	13.07	20	24
寨圩镇	3.78	18.90	24.57	30	45
北通镇	7.65	38.25	49.78	50	45
白石水镇	4.51	22.55	29.32	30	69
官垌镇	3.45	17.25	22.43	30	49

区域名称	2020 年人口 / 万人	2020 年垃圾清运量 / (t/d)	预测转运量 / (t/d)	设计转运规模 / (t/d)	运输距离 /km
六垠镇	1.95	9.75	12.68	20	60
乐民镇	3.14	15.70	20.41	30	53
平睦镇	1.00	5.00	6.50	10	34
张黄镇	4.22	21.10	27.43	30	40
安石镇	1.28	6.40	8.32	10	51
泉水镇	1.47	7.35	9.56	10	52
石埇镇	1.19	5.95	7.74	10	60
大成镇	0.67	3.35	4.36	5	60
合计	49.84	249.20	324.06	395	

（2）转运站、收集站的布局

设计两种建站方案进行比选。

方案一：每镇建设一座垃圾转运站，共 16 座转运站。

方案二：设 11 座转运站和 5 座收集站；小江镇、龙门镇、福旺镇、三合镇、官垌镇、寨圩镇、北通镇、白石水镇、六垠镇、张黄镇和乐民镇各建一座转运站；大成镇、泉水镇、安石镇、石埇镇、平睦镇各设一座收集站；大成镇、泉水镇、安石镇、石埇镇的垃圾收集到张黄镇转运站压缩后运至填埋场；平睦镇的垃圾收集到官垌镇转运站压缩后运至填埋场。

表 5-4 的比较表明：在转运站和收集站设置合理性、投资、运行成本、占地等方面，方案二优于方案一。推荐采用方案二。

表 5-4　方案一和方案二比较

比较项目	方案一	方案二
转运站和收集站数量	16 座转运站	11 座转运站、5 座收集站
转运规模	395t/d	395t/d
转运站、收集站设置合理性	大成镇、泉水镇、安石镇、石冲镇、平睦镇转运垃圾设计规模为 5～10t/d，应设为收集站。而该方案设为转运站，不合理	合理
建设投资	3277.67 万元	2528.61 万元
运行成本	16.68 元 / 吨	10 元 / 吨

续表

比较项目	方案一	方案二
征地面积	16000m²	14100m²
对环境的影响	采取措施后，对环境影响在允许范围内	采取措施后，对环境影响在允许范围内
是否符合《浦北县城市总体规划》	符合	符合
综合评价	能实现转运395t/d的目标，投资、运行费、征地面积高于方案二	能实现转运395t/d的目标，投资、运行费、征地面积低于方案一
是否推荐	否	是

（3）填埋场处理能力满足性分析

浦北县已建垃圾填埋场的设计处理规模为100t/d。全县的生活垃圾转运工程建成并投入运行后，需要处理的垃圾量约为395t/d，现有垃圾填埋场的处理能力不能满足此要求，所以必须增加现有垃圾填埋场的处理能力，这势必会缩短填埋场的使用年限，需要对现有填埋场进行扩容或建设新的垃圾处理设施。

（4）转运工艺的确定

转运站采用地坑式水平压缩工艺，其流程是：生活垃圾用小型收集车运进站内并倒入放在坑内的箱体内，操作压缩机对松散的垃圾进行压实，重复倾倒垃圾和压缩垃圾，箱体装满压实的垃圾后，将箱体提升到一定高度，与驶近地坑的转运车对接，操纵压缩设备把箱体内的块状垃圾推卸至车厢内，关闭车厢门，转运车将压缩后的垃圾运至垃圾填埋场处理，同时，箱体落入地坑继续集装和压缩垃圾（见图5-10）。该工艺具有操作简单、作业卫生环境好等优点。

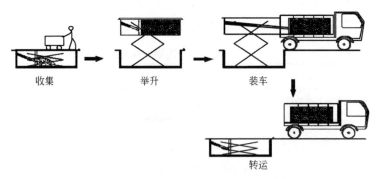

收集　　举升　　装车

转运

图5-10　地坑式水平压缩工艺流程

收集站采用封闭转运模式，但不压缩垃圾。

（5）主要设备的选择与配置

每座转运站配置一套水平式压缩系统、污水收集排放系统、冲洗系统、除尘除臭系统、电气控制和操纵系统。各转运站运输车辆和车厢的配置如表 5-5 所列。

表 5-5　转运站运输车辆和车厢的配置

乡镇名称	建设位置	用地面积 /m²	转运站与镇区距离 /m	车辆配置	车厢体积
小江镇	越州大道与清新路交口	1200	300	1 辆 8t 密闭转运车	1 个 12m³
龙门镇	龙门江滨桥桥头	1000	400	1 辆 6t 密闭转运车	1 个 10m³
福旺镇	福旺长兴街	1000	200	1 辆 6t 密闭转运车	1 个 10m³
白石水镇	新圩新二队熟鸡田（209 国道旁）	1000	1000	2 辆 8t 密闭转运车	2 个 12m³
北通镇	北山村委哨山口路（钦浦二级路哨山口）	1200	800	2 辆 8t 密闭转运车	2 个 12m³
寨圩镇	中兴路（粮所对面）	1000	400	2 辆 6t 密闭转运车	2 个 10m³
三合镇	油顶岭（中心校对面）	1000	500	1 辆 6t 密闭转运车	1 个 10m³
官垌镇	福明村委石冲塘（官福公路旁）	1000	2000	3 辆 8t 密闭转运车	3 个 12m³
六硍镇	东南路	1000	500	2 辆 6t 密闭转运车	2 个 10m³
张黄镇	文昌垌	1200	800	3 辆 8t 密闭转运车	3 个 12m³
乐民镇	乐民村	1000	1000	2 辆 8t 密闭转运车	2 个 12m³
合计		11600		20	122 m³

每座收集站配置一套污水收集排放系统。大成镇收集站配置 1 辆 5 吨的密闭运输卡车；其他收集站配置 2 辆 5 吨的密闭运输卡车。

全县配置 1 辆吸污车定期将各转运站和收集站的污水运至填埋场与渗滤液一起处理。

（6）转运站选址

综合考虑与相关规划相符、可征地面积、环境敏感点、交通、水、电等因素，各转运站的选址如表 5-5 所列。

（7）转运站、收集站的污染控制措施

污水收集在污水池内，由吸污车定期送至填埋场与渗滤液一起处理。在垃圾倒料压缩作业区设置除尘除臭系统，并在作业后及时冲洗地面和设备。噪声控制措施：采用低噪声设备；安装减震、消声设施；禁止进出站车辆鸣笛；禁止夜间作业。

（8）转运站、收集站的总体布置

a. 设置停放收集车、转运车的场地；b. 按劳动定员布设休息室；c. 设置围墙和门，阻挡牲畜等进入；d. 紧靠围墙内侧设置 5m 宽的绿化带。

（9）投资和运行成本估算

总投资 2528.61 万元（地方财政配套 1028.61 万元，申请国家环保资金 1500 万元），单位投资为 6.4 万元 /（t/d），略高于《生活垃圾转运站工程项目建设标准》（CJJ 117—2009）中关于投资的要求，原因是：作为乡镇垃圾转运工程，浦北县单个转运站和收集站的设计规模较小，而每个转运站都配置有压缩、除尘除臭等设施，收集站也配置除尘除臭等设施，导致单位投资增加。

每年总运行成本为 144.18 万元，单位运行成本为 10 元 / 吨，略高于《生活垃圾转运站工程项目建设标准》（CJJ 117—2009）中关于成本的要求，原因是：浦北县单个转运站和收集站的设计规模较小，而每个站的运行管理是按标准的要求执行，比如每个转运站平均配 3 名环卫人员，导致单位运行成本增加。

5.5 经费保障

经费来源多元化、积极推进市场化、确保专款专用。

以项目为牵引，通过市场化运作推动建立多元化经费保障机制。

（1）多元化

世行贷款、中央财政经费、社会资本［如采用 PPP 模式由社会资金独立（或与国有资本合作）］、收取垃圾处理费、广西壮族自治区层面和地市经费等，如图 5-11 所示。

在自治区层面，积极引导、指导 14 个地市争取国家财政经费、世界银行贷款。组织培训如何申请国家财政经费、世界银行贷款。

（2）市场化

2021 年前后，全国有望基本完成环卫市场化改革，广西壮族自治区加大垃圾分类投放、收运等的市场化力度。

自治区层面出台《生活垃圾分类市场化操作规程》，并对垃圾分类市场化进行培训和指导。

自治区层面出台《生活垃圾处理收费管理办法》，并对生活垃圾处理收费进行专题培训和指导。

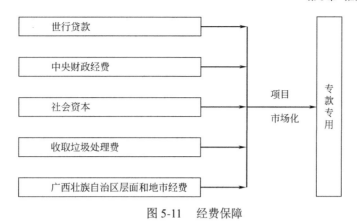

图 5-11　经费保障

（3）专款专用

各项经费专款专用。

5.6　经济手段

采取按量按类别收费、资源使用费和押金制、罚金、补贴、以奖代补等经济手段，来促进垃圾源头减量、回收利用、分类。

5.6.1　按量按类别收费

前端垃圾分类服务、中端分类收运、终端分类处理总成本 500 ～ 1000 元 / 吨。

按产生垃圾量和垃圾类型，实行差别收费，建立面向区、街镇级，与垃圾分类质量相挂钩的奖惩得当的垃圾处理收费制度。能显著减少垃圾产生量，比如南宁市垃圾量减少到 0.7kg/（人·天）。可采取"随袋收费"等方式。

收费额度按垃圾分类处理总成本的25%计算。收费额度：2.6 ～ 5.2 元/（人·月）。

5.6.2　资源使用费、押金制

提高购物袋、一次性餐具、一次性洗漱用品等的收费标准，比如一个塑料袋 2 元（英国一个塑料袋 1 英镑）。

易拉罐、啤酒瓶、快递包装等实行押金制，比如一瓶可乐 3.5 元，可乐瓶的押金设为 4 元。

5.6.3　罚金

对垃圾分类的投放、收运、处理各环节设置处罚罚金规定，并适当在法规中提高处罚罚金的额度。例如：交付的生活垃圾不符合分类要求，经告知拒不改正的，处 20000 元以上 50000 元以下罚款。

在垃圾分类初期，处罚罚金需要"整改前置"，罚款的前提是"拒不改正"或"逾期不改正"，也即"先礼后兵"，要允许大家有一个"学习的过程"。

5.6.4 补贴

通过补贴、以奖代补等机制，推动低价值可回收物的循环利用、厨余垃圾资源化利用。

5.7 建立生态补偿机制

为确保终端设施如期建设完成，有效破解"邻避效应"，需要建立生态补偿机制，给予终端设施属地生态补偿，适当弥补周边地区因此导致的经济增长的损失，力争降低垃圾转运、处理过程中对所在区域及周边居民产生的各种负面影响，缓解由此引发的社会矛盾。

在自治区层面出台《广西壮族自治区生活垃圾分类终端处理设施区域生态补偿办法》及其实施细则。

常见的生态补偿方式如图 5-12 所示。

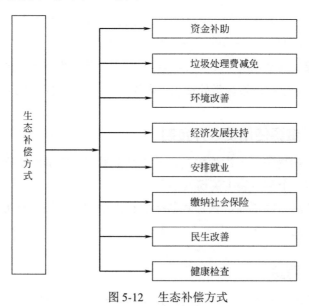

图 5-12 生态补偿方式

5.8　宣传教育

垃圾分类是公民的义务。宣传垃圾分类的义务性、强制性，而不是倡导性和鼓励性。

通过构建在线宣传平台、培训、将垃圾分类纳入课程体系、重点对青少年进行教育等，进行全方位、多种方式的垃圾分类宣传教育。

5.8.1　依托"互联网＋"，构建在线宣传教育平台

借助"互联网"，建立自治区层面的分类宣传网络平台（见图 5-13），包括操作教程、互动、检测、查询和检索分类操作等功能。分类宣传网络平台的作用是：a. 宣传内容的规范化；b. 不受时空限制，能提供丰富的宣传资源，可以反复学习；c. 获得学习的相关数据（如学习人数、学习时间等）；d. 网上测试，方便考评。

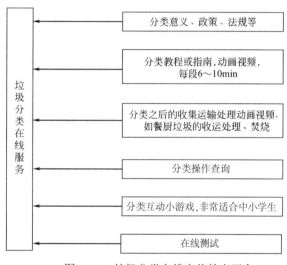

图 5-13　垃圾分类在线宣传教育平台

开展网上垃圾分类知识和操作大赛、垃圾分类短视频大赛。

5.8.2　培训

开展自治区层面的垃圾分类培训，每年 4 ～ 6 期，每期 200 ～ 300 人，培训对象为各级政府分管垃圾的领导、各级主管部门工作人员、中小学和幼儿园领导、机关企事业单位工作人员等。

建立自治区、市、区、街道、社区 5 级培训机制。

不断推动垃圾分类讲师团、督导员以及志愿者团队建设，开展全覆盖大众化培训。

加强对高等院校垃圾分类的宣传教育、培训。

同时，积极吸纳大学生志愿者参与垃圾分类。

对经过一定选拔的大学生进行培训后，组建大学生的垃圾分类培训讲师团，由这些大学生利用节假日深入社区等开展垃圾分类宣传、培训。

5.8.3　重点是对儿童、青少年的宣传教育

重点对儿童、青少年开展垃圾分类教育，充分发挥"小手拉大手"的作用，形成"教育一个孩子、影响一个家庭、带动一个社区"的良性互动。

组织儿童、青少年参观垃圾收集、压缩、转运、处理等设施。

5.8.4　编写垃圾分类教程

编写教材把垃圾分类纳入教学体系，在幼儿园、小学、中学深入持久地开展生活垃圾分类的基础性宣传教育。

针对不同人群，编写垃圾分类指导手册、知识读本等，开展有针对性的宣传教育。

5.8.5　全方位、多种方式的宣传

通过"入户宣传""媒体宣传""教育培训"等全方位、多层面、密集型的宣传动员，切实提升居民的分类感受度、参与度、满意度。同时，将垃圾分类工作纳入自治区及各市文明创建体系，并增加垃圾分类在文明创建考核体系中的权重。

5.9　其他对策

定时按点投放、总量控制、督导队伍建设、"社工 + 志愿者"督导模式、示范引领和带动等都是推动、促进垃圾分类的有效、可行的对策。

5.9.1　定时定点投放

居住区生活垃圾"定时定点"分类投放，便于监督和利于提升收运效率，让居民养成定时定点投放的习惯。

清运则采取"不分类、不清运"的原则。但应避免发生部分居住区在实施中出现"一刀切"、激化社区矛盾的现象。投放点的设置必须坚持便民原则。"定时定点"的及时反馈机制。投放点开放的时间须结合实际情况，比如对于老人、上班族等社区内的特定人群，可通过设置误时投放点、刷卡投放等方式解决。

定时定点投放可以采取多种方式，如托底——特殊群体特殊处理；温和——预留 24h 垃圾箱；智慧——智能设备随时分拣；坚决——一丝不苟无一例外。具体采用何种方式，由社区、小区自主决定。

5.9.2 总量控制

实施生活垃圾总量控制，按照人口数量科学核定生活垃圾排放总量额度，建立垃圾减量考核机制。

党政机关、事业单位应当推行无纸化办公，提高再生纸的使用比例，不使用一次性杯具等用品。

建立和实行生产者责任延伸制度，开展"光盘行动"，推动绿色采购、绿色办公，推广使用可循环利用物品，党政机关、企事业单位减少使用一次性用品。

做好产品包装物减量的监督管理工作，每年至少开展一次过度包装专项治理。

加强对果蔬生产、销售环节的管理，出台相关鼓励政策和规范要求，积极推行净菜上市。

落实限塑令，限制使用厚度小于 0.025mm 的塑料袋，推广使用环保购物袋，每季度开展专项检查，遏制"白色污染"。

加强旅游、餐饮、零售等服务行业管理，充分发挥行业协会作用，推动宾馆、酒店、餐饮、娱乐场所、外卖、零售不主动提供一次性消费用品，倡导使用布袋或环保纸袋。

制定快递业绿色包装标准，促进快递包装物的减量化和循环利用。指导在本地开展经营活动的快递企业建立健全多方协同的包装物回收再利用体系。

5.9.3 加强督导员队伍建设

5.9.3.1 加强督导员队伍建设

配合定时定点投放，配置督导员，如社区按每 300 户配置 1 名督导员。

加强、规范督导员队伍建设，包括队伍建设常态化、业务培训系统化、考核监督制度化、督导作业规范化，如图 5-14 所示。

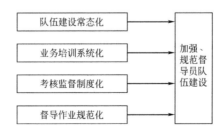

图 5-14　督导员队伍建设

（1）队伍建设常态化

市、区配套专项经费保障辖区内督导员的基本工资和福利待遇，通过常态化的定岗用人将督导员这支队伍固定下来。

（2）业务培训系统化

对督导员进行系统的垃圾分类业务培训，通过上理论课、实践指导、模拟考核等方式提高督导员队伍的整体业务能力水平。

（3）考核监督制度化

以制度的形式对督导员的考核进行明确，督导员如何督导、何时督导、督导时间，以及督导后达到的效果等都进行制度化，让督导员开展垃圾分类工作时有章可循。同时，出台对督导不力等相关消极行为如何惩处、对督导效果好的如何奖励等具体细则，从督导结果上倒逼各督导员积极有效开展垃圾分类督导工作。

（4）督导作业规范化

如督导员在督导和作业时必须规范穿着"生活垃圾分类督导员"工作背心。

5.9.3.2 "社工＋志愿者"督导模式

"社工＋志愿者"模式，推动社会组织和志愿者开展垃圾分类志愿服务。共青团、妇联、党支部、居委会、老人会、志愿者协会等单位，可以根据自身工作特点，建立相应的垃圾分类志愿者队伍，服务的范围包括但不限于宣传垃圾分类的紧迫性、告知居民如何进行垃圾分类、劝阻未分类丢弃垃圾现象、为行动不便的老人上门进行垃圾分类等。积极组织思想、政治素质较高的离退休党员参与志愿者队伍。

尤其是要通过"社工＋党员志愿者"对社区垃圾分类进行督导。在组织落实上，坚持党建引领，发挥基层共治力量。将垃圾分类工作纳入基层尤其是居民区党组织管理工作职责，尤其是在居民区，发挥基层党组织战斗堡垒的作用，建立居委、物业、业委、居民自治的基层工作推进机制。通过党建联建、党员社区报到等多种形式，让垃圾分类从社区治理难点，成为撬动社区治理的有力支点，其催生的"共情感"正在不断地转化为社区的"共治力"。

5.9.4 示范引领和带动

积极开展自治区级示范小区（单位）、市级示范小区（单位）创建工作，通过示范引领和带动。

在全区范围内推广"垃圾分类示范片区"创建，通过精细化的建设标准、考核验收、运行管理和监督考评，规范垃圾分类示范片区创建工作。

5.9.5 发动民众、双向监督

开放面向公众的监督举报平台，鼓励居民参与对分类管理责任人分类驳运、存储的监督，形成市民与分类投放管理责任人双向监督的机制。

5.9.6　"科技＋管理"模式

5.9.6.1　利用高科技开展源头分类

在源头分类投放及收集环节，借助互联网技术，可以试点应用智能型垃圾箱房、"绿色账户＋支付宝"自主积分等技术，设立绿色账户激励机制。

5.9.6.2　利用高科技全程监管

采用"科技＋管理"模式，利用物联网、互联网等技术，整合社区现有的智能监控装置、运输车辆 GPS 设备、网格化监控等资源，依托各级管理主体，建立自治区、市、区、街镇、社区 5 级生活垃圾分类投放、收集、运输、中转、处置"五个环节"全程监管体系。

在分类运输及中转环节，强化垃圾收运作业的监督管理，杜绝混装混运，建立相应处罚机制。强化中转站对环卫收运作业企业转运进场垃圾进行品质控制，对分类品质不达标的予以拒收，对混装混运严重的实行市场退出。

在分类处置环节，推进末端处置企业进场垃圾的品质自动监控、来源全程追溯。

积极构建生活垃圾全程分类信息平台，平台实现生活垃圾分类清运处置的实时数据显示、生活垃圾全程追踪溯源、垃圾品质在线识别等功能，从而实现对垃圾分类的全程监控。

5.9.7　明确居民、企业、政府责任

市场化有助于加快分类进度，降低分类成本，也便于监管考核。但垃圾分类需要的是合理市场化，必须在促进居民履行源头分类投放责任的前提下进行，企业的责任范围应限于收集、运输、处理环节。

引入企业，在社区进行垃圾分类的分拣和投放。短期内的确能够提高分类的准确率和成功率，但却背离了垃圾分类"全民参与"的原则和初衷。

企业越俎代庖，让垃圾分类容易变成"政府出钱，居民旁观，企业分类，交差了事"，使居民在投放环节产生依赖，认为垃圾分类可以与自己无关，这无助于垃圾分类习惯的养成，也会让政府背上沉重包袱，不利于实现基层社会治理和城市精细化管理。

建立垃圾分类的长久机制，应该要遵循"产生者负责，污染者付费"的原则，由居民和政府分担分类成本，企业参与提供第三方服务。需要明确的是，第三方

服务不能是企业代替居民做分类，而是企业通过提供咨询服务和信息化的技术手段，对居民进行教育、宣传和引导，让居民明白垃圾怎么分，分类后的垃圾去了哪里。

在开展垃圾分类的前期，由于民众不能自觉地进行垃圾分类，仅靠第三方企业很难开展宣教、督导等，需要城区、街道、社区和企业共同协调，开展垃圾分类宣教、督导、分类投放、分类收集等工作。

5.9.8　激励机制

建立垃圾分类激励机制，可以从子女入学、荣誉（如"生活垃圾分类绿色单位""生活垃圾分类绿色小区""生活垃圾分类好家庭""生活垃圾分类积极个人"）等方面，对垃圾分类特别出色的家庭、社区给予的奖励。

5.9.9　加大技术创新、培育垃圾分类产业

广西壮族自治区应利用国有企业、高校等科研与工程应用优势，组建自治区层面的垃圾处理及资源化工程技术中心，开展厨余垃圾处理技术、垃圾真空分类输送等方面的研究，将来可能形成向国内其他区域和东盟其他国家输出垃圾分类和资源化技术与装备，成为促进广西壮族自治区经济高质量发展的高新环保技术产业。

5.10　总结

5.10.1　垃圾分类本质的总结

① 我国的垃圾分类一定会全面而深入的开展、一定能取得成功。

② 必须坚持"党建引领、政府主导、全民参与、充分发挥市场机制"[15]。

③ 垃圾分类≠仅对垃圾进行分类。

④ 习惯 + 设施 = 垃圾分类成功。

⑤ 垃圾分类是一场持久战（10 ～ 15 年）。

⑥ 单位成本显著增加（500 ～ 1000 元 / 吨），减量是出路 [0.6kg/（人·天）以下]。

5.10.2　广西垃圾分类对策的总结

针对广西开展垃圾分类对策的总结如表 5-6 所列。

表 5-6 主要对策一览表

序号	对策	主要内容	完成年份
一	领导机制	① 在自治区层面成立由自治区党委书记为组长的垃圾分类工作领导小组； ② 成立自治区生活垃圾分类管理事务中心的专职机构； ③ 14 个地级市成立由市党委书记为组长的垃圾分类工作领导小组； ④ 各市成立市级生活垃圾分类管理事务中心的专职机构； ⑤ 14 个地市垃圾分类工作领导小组组长也应成为自治区垃圾分类工作领导小组成员； ⑥ 区和街道党委一把手亲自抓垃圾分类工作，区和街道成立垃圾分类工作专班； ⑦ 垃圾分类纳入党建工作	2020
二	顶层设计	（1）明确垃圾分类的目标 ① 垃圾的全过程管理 除垃圾投放、收运、处理、资源化、处置外，还应延伸到生产（如包装）、购买（如塑料袋）等源头环节； ② 减量 城市生活垃圾人均产生量下降至 0.6kg/（人·天）； ③ 提高每吨垃圾的收运、处理费用（500～600 元/吨），遏制二次污染； ④ 可回收物（尤其是低值可回收物）的循环利用比例显著提高（35%～50%）； ⑤ "零填埋" 只有焚烧厂（焚烧量的 1%）的飞灰填埋； ⑥ 厨余垃圾 100% 进行资源化利用，禁止直接填埋或焚烧； ⑦ 其他垃圾 100% 焚烧处理，并进行热能利用； ⑧ 民众养成节约资源、垃圾分类习惯（95% 以上的城市民众能参与并正确分类）。 （2）广西 14 个地级市分为 3 种类型 南宁为第一类； 桂林、柳州、防城港、贵港、贺州、北海、梧州为第二类； 钦州、河池、来宾、玉林、崇左、百色为第三类 （3）重点抓南宁市、桂林市、柳州市的垃圾分类 （4）编制垃圾分类工作行动计划（2020～2025 年） 《广西壮族自治区生活垃圾分类工作行动计划（2020～2025 年）》 各市的生活垃圾分类工作详细行动计划（2020～2025 年）。 （5）统一和规范分类类别 可回收物、有害垃圾、厨余垃圾和其他垃圾 4 类。 （6）监管机制 ① 落实责任、强化监督； ② 考评机制：每一季度综合考评一次，并进行排名； ③ 常态化执法：网格化。 （7）自治区领导小组督促高等院校开展垃圾分类	2020

续表

序号	对策	主要内容	完成年份
三	政策、法规	（1）法律 《广西壮族自治区生活垃圾分类管理条例》 《广西壮族自治区生活垃圾分类违法行为查出规定》 《〈广西壮族自治区生活垃圾分类管理条例〉行政处罚裁量基准》 《生活垃圾处理收费管理办法》 《中小学、幼儿园开展生活垃圾分类教育管理办法》 《生活垃圾总量控制管理办法》 《促进可回收物循环利用管理办法》 《广西壮族自治区生活垃圾分类终端处理设施区域生态补偿办法》 《生活垃圾分类管理社会监督员管理办法》 （2）规章 《广西壮族自治区设区市生活垃圾分类工作评价考核暂行办法》 《广西壮族自治区生活垃圾分类达标考核实施细则》 《广西壮族自治区生活垃圾分类终端处理设施区域生态补偿实施细则》 《广西壮族自治区生活垃圾分类工作实施方案》 《关于生活垃圾分类奖励细则》 《关于接受生活垃圾分类培训、教育的实施细则》 《限制过度包装的规定》 《塑料垃圾袋收费细则》 （3）标准、规范 《关于拒绝收运分类不符合标准生活垃圾的操作规程（暂行）》 《厨余垃圾就地处理设施建设标准》 《生活垃圾分类市场化操作规程》 《生活垃圾分类标志标识管理规范》 《生活垃圾分类设施配置及作业规范》 《广西壮族自治区城市居民生活垃圾分类投放与收运设施设备配置指南》	2023
四	"一体化"建设、运行基础设施	（1）分类基础设施覆盖投放、收运、处理全过程 （2）各类设施之间相互匹配 （3）突出重点：厨余垃圾处理设施 （4）攻克难点 依托超市和资源回收公司，两网深度融合，实现资源回收。 （5）强化收运设施 ①分别配置适宜数量的有害垃圾、厨余垃圾、可回收物、其他垃圾的分类运输车辆，以及垃圾大分流所需要的大件垃圾、餐厨废弃物、园林垃圾、装修垃圾等分类运输车辆，禁止混装混运； ②分类运输采用密闭化，加强对泄漏、逸散和臭气的控制； ③分类运输车标识应与垃圾分类标识一致。 （6）城乡统筹	2024

序号	对策	主要内容	完成年份
五	经费保障	经费来源多元化、积极推进市场化、确保专款专用。 世行贷款 中央财政经费 社会资本　→　项目市场化　→　专款专用 收取垃圾处理费 广西自治区层面和地市经费	2022
六	经济手段	① 按量按类别收费 ② 资源使用费、押金制 ③ 罚金 ④ 补贴	2021
七	建立生态补偿机制	生态补偿方式　→　资金补助 垃圾处理费减免 环境改善 经济发展扶持 安排就业 缴纳社会保险 民生改善 健康检查	2021

序号	对策	主要内容	完成年份
八	宣传教育	（1）依托"互联网＋"，构建在线宣传教育平台 **垃圾分类在线服务** 分类意义、政策、法规等 分类教程或指南，动画视频，每段6～10min 分类之后的收集运输处理动画视频，如餐厨垃圾的收运处理、焚烧 分类操作查询 分类互动小游戏，非常适合中小学生 在线测试 （2）培训 建立自治区、市、区、街道、社区5级培训机制。 （3）重点是对儿童、青少年的宣传教育 （4）编写垃圾分类指导手册、知识读本、教材等，纳入课程体系 （5）全方位、多种方式的宣传	2023
九	其他对策	（1）定时定点投放 （2）总量控制 （3）加强督导员队伍建设、"社工＋志愿者"督导模式 队伍建设常态化 业务培训系统化 → 加强督导员队伍建设 考核监督制度化 督导作业规范化 （4）示范引领和带动 （5）发动民众、双向监督 （6）"科技＋管理"模式 （7）明确居民、企业、政府责任 （8）激励机制 （9）加大技术创新、培育垃圾分类产业	2021

参 考 文 献

［1］ 陈冠益 . 餐厨垃圾废物资源综合利用［M］. 北京：化学工业出版社，2018.

［2］ 娄成武 . 我国城市生活垃圾回收网络的重构：基于中国、德国、巴西模式的比较研究［J］. 社会科学家，2016 (7)：
7-13.

［3］ 宇鹏 . 乡镇生活垃圾转运工程可行性研究的技术要点探讨［J］. 工业安全与环保，2014，40(5)：86-89.

［4］ 宇鹏 . 乡镇生活垃圾转运工程可行性研究：以广西浦北县为例［J］. 广西师范学院学报（自然科学版），2013，
30(4)：89-92.

［5］ 李颖，李敬一，李蔚然 . 北京市卫星城生活垃圾产生量的灰色预测［J］. 环境工程，2011，29(3)：95-99.

［6］ 周翠红，路迈西，吴文伟，等 . 北京市城市生活垃圾产量预测［J］. 中国矿业大学学报，2003，32(2)：169-172.

［7］ 聂永丰，李欢，金宜英，等 . 类比法在城市生活垃圾产生量预测中的应用［J］. 环境卫生工程，2005，13(1)：
31-34.

［8］ 马向东 . 城市生活垃圾转运设备技术研究［J］. 装备制造技术，2009(10)：183-184.

［9］ 陆鲁，郭辉东 . 大型垃圾集装化转运系统中转站主体工艺优化分析［J］. 环境卫生工程，2007，15(5)：23-26.

［10］ 刘军，刘涛，张军，等 . 小城镇小型垃圾转运站设计探讨［J］. 中国资源综合利用，2011，29(8)：57-59.

［11］ 王军峰 . 地坑压缩式城市生活垃圾转运站的设计与应用［J］. 环境污染治理技术与设备，2006，7(11)：142-144.

［12］ 邱江，吴文庆，成效良，等 . 城市生活垃圾转运站的建设［J］. 环境卫生工程，2003，11(3)：159-161.

［13］ 刘峰，黄玉娟 . 对城市生活垃圾转运系统设计几点建议［J］. 科技信息，2010 (17)：894-895.

［14］ 邓成，陈海滨，郭祥信 . 城镇垃圾转运系统的市镇二级规划模型研究［J］. 中国环保产业，2008 (4)：31-34.

［15］ 杜祥琬 . 固体废物分类资源化利用战略研究［M］. 北京：科学出版社，2019.